化学への数学

基本の10章

田中一義 著

東京化学同人

表紙デザイン　豊田修平（atrium）

まえがき

　本書は『現代化学』誌に 2022 年 1 月号から 2023 年 3 月号まで連載した「化学のための数学入門」に改良を加え，さらにいくつかのテーマを加えて一冊にまとめたものである．

　大学で学ぶ化学，特に物理化学では数学的な処方せんを必要とする場面が多く現れる．これは化学現象を含む自然現象の記述には，ツールとして数学を用いる必要がどうしてもあるからである．またそれは，慣れさえすれば「ラクな」方法でもあるためである．

　ところが，せっかく化学の勉強や探究を目指すために大学に入った学生諸君，あるいはすでに化学を専門としている技術者・研究者にしてみれば，有機・無機化学の勉強や化学実験は楽しくても，物理化学に現れる数式などにはラクさどころか見ただけでも苦痛を感じ，数学的記号や計算にも忌避反応が出てしまうかもしれない．特に，高校では習っていない数学の知識が当たり前のように要求されることには戸惑いと腹立たしさを覚えるかもしれないし，タイミング的に大学の数学の講義ではまだ習っていない内容が平然と化学の講義に現れることにも面食らうかもしれない．大学では数学の講義と化学の講義との連携がまったくとれていないことはザラにある，というかそれが当たり前とさえ思える．

　化学にとっての数学はもちろん目的ではなく，ツール以外の何物でもない．本来は化学現象を追うために出てくる「必要悪」のように見えるところもあり，あまり好かれない面があるかもしれない．しかしそれはそれとして割り切ったうえで少しずつ慣れてくると，それなりにおもしろいところもあるのではないかと（筆者は）思う．

　本書では，化学における数学的な作法や処理に不便さを感じておられる方がたに，少しでも役立つことを目的とする数学の入門的な解説，いわば「化学への数学」のための平易な説明を心がけた．数学的なテクニックそのものだけではなく，その組立ての背景についてもふれたつもりである．ただし，細かい証明などは回避して参考文献に回していることもあるので，

必要があればチェックしてほしい．

　参考として以下に本書の各章間の関連を示す．しかしこの関連は気にせず，各章を独立して読んでもらうこともできる．

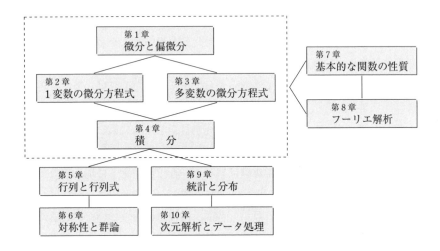

　多くの物理化学の教科書・参考書のトピック内容に関連して知っておくべき数学の知識と本書の各章との対応を表にすると，以下のようになる．

物理化学の教科書や参考書のトピック	各章内容
熱力学	微分と偏微分
量子論および分子軌道法	基本的な関数の性質，1変数の微分方程式，多変数の微分方程式，積分，行列と行列式，フーリエ解析
分子の対称性	行列と行列式，対称性と群論
電子遷移	対称性と群論
統計熱力学	積分，基本的な関数の性質，統計と分布
化学反応速度	1変数の微分方程式，積分
物理化学実験	統計と分布，次元解析とデータ処理

化学系の数学講義では，抽象的な数学の概念と化学との関係をイメージすることに苦労された方も多いだろう．化学数学の教科書には，高校数学から復習できる初学者向けのものから，学部生が学ぶべき内容以上のテーマを扱った上級者向けのものまで，すでに良書が存在している．しかし，化学と数学の関係を具体的かつ平易にイメージさせつつ，必要なテーマに絞った教科書はこれまで見当たらないと，長年化学数学の講義を担当しながら筆者は感じていた．また，こうした点が化学系の学生に数学への苦手意識を抱かせる一因になっていたのではないかとも考えている．

　本書は，そうした点を考慮して構成したものである．先生方にはぜひ，化学数学の講義の教科書として活用していただきたい．本書に目を通してもらうことによって，滝行のように降りかかる数学の「シャワー」に対する忌避反応が少しでもやわらぎ，むしろそれを積極的に克服・利用することによってデフレスパイラルから離脱し，大学で学ぶ化学理論の理解に役立ててもらえることを願うものである．本書によって化学のなかに出てくる数学に少しでも親しみを感じる学生諸君が増えるなら，それは筆者にとってたいへん幸せなことである．

　本書における学術用語は，できるだけ（旧）文部省『学術用語集』の化学編と物理学編に準拠したが，一部には独自の工夫を行ったところもある．また，いろいろな数学や物理化学の教科書における用語とのマッチングや補足なども心がけた．

　最後に，本書を世に出すに当たって（株）東京化学同人『現代化学』編集室の江口悠里氏には企画全体と編集全般のきめ細かい作業についてたいへんお世話になった．同氏には，筆者のゆっくりした原稿作成にも粘り強くお付き合いくださったうえに温かい激励をいただいた．これらについて，この場を借りて厚くお礼を申し上げたい．

2024 年 12 月，京都宇治にて

田　中　一　義

目　　　　次

1. 微分と偏微分……………………………………………………………1

　1・1　はじめに……………………………………………………………1

　1・2　偏微分とは?………………………………………………………1

　1・3　高次の偏微分………………………………………………………4

　1・4　全　微　分…………………………………………………………6

　1・5　熱力学における偏微分のまとめ………………………………10

　1・6　量子力学と偏微分………………………………………………10

　1・7　シュレーディンガー方程式に出てくる偏微分………………11

　1・8　座標変換に伴う1次偏微分演算子 ∇ の変化………………12

　1・9　座標変換に伴う2次偏微分演算子 ∇^2 の変化……………16

　1・10　分子エネルギーの極小化………………………………………18

　1・11　量子力学における偏微分のまとめ……………………………20

　演習問題と解答…………………………………………………………21

2. 1変数の微分方程式…………………………………………………25

　2・1　微分方程式が必要な理由………………………………………25

　2・2　熱力学と常微分方程式 —— クラウジウス–クラペイロンの式…………25

　2・3　化学反応速度論と常微分方程式………………………………27

　2・4　量子力学における常微分方程式………………………………35

　2・5　1次元の箱の中の電子……………………………………………36

　2・6　量子力学に現れる微分方程式の特徴…………………………39

　2・7　量子力学的な調和振動子………………………………………43

　2・8　本章のまとめ……………………………………………………49

　演習問題と解答…………………………………………………………49

3. 多変数の微分方程式…………………………………………………53

　3・1　はじめに……………………………………………………………53

　3・2　3次元の箱の中の電子……………………………………………53

viii

3・3 水素原子のシュレーディンガー方程式⋯⋯⋯⋯⋯⋯⋯⋯⋯58
3・4 球面極座標を用いた水素原子のシュレーディンガー方程式⋯⋯⋯⋯60
3・5 方位角 φ に対する常微分方程式⋯⋯⋯⋯⋯⋯⋯⋯⋯⋯⋯62
3・6 天頂角 θ に対する常微分方程式⋯⋯⋯⋯⋯⋯⋯⋯⋯⋯⋯65
3・7 球面調和関数⋯⋯⋯⋯⋯⋯⋯⋯⋯⋯⋯⋯⋯⋯⋯⋯⋯72
3・8 動径 r に対する常微分方程式⋯⋯⋯⋯⋯⋯⋯⋯⋯⋯⋯⋯77
3・9 実関数化した水素原子の軌道とエネルギー⋯⋯⋯⋯⋯⋯⋯⋯83
3・10 本章のまとめ⋯⋯⋯⋯⋯⋯⋯⋯⋯⋯⋯⋯⋯⋯⋯⋯88
演習問題と解答⋯⋯⋯⋯⋯⋯⋯⋯⋯⋯⋯⋯⋯⋯⋯⋯⋯⋯89

4. 積　　分⋯⋯⋯⋯⋯⋯⋯⋯⋯⋯⋯⋯⋯⋯⋯⋯⋯⋯⋯91

4・1 はじめに⋯⋯⋯⋯⋯⋯⋯⋯⋯⋯⋯⋯⋯⋯⋯⋯⋯⋯⋯91
4・2 重積分とヤコビアン⋯⋯⋯⋯⋯⋯⋯⋯⋯⋯⋯⋯⋯⋯⋯91
4・3 実用的な積分公式とその導出⋯⋯⋯⋯⋯⋯⋯⋯⋯⋯⋯⋯94
4・4 スターリングの公式⋯⋯⋯⋯⋯⋯⋯⋯⋯⋯⋯⋯⋯⋯⋯99
4・5 積分の経路⋯⋯⋯⋯⋯⋯⋯⋯⋯⋯⋯⋯⋯⋯⋯⋯⋯⋯101
4・6 正規直交系⋯⋯⋯⋯⋯⋯⋯⋯⋯⋯⋯⋯⋯⋯⋯⋯⋯⋯102
4・7 期待値の求め方⋯⋯⋯⋯⋯⋯⋯⋯⋯⋯⋯⋯⋯⋯⋯⋯104
4・8 量子力学と積分⋯⋯⋯⋯⋯⋯⋯⋯⋯⋯⋯⋯⋯⋯⋯⋯105
4・9 本章のまとめ⋯⋯⋯⋯⋯⋯⋯⋯⋯⋯⋯⋯⋯⋯⋯⋯⋯106
演習問題と解答⋯⋯⋯⋯⋯⋯⋯⋯⋯⋯⋯⋯⋯⋯⋯⋯⋯⋯106

5. 行列と行列式⋯⋯⋯⋯⋯⋯⋯⋯⋯⋯⋯⋯⋯⋯⋯⋯109

5・1 はじめに⋯⋯⋯⋯⋯⋯⋯⋯⋯⋯⋯⋯⋯⋯⋯⋯⋯⋯⋯109
5・2 永年方程式と行列式⋯⋯⋯⋯⋯⋯⋯⋯⋯⋯⋯⋯⋯⋯⋯109
5・3 行列式の展開公式⋯⋯⋯⋯⋯⋯⋯⋯⋯⋯⋯⋯⋯⋯⋯115
5・4 行列の固有値と固有ベクトル⋯⋯⋯⋯⋯⋯⋯⋯⋯⋯⋯⋯118
5・5 分子の回転操作の例⋯⋯⋯⋯⋯⋯⋯⋯⋯⋯⋯⋯⋯⋯⋯119
5・6 分子の対称操作⋯⋯⋯⋯⋯⋯⋯⋯⋯⋯⋯⋯⋯⋯⋯⋯124
5・7 対称操作の数学的表現⋯⋯⋯⋯⋯⋯⋯⋯⋯⋯⋯⋯⋯⋯126
5・8 既約表現の指標⋯⋯⋯⋯⋯⋯⋯⋯⋯⋯⋯⋯⋯⋯⋯⋯130
5・9 本章のまとめ⋯⋯⋯⋯⋯⋯⋯⋯⋯⋯⋯⋯⋯⋯⋯⋯⋯132
演習問題と解答⋯⋯⋯⋯⋯⋯⋯⋯⋯⋯⋯⋯⋯⋯⋯⋯⋯⋯132

6. 対称性と群論··········135

6・1 はじめに··········135
6・2 対称操作と点群··········135
6・3 対称操作と基底関数··········138
6・4 MO と既約表現··········143
6・5 指標の規格直交性··········145
6・6 積分への応用··········150
6・7 本章のまとめ··········151
演習問題と解答··········152

7. 基本的な関数の性質··········157

7・1 はじめに··········157
7・2 ボルツマン分布関数··········157
7・3 マクスウェルの速度分布関数··········161
7・4 量子力学の波動関数··········165
7・5 ボルンの解釈と波動関数の規格化··········165
7・6 波動関数の規格化と直交性··········167
7・7 自由電子の波動関数··········172
7・8 波動関数の軌道近似··········173
7・9 テイラー展開··········176
7・10 本章のまとめ··········178
演習問題と解答··········178

8. フーリエ解析··········183

8・1 はじめに··········183
8・2 周期関数とフーリエ展開··········183
8・3 フーリエ係数の複素形式··········187
8・4 任意周期の関数とフーリエ展開··········190
8・5 非周期関数とフーリエ変換··········191
8・6 本章のまとめ··········193
演習問題と解答··········194

9. 統計と分布··········197

9・1 はじめに··········197

x

9・2　確率変数と確率密度 ………………………………………… 197
9・3　平均と分散 ……………………………………………………… 198
9・4　正規分布 ………………………………………………………… 200
9・5　二項分布 ………………………………………………………… 204
9・6　ポアソン分布 …………………………………………………… 206
9・7　母集団と標本集団 ……………………………………………… 208
9・8　母平均の推定 …………………………………………………… 211
9・9　本章のまとめ …………………………………………………… 214
演習問題と解答 ………………………………………………………… 214

10. 次元解析とデータ処理 ………………………………………… 219
10・1　はじめに ……………………………………………………… 219
10・2　次元解析 ……………………………………………………… 219
10・3　相関分析 ……………………………………………………… 221
10・4　回帰分析 ……………………………………………………… 224
10・5　データの平滑化 ……………………………………………… 226
10・6　本章のまとめ ………………………………………………… 230
演習問題と解答 ………………………………………………………… 230

有用な数学公式 …………………………………………………… 235
索　引 ……………………………………………………………… 241

コ　ラ　ム

対　数 ……………………………………………………………………… 24
偏微分方程式としてのシュレーディンガー方程式 ……………………… 88
空間群と準結晶 ………………………………………………………… 156
和　算 …………………………………………………………………… 182
ベイズ統計 ……………………………………………………………… 218
乱数発生 ………………………………………………………………… 234

1 微 分 と 偏 微 分

1・1 は じ め に

微分するということは，1 変数 x の関数 $y = f(x)$ についての変化率 $\dfrac{dy}{dx}$ を求めることである．また dx や dy そのものを，変数 x やそれに対応する関数 y の微分という．高校ではこのように 1 変数からなる関数の微分を勉強したが，大学では複数の変数からなる関数を考える必要が出てくる．これは自然科学で扱う関数は複数の変数をもつからである．このとき登場する微分を **偏微分** という．大学の教科書に出てくる微分の多くが偏微分であり，偏微分は **多変数関数**，たとえば $f(x, y)$ のように変数を二つもつ関数を微分するときには避けて通れない考え方となる．本章では熱力学と量子力学を題材として具体的に偏微分を説明しながら，物理化学における使い方に慣れることを目指す．

1・2 偏 微 分 と は ？

ここから 1・5 節までは熱力学を例にとって偏微分を説明する．まず **理想気体の状態方程式** を考えてみよう．1 モルの理想気体に対するこの方程式は

$$pV = RT \tag{1・1}$$

となる．ここで R は定数（気体定数）で，p, V, T は変わりうる量なので変数である．
式(1・1)を

$$V = \frac{RT}{p} \tag{1・2}$$

のように書き直すと，V は変数 p と T，つまり二つの変数に対する関数と考えることができる．ここでさらに V を T について微分することを考える．ただしこのときは，もう一つの変数である p はフリーズ（固定あるいは止める）しておくと考える．このように多変数の関数をある一つの変数だけについて微分することを偏微分するという．式(1・2)に対して p を止めながら T によって関数 V を偏微分する式

$$\left(\frac{\partial V}{\partial T}\right)_p = \frac{R}{p} \tag{1・3}$$

と表す．左辺の ∂ は，一つだけの変数に対するふつうの微分（**常微分**という）を表す記号 d の代わりに，偏微分であることを明示するために用いるもので，「ラウンド d」あるいは「丸い d」や「デル」などとよばれる．しかし意味さえわかっていればどのように言い表してもよいはずである．左辺の（ ）の右下にある添え字の p は，この偏微分のときに止めておく変数を表している．したがって，p を止めておきながら T だけについて V を微分するのが，式(1・3)の左辺がもつ意味である．この左辺のようなかたちを**偏導関数**ともいう．偏微分の図形的なイメージを図1・1に示す．

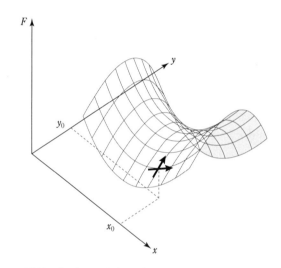

図1・1　関数 $F(x, y)$ 上の点 (x_0, y_0) における偏導関数の図形的な意味
　この点における $\left(\frac{\partial F}{\partial x}\right)_y$, $\left(\frac{\partial F}{\partial y}\right)_x$ の値は，それぞれ x 軸，y 軸の向きの接線（太い矢印で示す）の傾きを表す

次に式(1・1)を

$$p = \frac{RT}{V} \tag{1・4}$$

と書き直し，今度は T を止めながら関数 p を V によって偏微分することを考える．すると，それを表す式は

1・2 偏微分とは？ 3

$$\left(\frac{\partial p}{\partial V}\right)_T = -\frac{RT}{V^2} \tag{1・5}$$

ということになる.

例題 1・1

1 モルの理想気体について，次の偏導関数の関係があることを示せ.

$$\left(\frac{\partial p}{\partial V}\right)_T \left(\frac{\partial V}{\partial T}\right)_p = -\left(\frac{\partial p}{\partial T}\right)_V$$

解 答

左辺の偏導関数のかたちを一つひとつ求めてみると，まず式(1・4)から

$$\left(\frac{\partial p}{\partial V}\right)_T = \left(\frac{\partial}{\partial V}\left(\frac{RT}{V}\right)\right)_T = -\frac{RT}{V^2}$$

が得られ，一方，式(1・3)そのものから

$$\left(\frac{\partial V}{\partial T}\right)_p = \frac{R}{p}$$

である．これらを掛け合わせると

$$\left(\frac{\partial p}{\partial V}\right)_T \left(\frac{\partial V}{\partial T}\right)_p = -\frac{R^2 T}{p V^2} = -\frac{V}{RT}\frac{R^2 T}{V^2} = -\frac{R}{V}$$

となる．ただし，式の変形の途中で現れた分母 p に対しては状態方程式(1・4)を代入した．最後の辺についても式(1・4)から得られる偏導関数

$$\left(\frac{\partial p}{\partial T}\right)_V = \frac{R}{V}$$

を用いると，題意が成り立つことがわかる.

自習問題 1・1

等温圧縮率は

$$\kappa_T \equiv -\frac{1}{V}\left(\frac{\partial V}{\partial p}\right)_T$$

と定義される．1 モルの理想気体について κ_T を表す式を求めよ.

答　$\dfrac{1}{p}$

1・3 高次の偏微分

ここまでで偏微分についての規則・取扱いがわかってきたと思う．もう少し複雑なかたちをもつ関数についての偏微分を以下に考えてみよう．理想気体の状態方程式を実在気体に向けて補正したものとして，**ファンデルワールス (van der Waals) の状態方程式**

$$p = \frac{RT}{V-\beta} - \frac{\alpha}{V^2} \tag{1・6}$$

がある．ここで α と β は補正のための定数である．この式で V を止めながら関数 p を T によって2回偏微分することを考える．

$$\left(\frac{\partial p}{\partial T}\right)_V = \frac{R}{V-\beta} \tag{1・7}$$

だから

$$\left(\frac{\partial^2 p}{\partial T^2}\right)_V = \left(\frac{\partial}{\partial T}\left(\frac{R}{V-\beta}\right)\right)_V = 0 \tag{1・8}$$

が得られる．一方，T を止めながら関数 p を V によって偏微分すれば

$$\left(\frac{\partial p}{\partial V}\right)_T = -\frac{RT}{(V-\beta)^2} + \frac{2\alpha}{V^3} \tag{1・9}$$

だから，さらに

$$\left(\frac{\partial^2 p}{\partial V^2}\right)_T = \left(\frac{\partial}{\partial V}\left(-\frac{RT}{(V-\beta)^2} + \frac{2\alpha}{V^3}\right)\right)_T = \frac{2RT}{(V-\beta)^3} - \frac{6\alpha}{V^4} \tag{1・10}$$

が得られる．式(1・8)や式(1・10)は2次の偏導関数とよぶ．このようにして，順に3次，4次の偏導関数を求めることができる[*1]．2次以上の偏導関数を**高次偏導関数**とよぶ．

例題 1・2

ファンデルワールスの状態方程式(1・6)について，T と V による2次の偏導関数を求めて比較せよ．ただし，それぞれの変数による偏微分では，もう一方の変数を止めておくとする．

[*1]　2次，3次などの偏導関数を2階，3階の偏導関数とよぶこともある．

1・3　高次の偏微分　　5

解　答

T と V による 2 次の偏微分では，先に T によって偏微分してから V による偏微分を求める場合と，その逆の順番によって求める場合がありうる．

先に T によって偏微分したものは式 (1・7) のように求められているので，ひき続いて V によって偏微分を行うと

$$\frac{\partial^2 p}{\partial V \partial T} = \frac{\partial}{\partial V}\left[\left(\frac{\partial p}{\partial T}\right)_V\right]_T = \frac{\partial}{\partial V}\left(\frac{R}{V-\beta}\right)_T = -\frac{R}{(V-\beta)^2}$$

が得られる．先に V によって偏微分したものは式 (1・9) で求められているので，ひき続いて T によって偏微分を行うと

$$\frac{\partial^2 p}{\partial T \partial V} = \frac{\partial}{\partial T}\left[\left(\frac{\partial p}{\partial V}\right)_T\right]_V = \frac{\partial}{\partial T}\left(-\frac{RT}{(V-\beta)^2} + \frac{2\alpha}{V^3}\right)_V = -\frac{R}{(V-\beta)^2}$$

が得られる[*2]．したがって

$$\frac{\partial^2 p}{\partial V \partial T} = -\frac{R}{(V-\beta)^2} = \frac{\partial^2 p}{\partial T \partial V}$$

の関係が成り立ち，偏微分の順は関係ないことがわかる．これは不連続点がないような，あまり「クセ」のない関数については成立する．

熱力学に現れる U, H, G, A などの関数はだいたいクセがないので，異なる変数について高次の偏導関数を求めるときには偏微分の順は関係ない．ここで U は **内部エネルギー**，H は **エンタルピー**，G は **ギブズ (Gibbs) エネルギー**，そして A は **ヘルムホルツ (Helmholtz) エネルギー** を意味する．

自習問題 1・2

ファンデルワールスの状態方程式 (1・6) を (V, p) 平面上にプロットした．このとき等温線の変曲点における圧力の値を求めよ．

答　$\dfrac{\alpha}{27\beta^2}$

[*2]　高次偏導関数では，止めておく変数は下付き添え字ではもはや表しにくい．ここでは分母に出てくる変数の種類とその順によって暗黙のうちに表している．

1・4 全微分

偏微分に関連して,多変数関数の**全微分**という概念もよく使われる.その例をあげよう.簡単のために,たとえば2変数をもつ関数 $F(x, y)$ を考える.F の小さな変化を ΔF と表すが,極限的に小さい ΔF のことを dF と書いて,F の微分とよぶ.F が**状態量**であれば[*3],微分 dF は

$$dF = \left(\frac{\partial F}{\partial x}\right)_y dx + \left(\frac{\partial F}{\partial y}\right)_x dy \qquad (1 \cdot 11)$$

と表すことができる.この dF を F の全微分という.全微分はある関数の全変数についての偏導関数と dx などの積をとって,すべて加え合わせたものである.全微分の図形的なイメージを図1・2に示す.

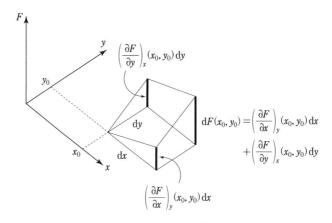

図1・2 $F(x, y)$ 上の点 (x_0, y_0) における全微分 $dF(x_0, y_0)$ の図形的な意味
$\left(\frac{\partial F}{\partial x}\right)_y (x_0, y_0)$ などは,点 (x_0, y_0) における偏導関数 $\left(\frac{\partial F}{\partial x}\right)_y$ の値,すなわち偏微分係数を示す

熱力学でよく出てくる関数を用いて全微分の例を示すと,内部エネルギー U はエントロピー S と体積 V を**自然な変数**[*4] としてもつので,その全微分は

[*3] 状態量はその系の「現在の」状態だけによって決まるもので,系を表す関数がその変数のどのような変化の仕方によって現在に至っているかということとは無関係である.その意味で状態量は**状態関数**ともよぶ.
[*4] 自然な変数とはやや曖昧な言葉であるが,実験上考えられる変数を意味すると考えてよい.なおここでは省略しているが,系に含まれる粒子数も自然な変数のうちである.

1・4　全　微　分

$$dU = \left(\frac{\partial U}{\partial S}\right)_V dS + \left(\frac{\partial U}{\partial V}\right)_S dV \qquad (1 \cdot 12)$$

として表される．一方，同じく自然な変数を用いて

$$dU = TdS - pdV \qquad (1 \cdot 13)$$

と書かれるので，

$$\left(\frac{\partial U}{\partial S}\right)_V = T \qquad (1 \cdot 14)$$

$$\left(\frac{\partial U}{\partial V}\right)_S = -p \qquad (1 \cdot 15)$$

という関係があることになる．

　例題1・2で述べた「クセのない……」ということを数学的に表現すれば，全微分 dF において関数 $L(x, y)$, $M(x, y)$ を用いて

$$dF = L(x, y)dx + M(x, y)dy \qquad (1 \cdot 16)$$

と表すとき

$$\frac{\partial L(x, y)}{\partial y} = \frac{\partial M(x, y)}{\partial x} \qquad (1 \cdot 17)$$

が満たされていれば dF は**完全微分**とよばれるが，この $L(x, y)$, $M(x, y)$ がクセのない関数ということになる．式(1・17)はそのための必要十分条件であるが，証明は省略する（文献1・1などを参照）．

　U, H, G, A のような熱力学関数の全微分は完全微分であるが，熱力学第一法則で U を

$$U = q + w \qquad (1 \cdot 18)$$

と分けて現れる熱量 q や仕事 w ではこのことは成り立たず，その微分の dq や dw は**不完全微分**といわれる．「不完全」を強調するために $d'q$ や $đq$ などと，d に対してプライムやバーを付けたりする．しかし，$d'q$ や $d'w$ を加えてできる関数 U の全微分 dU は完全微分になることに注意してほしい．また，$d'q$ や $d'w$ の積分値 q, w は積分を行う経路に依存する．これについては4・5節で述べる．

8   1. 微分と偏微分

例題 1・3

次の式が成り立つことを示せ.

$$\left(\frac{\partial T}{\partial V}\right)_S = -\left(\frac{\partial p}{\partial S}\right)_V$$

解 答

式(1・14)の偏導関数を, さらに S を止めて V で偏微分すれば

$$\frac{\partial^2 U}{\partial V \partial S} = \left(\frac{\partial T}{\partial V}\right)_S$$

となる. ここで, 例題 1・2 で求めた内容からすれば左辺の 2 次の偏導関数は偏微分の順番を変えてもよいから

$$\left(\frac{\partial T}{\partial V}\right)_S = \frac{\partial^2 U}{\partial V \partial S} = \frac{\partial^2 U}{\partial S \partial V} = -\left(\frac{\partial p}{\partial S}\right)_V$$

と書ける. ただし最後のあたりで, 式(1・15)についてさらに V を止めて S で偏微分を行った内容を用いている. これによって題意が示された.

自習問題 1・3

式(1・13)を用いて**定容熱容量** $C_V \equiv \left(\dfrac{\partial U}{\partial T}\right)_V$ を表せ.   **答** $C_V = T\left(\dfrac{\partial S}{\partial T}\right)_V$

例題 1・3 で示した関係を**マクスウェル (Maxwell) の関係式**とよぶ. この関係式にはあと三つあって, それらは

$$\left(\frac{\partial T}{\partial p}\right)_S = \left(\frac{\partial V}{\partial S}\right)_p \quad \left(\frac{\partial S}{\partial p}\right)_T = -\left(\frac{\partial V}{\partial T}\right)_p \quad \left(\frac{\partial S}{\partial V}\right)_T = \left(\frac{\partial p}{\partial T}\right)_V \quad (1・19)$$

と書ける. 式(1・19)の三つの関係式は, U と同様に熱力学でよく出てくる関数の全微分が

$$\left.\begin{array}{l} dH = TdS + Vdp \\ dG = -SdT + Vdp \\ dA = -SdT - pdV \end{array}\right\} \quad (1・20)$$

と表せることを用いれば例題1・3と同様に示せるが，それらは章末の演習問題に回す．

例題1・4

(1) 式(1・20)中の dG についての全微分の式から $\left(\dfrac{\partial G}{\partial T}\right)_p = -S$ を導け．

(2) さらにこの式から $\left(\dfrac{\partial}{\partial T}\left(\dfrac{G}{T}\right)\right)_p = -\dfrac{H}{T^2}$ を導け．

解　答

(1) 全微分の式 $dG = -SdT + Vdp$ について，p を止めて T で偏微分を行うと，右辺第2項は p を止めたために $dp = 0$ になるので消えて，残りの項から

$$\left(\frac{\partial G}{\partial T}\right)_p = -S$$

が得られる．

(2) このように得られた $-S$ を表す偏導関数を，ギブズエネルギーを与える式 $G = H - TS$ に代入すると

$$G = H + T\left(\frac{\partial G}{\partial T}\right)_p$$

となる．この式の両辺を $-T^2$ で割って移項すれば

$$-\frac{G}{T^2} + \frac{1}{T}\left(\frac{\partial G}{\partial T}\right)_p = -\frac{H}{T^2} \qquad \text{Ⓐ}$$

となる．一方，$\dfrac{G}{T}$ について p を止めて T で偏微分を行うと，積の微分公式を用いるのと同様にして

$$\left(\frac{\partial}{\partial T}\left(\frac{G}{T}\right)\right)_p = -\frac{G}{T^2} + \frac{1}{T}\left(\frac{\partial G}{\partial T}\right)_p$$

が得られる．この右辺が上記の式Ⓐの左辺と同じであることを用いると，

$$\left(\frac{\partial}{\partial T}\left(\frac{G}{T}\right)\right)_p = -\frac{H}{T^2}$$

が導かれる．これは**ギブズ-ヘルムホルツの式**とよばれる．

10　　　　　　　　　　**1. 微分と偏微分**

自習問題 1・4

ヘルムホルツエネルギー A に関して，例題 1・4 と同等の式を導け．

$$\text{答}\quad \left(\frac{\partial}{\partial T}\left(\frac{A}{T}\right)\right)_p = -\frac{U}{T^2}$$

偏導関数をもとにした物理量がいくつかあるので，以下にその代表的なものを紹介しておく．

膨張率

$$\alpha \equiv \frac{1}{V}\left(\frac{\partial V}{\partial T}\right)_p \tag{1・21}$$

等温圧縮率

$$\kappa_T \equiv -\frac{1}{V}\left(\frac{\partial V}{\partial p}\right)_T \tag{1・22}$$

定圧熱容量

$$C_p \equiv \left(\frac{\partial H}{\partial T}\right)_p \tag{1・23}$$

定容熱容量 (定積熱容量)

$$C_V \equiv \left(\frac{\partial U}{\partial T}\right)_V \tag{1・24}$$

1・5　熱力学における偏微分のまとめ

　熱力学は純粋に理論というよりは，実験事実に基づいた公理体系であり，すべてが厳密な数学に基づいて展開されているとは言い難い面がある．たとえば内部エネルギーを表す関数 U の**自然な変数**となる S と V は，直交座標系の x と y のようなものではなく，実験的にそれぞれ変数として扱いうるという考えに基づいている．本章で説明した偏微分はそれらの各場面での計算規則を与えるものとして現れる．このようないわば「混淆形式」をもつところに熱力学のわかりにくさ感があると思える．しかし，これは自然科学としてある意味で当然のことなので，やむをえないところもある．このようなこともあわせて知っておいてほしい．

1・6　量子力学と偏微分

　化学では原子や分子を記述するので，そのなかの電子の運動の記述・考察が不可

欠になる．たとえば化学反応性について，有機化学で行っているようにカーブした
矢印で分子内あるいは分子間の電子の動きを表すことは単純明快である．だがそれ
だけでは説明できないこともあり，扱う目的によっては不十分な場合もある．そこ
で必要とされるのが量子力学に基づいた考え方である．この考え方は化学結合や化
学反応性の十分な理解にとっては不可欠で，さらに原子・分子と光や磁場との相互
作用を考えるときにも，量子力学に基づいた考え方が要求される．こうした理由か
ら物理化学でも量子力学の基礎を勉強するのだが，このときにも数学的なツールと
して偏微分が出てくる．ここまでに説明した熱力学での偏微分とは異なる独特の記
号も出てくる．本節からはそれらの記号の扱いにも困らないようにするため，量子
力学に出てくる偏微分を説明する．

1・7　シュレーディンガー方程式に出てくる偏微分

　電子の運動は化学者にとって重要な情報を与えるが，それを調べるには電子の運
動を記述する運動方程式が必要となる．野球のボールのように古典力学に従う粒子
ならニュートンの運動方程式を用いるが，電子は量子力学に従う小さな粒子なの
で，その運動方程式としては**シュレーディンガー (Schrödinger) 方程式**が必要とな
る．高校のときに習ったであろうニュートンの運動方程式に偏微分はあまりあらわ
には出ていなかったと思うが，大学で習うシュレーディンガー方程式では特に電子
の**運動エネルギー**を記述するために偏微分が必要になる．これは運動する電子が
3 次元空間を動くためにその座標・運動量について 3 次元的な記述を行うためで
ある．

　一番単純な 1 個の電子についてのシュレーディンガー方程式は次のようなかたち
をしている．

$$-\frac{h^2}{2m_\mathrm{e}}\left(\frac{\partial^2}{\partial x^2}+\frac{\partial^2}{\partial y^2}+\frac{\partial^2}{\partial z^2}\right)\psi(x,y,z) + V(x,y,z)\,\psi(x,y,z) \;=\; E\psi(x,y,z) \quad (1\cdot25)$$

この方程式は左辺第 1 項に電子の波動関数 $\psi(x,y,z)$ の座標変数についての偏微分を
行う手続きを含んでおり，これは運動エネルギーを表すことにつながる．V は電子
の受ける**ポテンシャルエネルギー**，E は電子の**全エネルギー**である．数学的には
シュレーディンガー方程式は**固有方程式**という構造をもつが，その意味はもう少し
先の章で改めて取上げるとして，ここでは式 (1・25) における偏微分の操作に焦点
を合わせて説明を行う．m_e は電子の質量，$\hbar$ は**プランク (Planck) 定数** h を 2π で

12   1. 微分と偏微分

割った定数である．この h や m_e でできた定数項を除くと，式$(1・25)$の左辺第1項は

$$\left(\frac{\partial^2}{\partial x^2} + \frac{\partial^2}{\partial y^2} + \frac{\partial^2}{\partial z^2}\right)\psi(x, y, z)$$

$$= \frac{\partial^2}{\partial x^2}\psi(x, y, z) + \frac{\partial^2}{\partial y^2}\psi(x, y, z) + \frac{\partial^2}{\partial z^2}\psi(x, y, z) \qquad (1・26)$$

となる．まず1次の偏微分を表す記号は

$$\frac{\partial}{\partial x} + \frac{\partial}{\partial y} + \frac{\partial}{\partial z} = \text{grad} = \nabla \qquad (1・27)$$

と書かれ，それを表す ∇ はナブラ（**nabla**）といわれる．また grad は「**勾配 (gradient)**」といわれる．さらに2次の偏微分を表す記号は

$$\frac{\partial^2}{\partial x^2} + \frac{\partial^2}{\partial y^2} + \frac{\partial^2}{\partial z^2} = \nabla^2 = \Delta \qquad (1・28)$$

と書かれて，∇^2 はナブラの二乗，また Δ はラプラシアン（**Laplacian**）とよばれる．したがって式$(1・25)$のシュレーディンガー方程式はナブラの二乗を用いると，

$$-\frac{\hbar^2}{2m_e}\nabla^2\psi(x, y, z) + V(x, y, z)\,\psi(x, y, z)$$

$$= \hat{H}\psi(x, y, z) = E\psi(x, y, z) \qquad (1・29)$$

のように表される．見方を変えると，∇ も ∇^2 も関数（ここでは波動関数 ψ）に対するある種の演算を行う手続きを表す．そのため**演算子**とよばれる．上式中の $\hat{H}$ は左辺の運動エネルギー演算子とポテンシャルエネルギーをまとめた量子力学特有のもので，ハミルトン（**Hamilton**）**演算子**（ハミルトニアン）とよばれる．

1・8　座標変換に伴う1次偏微分演算子 ∇ の変化

　式$(1・29)$の，電子の波動関数 $\psi(x, y, z)$ の位置変数は (x, y, z) を用いて表されているが，これは**直交座標**，あるいは**カーテシアン**（**Cartesian**）**座標**とよばれる．ところで原子のようにその中心に原子核（以下，核と表す）があるときには，そのまわりを回る電子の座標について核を原点とする**球面極座標** (r, θ, φ) によって表す方が便利なので，こちらをよく用いる．これらの座標系を図1・3に示す．図1・3(a)の直交座標の (x, y, z) の変域はそれぞれ $-\infty$ から $+\infty$ であるが，図1・3(b)の球面

1・8 座標変換に伴う1次偏微分演算子 ∇ の変化

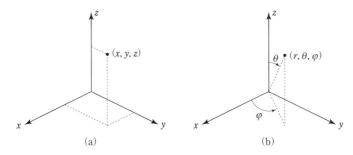

図1・3　3次元空間内の点の座標の表し方　(a) 直交座標と，(b) 球面極座標

極座標ではゼロから∞まで変化する**動径** r，ゼロからπまで変化する**天頂角**（余緯度）θ，ゼロから2πまで変化する**方位角** φ を用いる．

直交座標と球面極座標の変換を行う式には

$$\left.\begin{array}{l} x = r\sin\theta\cos\varphi \\ y = r\sin\theta\sin\varphi \\ z = r\cos\theta \end{array}\right\} \quad (\text{球面極座標} \longrightarrow \text{直交座標}) \quad (1\cdot30)$$

と

$$\left.\begin{array}{l} r^2 = x^2 + y^2 + z^2 \\ \tan\theta = \dfrac{\sqrt{x^2+y^2}}{z} \\ \tan\varphi = \dfrac{y}{x} \end{array}\right\} \quad (\text{直交座標} \longrightarrow \text{球面極座標}) \quad (1\cdot31)$$

を用いる．重要なのは式(1・27)や式(1・28)にある直交座標を用いて表した演算子 ∇ や ∇^2 を，球面極座標を使って表し直す必要があることである．この作業はなかなか面倒であるが，上記の式(1・30)や式(1・31)を用いながら ∇ から ∇^2 へと順番に進める必要がある．物理化学の教科書には ∇^2 を表す最後の結果しか書いていないことが多いので，偏微分に慣れるためにも，以下にその作業の枠組みを紹介する．

球面極座標で表される波動関数のかたちは $\psi(r,\theta,\varphi)$ である．そこで，直交座標を用いたシュレーディンガー方程式における偏微分演算子 ∇^2 を球面極座標に向けて変換する第一段階は，式(1・30)や式(1・31)に基づいて以下のように合成関数に対する偏微分を考えることである．合成関数の偏微分は，高校のときに学んだ合成関数の常微分と同様の式によって与えられる．これによって，まず ∇ にとって必要

14　　　　　　　　　　　　　**1.　微分と偏微分**

な 1 次の偏微分については

$$
\left.
\begin{aligned}
\frac{\partial \psi}{\partial x} &= \frac{\partial \psi}{\partial r}\frac{\partial r}{\partial x} + \frac{\partial \psi}{\partial \theta}\frac{\partial \theta}{\partial x} + \frac{\partial \psi}{\partial \varphi}\frac{\partial \varphi}{\partial x} \\[2mm]
\frac{\partial \psi}{\partial y} &= \frac{\partial \psi}{\partial r}\frac{\partial r}{\partial y} + \frac{\partial \psi}{\partial \theta}\frac{\partial \theta}{\partial y} + \frac{\partial \psi}{\partial \varphi}\frac{\partial \varphi}{\partial y} \\[2mm]
\frac{\partial \psi}{\partial z} &= \frac{\partial \psi}{\partial r}\frac{\partial r}{\partial z} + \frac{\partial \psi}{\partial \theta}\frac{\partial \theta}{\partial z} + \frac{\partial \psi}{\partial \varphi}\frac{\partial \varphi}{\partial z}
\end{aligned}
\right\}
\quad (1 \cdot 32)
$$

が成立する．つまり $\psi(r,\theta,\varphi)$ について x で偏微分を行うときには，r,θ,φ による偏導関数に対してそれぞれ $\left(\frac{\partial r}{\partial x}\right),\left(\frac{\partial \theta}{\partial x}\right),\left(\frac{\partial \varphi}{\partial x}\right)$ を掛けて加え合わせる必要がある．まず $\left(\frac{\partial \psi}{\partial x}\right)$ を求めてみるが，式 $(1\cdot30)$, $(1\cdot31)$ を利用すると

$$
\left.
\begin{aligned}
\frac{\partial r}{\partial x} &= \frac{\partial}{\partial x}\sqrt{x^2+y^2+z^2} = \frac{2x}{2\sqrt{x^2+y^2+z^2}} = \frac{x}{\sqrt{x^2+y^2+z^2}} \\[2mm]
&= \frac{r\sin\theta\cos\varphi}{r} = \sin\theta\cos\varphi \qquad (r>0 \text{ に注意}) \\[3mm]
\frac{\partial \theta}{\partial x} &= \frac{\partial \tan\theta}{\partial x}\frac{\mathrm{d}\theta}{\mathrm{d}\tan\theta} = \frac{\partial}{\partial x}\left(\frac{\sqrt{x^2+y^2}}{z}\right)(\sec^2\theta)^{-1} \\[2mm]
&= \frac{1}{2}\frac{2x}{z\sqrt{x^2+y^2}}\cos^2\theta = \frac{x}{z\sqrt{x^2+y^2}}\cos^2\theta \\[2mm]
&= \frac{r\sin\theta\cos\varphi}{r\cos\theta\sqrt{r^2\sin^2\theta}}\cos^2\theta \\[2mm]
&= \frac{\cos\theta\cos\varphi}{r} \qquad (\sin\theta>0 \text{ に注意}) \\[3mm]
\frac{\partial \varphi}{\partial x} &= \frac{\partial \tan\varphi}{\partial x}\frac{\mathrm{d}\varphi}{\mathrm{d}\tan\varphi} = \frac{\partial}{\partial x}\left(\frac{y}{x}\right)(\sec^2\varphi)^{-1} = -\frac{y}{x^2}\cos^2\varphi \\[2mm]
&= -\frac{r\sin\theta\sin\varphi}{r^2\sin^2\theta\cos^2\varphi}\cos^2\varphi = -\frac{\sin\varphi}{r\sin\theta}
\end{aligned}
\right\}
\quad (1 \cdot 33)
$$

となるので[*5]，

[*5]　ここでは逆関数の微分式 $\dfrac{\mathrm{d}\theta}{\mathrm{d}\tan\theta}=\dfrac{1}{\frac{\mathrm{d}\tan\theta}{\mathrm{d}\theta}}$ などを用いた．

1·8 座標変換に伴う1次偏微分演算子 ∇ の変化　　　15

$$\frac{\partial \psi}{\partial x} = \frac{\partial \psi}{\partial r}\sin\theta\cos\varphi + \frac{\partial \psi}{\partial \theta}\frac{\cos\theta\cos\varphi}{r} - \frac{\partial \psi}{\partial \varphi}\frac{\sin\varphi}{r\sin\theta} \quad (1\cdot34)$$

が得られる. 残りの y,z についての1次の偏微分は, 例題1·5で考える.

例題 1·5

(1) 式(1·34)と同様に, 直交座標を用いて表した $\dfrac{\partial \psi}{\partial y}$ を球面極座標を用いて表し直せ.

(2) 同じく $\dfrac{\partial \psi}{\partial z}$ を球面極座標を用いて表し直せ.

解　答

(1)
$$\frac{\partial r}{\partial y} = \frac{\partial}{\partial y}\sqrt{x^2+y^2+z^2} = \frac{2y}{2\sqrt{x^2+y^2+z^2}} = \frac{y}{\sqrt{x^2+y^2+z^2}}$$

$$= \frac{r\sin\theta\sin\varphi}{r} = \sin\theta\sin\varphi \quad (r>0 \text{ に注意})$$

$$\frac{\partial \theta}{\partial y} = \frac{\partial \tan\theta}{\partial y}\frac{\mathrm{d}\theta}{\mathrm{d}\tan\theta} = \frac{\partial}{\partial y}\left(\frac{\sqrt{x^2+y^2}}{z}\right)(\sec^2\theta)^{-1}$$

$$= \frac{1}{2}\frac{2y}{z\sqrt{x^2+y^2}}\cos^2\theta = \frac{y}{z\sqrt{x^2+y^2}}\cos^2\theta$$

$$= \frac{r\sin\theta\sin\varphi}{r\cos\theta\sqrt{r^2\sin^2\theta}}\cos^2\theta = \frac{\cos\theta\sin\varphi}{r} \quad (\sin\theta>0 \text{ に注意})$$

$$\frac{\partial \varphi}{\partial y} = \frac{\partial \tan\varphi}{\partial y}\frac{\mathrm{d}\varphi}{\mathrm{d}\tan\varphi} = \frac{\partial}{\partial y}\left(\frac{y}{x}\right)(\sec^2\varphi)^{-1} = \frac{1}{x}\cos^2\varphi$$

$$= \frac{1}{r\sin\theta\cos\varphi}\cos^2\varphi = \frac{\cos\varphi}{r\sin\theta}$$

となるので,

$$\frac{\partial \psi}{\partial y} = \frac{\partial \psi}{\partial r}\sin\theta\sin\varphi + \frac{\partial \psi}{\partial \theta}\frac{\cos\theta\sin\varphi}{r} + \frac{\partial \psi}{\partial \varphi}\frac{\cos\varphi}{r\sin\theta}$$

が得られる.

$$
\begin{aligned}
(2) \quad \frac{\partial r}{\partial z} &= \frac{\partial}{\partial z}\sqrt{x^2+y^2+z^2} = \frac{2z}{2\sqrt{x^2+y^2+z^2}} = \frac{z}{\sqrt{x^2+y^2+z^2}} \\
&= \frac{r\cos\theta}{r} = \cos\theta \\[4pt]
\frac{\partial \theta}{\partial z} &= \frac{\partial \tan\theta}{\partial z}\frac{d\theta}{d\tan\theta} = \frac{\partial}{\partial z}\left(\frac{\sqrt{x^2+y^2}}{z}\right)(\sec^2\theta)^{-1} \\
&= -\frac{\sqrt{x^2+y^2}}{z^2}\cos^2\theta = -\frac{r\sin\theta}{r^2\cos^2\theta}\cos^2\theta = -\frac{\sin\theta}{r} \\[4pt]
\frac{\partial \varphi}{\partial z} &= \frac{\partial \tan\varphi}{\partial z}\frac{d\varphi}{d\tan\varphi} = \frac{\partial}{\partial z}\left(\frac{y}{x}\right)(\sec^2\varphi)^{-1} = 0
\end{aligned}
$$

となるので,

$$
\frac{\partial \psi}{\partial z} = \frac{\partial \psi}{\partial r}\cos\theta - \frac{\partial \psi}{\partial \theta}\frac{\sin\theta}{r} + \frac{\partial \psi}{\partial \varphi}0 = \frac{\partial \psi}{\partial r}\cos\theta - \frac{\partial \psi}{\partial \theta}\frac{\sin\theta}{r}
$$

が得られる.

自習問題 1・5

電子の運動量の x 成分 p_x は量子力学的には $-ih\dfrac{\partial}{\partial x}$ という演算子で表される. このことを用いると電子の運動量演算子 $\hat{p}$ はどのように書かれるか.

答 $-ih\nabla$

1・9 座標変換に伴う 2 次偏微分演算子 ∇^2 の変化

以上で ∇ に対応する 1 次の偏微分演算子は求めることができた. 次に ∇^2 に対応する 2 次の偏微分演算子へと進む. このために $\dfrac{\partial^2 \psi}{\partial x^2}, \dfrac{\partial^2 \psi}{\partial y^2}, \dfrac{\partial^2 \psi}{\partial z^2}$ を球面極座標を用いて表し直すことになる. たとえば $\dfrac{\partial^2 \psi}{\partial x^2}$ を求めるときには

$$
\begin{aligned}
\frac{\partial^2 \psi}{\partial x^2} &= \frac{\partial}{\partial x}\left(\frac{\partial \psi}{\partial x}\right) = \frac{\partial}{\partial x}\left(\frac{\partial \psi}{\partial r}\frac{\partial r}{\partial x} + \frac{\partial \psi}{\partial \theta}\frac{\partial \theta}{\partial x} + \frac{\partial \psi}{\partial \varphi}\frac{\partial \varphi}{\partial x}\right) \\
&= \frac{\partial}{\partial x}\left(\sin\theta\cos\varphi\frac{\partial \psi}{\partial r} + \frac{\cos\theta\cos\varphi}{r}\frac{\partial \psi}{\partial \theta} - \frac{\sin\varphi}{r\sin\theta}\frac{\partial \psi}{\partial \varphi}\right)
\end{aligned}
\tag{1・35}
$$

1・9 座標変換に伴う 2 次偏微分演算子 ∇^2 の変化　　17

の関係を用いて，さらに最右辺について積の偏微分を実行する必要がある．$\left(\frac{\partial^2 \psi}{\partial y^2}\right)$ や $\frac{\partial^2 \psi}{\partial z^2}$ についても同様である．こうした積の偏微分は面倒なので，以下のような偏微分の**変数変換の公式**を利用する（文献 1・2 を参照）．その公式によって

$$\nabla^2 = \frac{1}{q_r q_\theta q_\varphi}\left\{\frac{\partial}{\partial r}\left(\frac{q_\theta q_\varphi}{q_r}\frac{\partial}{\partial r}\right) + \frac{\partial}{\partial \theta}\left(\frac{q_r q_\varphi}{q_\theta}\frac{\partial}{\partial \theta}\right) + \frac{\partial}{\partial \varphi}\left(\frac{q_r q_\theta}{q_\varphi}\frac{\partial}{\partial \varphi}\right)\right\} \quad (1 \cdot 36)$$

が得られる．ここで式 $(1 \cdot 36)$ における q_r, q_θ, q_φ は

$$\left.\begin{aligned}
q_r{}^2 &= \left(\frac{\partial x}{\partial r}\right)^2 + \left(\frac{\partial y}{\partial r}\right)^2 + \left(\frac{\partial z}{\partial r}\right)^2 \\[6pt]
q_\theta{}^2 &= \left(\frac{\partial x}{\partial \theta}\right)^2 + \left(\frac{\partial y}{\partial \theta}\right)^2 + \left(\frac{\partial z}{\partial \theta}\right)^2 \\[6pt]
q_\varphi{}^2 &= \left(\frac{\partial x}{\partial \varphi}\right)^2 + \left(\frac{\partial y}{\partial \varphi}\right)^2 + \left(\frac{\partial z}{\partial \varphi}\right)^2
\end{aligned}\right\} \quad (1 \cdot 37)$$

と表される．

例題 1・6

(1) 式 $(1 \cdot 37)$ の q_r, q_θ, q_φ の具体的なかたちを求めよ．

(2) q_r, q_θ, q_φ の具体的なかたちを用いて，球面極座標によって ∇^2 を表し直せ．

解　答

(1) 式 $(1 \cdot 37)$ と式 $(1 \cdot 30)$ から

$$q_r{}^2 = \left(\frac{\partial x}{\partial r}\right)^2 + \left(\frac{\partial y}{\partial r}\right)^2 + \left(\frac{\partial z}{\partial r}\right)^2 = \sin^2\theta\cos^2\varphi + \sin^2\theta\sin^2\varphi + \cos^2\theta$$

$$= \sin^2\theta + \cos^2\theta = 1$$

$$q_\theta{}^2 = \left(\frac{\partial x}{\partial \theta}\right)^2 + \left(\frac{\partial y}{\partial \theta}\right)^2 + \left(\frac{\partial z}{\partial \theta}\right)^2 = r^2\cos^2\theta\cos^2\varphi + r^2\cos^2\theta\sin^2\varphi + r^2\sin^2\theta$$

$$= r^2(\cos^2\theta + \sin^2\theta) = r^2$$

$$q_\varphi{}^2 = \left(\frac{\partial x}{\partial \varphi}\right)^2 + \left(\frac{\partial y}{\partial \varphi}\right)^2 + \left(\frac{\partial z}{\partial \varphi}\right)^2 = r^2\sin^2\theta\sin^2\varphi + r^2\sin^2\theta\cos^2\varphi + 0$$

$$= r^2\sin^2\theta$$

が得られるので，$q_r = \pm 1$，$q_\theta = \pm r$，$q_\varphi = \pm r\sin\theta$ となる．

18　　　　　　　　　　**1. 微分と偏微分**

(2) 以上で得られた q_r, q_θ, q_φ を式(1・36)に代入すると ∇^2 が得られる. $q_r,$ q_θ, q_φ を表す式はそれぞれ正負の記号が付いていて煩雑であるが, これら三つの変数は式(1・36)の右辺の各項のなかでそれぞれ積や商のかたちで 2 回ずつ現れるので, すべて正になることを考えると

$$\nabla^2 = \frac{1}{r^2 \sin\theta} \left\{ \frac{\partial}{\partial r} \left(r^2 \sin\theta \frac{\partial}{\partial r} \right) + \frac{\partial}{\partial \theta} \left(\sin\theta \frac{\partial}{\partial \theta} \right) + \frac{\partial}{\partial \varphi} \left(\frac{1}{\sin\theta} \frac{\partial}{\partial \varphi} \right) \right\}$$

$$= \frac{1}{r^2} \frac{\partial}{\partial r} \left(r^2 \frac{\partial}{\partial r} \right) + \frac{1}{r^2 \sin\theta} \frac{\partial}{\partial \theta} \left(\sin\theta \frac{\partial}{\partial \theta} \right) + \frac{1}{r^2 \sin^2\theta} \frac{\partial^2}{\partial \varphi^2} \qquad Ⓐ$$

のかたちに変わる. したがって球面極座標を座標変数として表された波動関数に対する ∇^2 については, 式Ⓐを用いればよいことになる.

自習問題1・6

　関数 $f(x, y, z)$ に対して ∇f, $\nabla^2 f$, $\nabla f \cdot \nabla f$ の演算を行うとき, 結果がベクトル量となるものはどれか.

　　　　　　　　　　　　　　　　　　　　　　　　　　　　　　　答　∇f

1・10　分子エネルギーの極小化

　分子軌道法 (molecular orbital 法＝MO 法) は分子内の電子の動きを表す量子力学的な方法である. MO 法で表される分子の電子エネルギーを調べるときにも, 偏微分が現れる. 具体的には, MO を表すための**原子軌道** (χ) の**線形結合** (linear combination of atomic orbitals＝LCAO) の係数を変化させて安定な電子エネルギーを求めるときに必要となる. 作業としては MO を表す LCAO

$$\psi = \sum_r c_r \chi_r \qquad (1 \cdot 38)$$

の係数 c_r を変化させて, MO エネルギー ε の極小値を求める偏微分の問題となる.

　簡単な例として, 図1・4のように二つの π 型原子軌道 (πAO) である χ_1 と χ_2 によって構成される MO ψ をもつ 2 原子分子 (エチレン) を考えよう. この場合には π 電子エネルギーを考えることになるが, MO 法を簡略化するための**ヒュッケル**

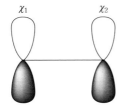

図1・4 2原子分子のもつ2個のπ型原子軌道(AO)

(**Hückel**) **近似法**を採用すればこのエネルギーは

$$\varepsilon = \frac{c_1^2 \alpha + 2c_1 c_2 \beta + c_2^2 \alpha}{c_1^2 + c_2^2} \tag{1・39}$$

と表されることが知られている．ここで，αは**クーロン**(**Coulomb**)**積分**，βは**共鳴積分**とよばれる負の定数である．この係数c_1, c_2を変化させてεを極小化させるには

$$\left. \begin{array}{l} \dfrac{\partial \varepsilon}{\partial c_1} = 0 \\[2mm] \dfrac{\partial \varepsilon}{\partial c_2} = 0 \end{array} \right\} \tag{1・40}$$

という条件をおいて[*6]，これを満たすc_1, c_2を求める．

例題1・7

(1) 式(1・39)の分母をはらってc_1, c_2による偏微分を行え．
(2) 式(1・40)を用いて得られるc_1, c_2についての連立方程式を求めよ．

解　答

(1) まず式(1・39)の分母をはらうと

$$\varepsilon(c_1^2 + c_2^2) = c_1^2 \alpha + 2c_1 c_2 \beta + c_2^2 \alpha$$

が得られる．この両辺をc_1, c_2で偏微分すれば

[*6] 極小値であるためには2次の偏微分も調べて確認せねばならないが，経験上，式(1・40)を満たせば極小値を与えることがわかっている．

$$\frac{\partial \varepsilon}{\partial c_1}(c_1{}^2 + c_2{}^2) + 2\varepsilon c_1 = 2c_1\alpha + 2c_2\beta \left.\right\}$$

$$\frac{\partial \varepsilon}{\partial c_2}(c_1{}^2 + c_2{}^2) + 2\varepsilon c_2 = 2c_2\alpha + 2c_1\beta$$

となる.

(2) このように得られた式を整理して式(1・40)の条件を考慮すると

$$\varepsilon c_1 = c_1\alpha + c_2\beta \left.\right\}$$
$$\varepsilon c_2 = c_2\alpha + c_1\beta$$

となり,さらにこれらを整理すると c_1, c_2 についての連立方程式

$$(\alpha-\varepsilon)c_1 + \beta c_2 = 0 \left.\right\}$$
$$\beta c_1 + (\alpha-\varepsilon)c_2 = 0$$

が得られる.

自習問題 1・7

クーロン積分 α と共鳴積分 β を表す式を記せ.ただし,ヒュッケル近似法におけるハミルトニアンは $\hat{h}$ とせよ.

答 $\alpha = \displaystyle\int \chi_r{}^* \hat{h} \chi_r \mathrm{d}\tau$, $\beta = \displaystyle\int \chi_r{}^* \hat{h} \chi_s \mathrm{d}\tau$ ここで $s = r \pm 1$ である

MO 法の手続きとしては,このあと MO の**規格化条件**[*7] について考慮しながら,例題 1・7 で得られた連立方程式を解くプロセスに入る.しかし分子エネルギーの極小化に伴われる偏微分の作業としてはここで終わることにする.

1・11 量子力学における偏微分のまとめ

量子力学における偏微分では,極座標の関連もあって,現れる式はけっこう多い.

[*7] これは MO を表す波動関数の資格として必要なもので詳しくは 2・5 節で述べるが,この条件を満たすために MO の二乗の空間積分が 1 になるよう c_1, c_2 の値に制限を課すことになる.

量子力学ではその手段としていくつかの数学的扱いを行う場面があるので，最初は煩瑣・複雑に見えるかもしれないが，これに「負けない」ようにしてほしい．多くの学生諸君，研究者の方がたにとってはこういう数学は一生使うものでもなく，より複雑な MO 法の計算を行うときであっても，計算ソフトが完備されているので，それほど心配はいらない．ただその背景にある量子力学を理解しておくことは間違いなく有用なので，そのことは認識しておいてもらえればと思う．

参考文献

1・1　高木貞治 著，『定本 解析概論』，岩波書店 (2010).
1・2　ライナス・ポーリング，E. ブライト・ウィルソン 著，渡辺 正 訳，『量子力学入門：化学の土台』，第 4 章 16 節，丸善出版 (2016).

演 習 問 題

1. (1) 偏導関数についての関係式
$$\left(\frac{\partial f}{\partial x}\right)_y = \left(\frac{\partial f}{\partial z}\right)_v \left(\frac{\partial z}{\partial x}\right)_y + \left(\frac{\partial f}{\partial v}\right)_z \left(\frac{\partial v}{\partial x}\right)_y \quad \text{(循環則)}$$

をもとにして，
$$\left(\frac{\partial A}{\partial T}\right)_p = \left(\frac{\partial A}{\partial T}\right)_V + \left(\frac{\partial A}{\partial T}\right)_p + \left(\frac{\partial A}{\partial V}\right)_T \left(\frac{\partial V}{\partial T}\right)_p$$

を導け．

(2) さらに (1) で得られた式から
$$\left(\frac{\partial p}{\partial T}\right)_V \left(\frac{\partial V}{\partial p}\right)_T \left(\frac{\partial T}{\partial V}\right)_p = -1 \quad \text{(連鎖則)}$$

が得られることを示せ．

2. $\mu_{JT} \equiv \left(\frac{\partial T}{\partial p}\right)_H$ と与えられるジュール－トムソン係数について，$\mu_{JT} = -\dfrac{\left(\frac{\partial H}{\partial p}\right)_T}{C_p}$

であることを示せ．ただし，定圧熱容量は $C_p \equiv \left(\frac{\partial H}{\partial T}\right)_p$ と定義される．

3. 式 (1・20) にある残り三つのマクスウェルの関係式を導け．

4. 関数 f, g について $\nabla^2(fg)$ を展開せよ．
5. 例題 1・7 のエチレンの MO エネルギーと MO 係数を求めよ．

解　答

1. (1) もとの循環則で変数や関数を $x \to T$, $y \to p$, $z \to T$, $f \to A$, $v \to V$ と置き換えると

$$\left(\frac{\partial A}{\partial T}\right)_p = \left(\frac{\partial A}{\partial T}\right)_V \left(\frac{\partial T}{\partial T}\right)_p + \left(\frac{\partial A}{\partial V}\right)_T \left(\frac{\partial V}{\partial T}\right)_p$$

が得られる．

(2) ここでさらに $A = p$ とすれば $\left(\dfrac{\partial p}{\partial T}\right)_p = 0$ となり，また $\left(\dfrac{\partial T}{\partial T}\right)_p = 1$ であるから

$$0 = \left(\frac{\partial p}{\partial T}\right)_V + \left(\frac{\partial p}{\partial V}\right)_T \left(\frac{\partial V}{\partial T}\right)_p$$

となるので移項を行って $\left(\dfrac{\partial p}{\partial T}\right)_V = -\left(\dfrac{\partial p}{\partial V}\right)_T \left(\dfrac{\partial V}{\partial T}\right)_p$ とし，左辺に偏導関数をすべて集めれば，連鎖則

$$\left(\frac{\partial p}{\partial T}\right)_V \left(\frac{\partial V}{\partial p}\right)_T \left(\frac{\partial T}{\partial V}\right)_p = -1$$

が得られる．

2. $\mu_{JT} \equiv \left(\dfrac{\partial T}{\partial p}\right)_H$ に対して，演習問題 1 で得た偏導関数の連鎖則を用いると

$$\left(\frac{\partial T}{\partial p}\right)_H \left(\frac{\partial H}{\partial T}\right)_p \left(\frac{\partial p}{\partial H}\right)_T = -1$$

となる．ここから

$$\mu_{JT} = \left(\frac{\partial H}{\partial T}\right)_p = -\frac{\left(\dfrac{\partial H}{\partial p}\right)_T}{\left(\dfrac{\partial H}{\partial T}\right)_p} = -\frac{\left(\dfrac{\partial H}{\partial p}\right)_T}{C_p}$$

が得られる．

演 習 問 題

3. Ⓐ $dH = TdS + Vdp$ を用いると $\left(\dfrac{\partial H}{\partial S}\right)_p = T$, $\left(\dfrac{\partial H}{\partial p}\right)_S = V$ となる. 最初の式につい

て, S 一定のもとに p で偏微分すれば $\dfrac{\partial^2 H}{\partial p \partial S} = \left(\dfrac{\partial T}{\partial p}\right)_S$ となり, 2 番目の式について p

一定のもとに S で偏微分すれば $\dfrac{\partial^2 H}{\partial S \partial p} = \left(\dfrac{\partial V}{\partial S}\right)_p$ となる. 左辺の 2 次の偏導関数は偏

微分の順番を変えても等しいとしてよいから, 結局

$$\left(\frac{\partial T}{\partial p}\right)_S = \left(\frac{\partial V}{\partial S}\right)_p$$

が得られる.

Ⓑ $dG = -SdT + Vdp$ を用いると $\left(\dfrac{\partial G}{\partial T}\right)_p = -S$, $\left(\dfrac{\partial G}{\partial p}\right)_T = V$ となる. 最初の式に

ついて, T 一定のもとに p で偏微分すれば $\dfrac{\partial^2 G}{\partial p \partial T} = -\left(\dfrac{\partial S}{\partial p}\right)_T$ となり, 2 番目の式に

ついて p 一定のもとに T で偏微分すれば $\dfrac{\partial^2 G}{\partial T \partial p} = \left(\dfrac{\partial V}{\partial T}\right)_p$ となる. 左辺の 2 次の偏導

関数は偏微分の順番を変えても等しいとしてよいから, 結局

$$\left(\frac{\partial S}{\partial p}\right)_T = -\left(\frac{\partial V}{\partial T}\right)_p$$

が得られる.

Ⓒ $dA = -SdT - pdV$ を用いると $\left(\dfrac{\partial A}{\partial T}\right)_V = -S$, $\left(\dfrac{\partial A}{\partial V}\right)_T = -p$ となる. 最初の式

について, T 一定のもとに V で偏微分すれば $\dfrac{\partial^2 A}{\partial V \partial T} = -\left(\dfrac{\partial S}{\partial V}\right)_T$ となり, 2 番目の式

について V 一定のもとに T で偏微分すれば $\dfrac{\partial^2 A}{\partial T \partial V} = -\left(\dfrac{\partial p}{\partial T}\right)_V$ となる. 左辺の 2 次

の偏導関数は偏微分の順番を変えても等しいとしてよいから, 結局

$$\left(\frac{\partial S}{\partial V}\right)_T = \left(\frac{\partial p}{\partial T}\right)_V$$

が得られる.

4. $f\nabla^2 g + 2(\nabla f)(\nabla g) + g\nabla^2 f$

5. 被占 MO エネルギー　　$\varepsilon_1 = \alpha + \beta$

空 MO エネルギー　　$\varepsilon_2 = \alpha - \beta$

被占 MO 係数　　$c_1 = \pm \dfrac{1}{\sqrt{2}},\ c_2 = \pm \dfrac{1}{\sqrt{2}}$　　（複号同順）

空 MO 係数　　　$c_1 = \pm \dfrac{1}{\sqrt{2}},\ c_2 = \mp \dfrac{1}{\sqrt{2}}$　　（複号同順）

 column　　　　　　　　　　　　　　　　　　　　　　　対　　　数

　微分法にもしばしば現れるものの一つに対数がある．底が e（2.71828……）である自然対数を発見したのはスコットランドの数学者ネーピア（J. Napier）であり，これは1614年発刊の著書『見事な対数規則の記述（原題はラテン語）』のなかで示されている．その意味で，e はネーピア数ともよばれる．彼はスコットランドの貴族（男爵）で，エディンバラにあるマーキストン城に生まれ，兵器などの発明も行った．対数と指数は逆の表現であるが，ネーピアが対数を用いたのは指数が用いられる以前であった．これは少しばかり驚くべきことである．当時のスコットランドでは，カトリックとプロテスタントの抗争が激しく，熱心なプロテスタントであったネーピアはローマ教会に対して強い反抗心をもっていた．そして神学書『ヨハネの黙示録の真相』も著して，ローマ教会に挑戦状を叩きつけた．

　話を戻して，対数ではかけ算は足し算に，割り算は引き算に変わるので，巨大な数のかけ算や割り算は対数を使うときわめて容易に行える．これによって天文学の膨大な計算が簡単になり，天文学者の寿命を2倍にしたと称えられている．その意味では彼は対数を発見したというより，発明したという方が適切かもしれない．

2

1 変数の微分方程式

2・1 微分方程式が必要な理由

方程式といえば1次方程式や2次方程式を思い浮かべるかもしれないが，自然現象や社会現象を記述するためには，関数 y の「**変化率**」を表す y' や y'' を含む方程式が現れる．これを**微分方程式**とよぶ．微分方程式は現象の変化を表す基本的な方程式であり，しかも一般性が高い．関数 y を表す変数が1変数であるときは**常微分方程式**とよばれ，多変数であるときは**偏微分方程式**とよばれる．関数 y の具体的なかたちを求めることが微分方程式を解くことにあたるが，1次方程式や2次方程式に比べれば微分方程式を解くことは少しばかり難しく，ある種の工夫が必要になることがある．本章と次章では微分方程式について説明する．

第2章では熱力学や化学反応速度論，さらに量子力学に現れる常微分方程式の解き方について説明する．本書は物理化学を解説することが目的ではないので，ここでは与えられた微分方程式を解くことをメインとする．しかし，化学現象を扱う数式に登場する変数とその意味について理解するために最低限必要な説明は行うことにする．

2・2 熱力学と常微分方程式 —— クラウジウス–クラペイロンの式

熱力学にはあまり多くの微分方程式は出てこないが，重要なものは式(2・1)に示した，異なる2相の界面で成り立つ**クラウジウス–クラペイロン (Clausius–Clapeyron) の式**に関連する微分方程式である．

$$\frac{dp}{dT} = \frac{\Delta_{vap}H}{TV_g} \qquad (2\cdot1)$$

この式は以下に示すように，**変数分離法**という簡単な数学的テクニックで解ける．

式(2・1)は液相と気相の界面における関係を表す．ここで p は気体の圧力，T はその温度，V_g は気体1モルの体積で，$\Delta_{vap}H$ はモル当たりの液体の**蒸発熱 (蒸発エンタルピー)** である．この式での変数は p と T であり，あとは定数として扱えると

26　　　　　　　　　　　**2.　1変数の微分方程式**

する．さらにこの気体を理想気体とすれば，V_g を消去できて

$$\frac{\mathrm{d}p}{p} = \frac{\Delta_{\mathrm{vap}}H}{R}\frac{\mathrm{d}T}{T^2} \tag{2・2}$$

が得られる．この式では（意図的にこのように整理したのだが）すでに左辺に変数 p の関係項が，右辺に変数 T の関係項が集まったかたちをしているので，変数分離形の常微分方程式とよばれる．変数分離とはこのように，方程式の左辺と右辺にそれぞれの変数の関連部分を分け集めて，微分方程式を解く技法である．このようなテクニックは高校の数学で習っているかもしれないが[*1]，常微分方程式の解き方として基本的なので，以下に復習を兼ねた説明を行う．

　得られた式(2・2)の両辺を積分すると

$$\ln p = -\frac{\Delta_{\mathrm{vap}}H}{RT} + C \tag{2・3}$$

が得られる．ここで右辺の C は任意定数である．e^C を新たに C とおくと，式(2・3)は指数関数を用いて

$$p = C\mathrm{e}^{-\frac{\Delta_{\mathrm{vap}}H}{RT}} \tag{2・4}$$

と書くこともできる．また適当な**初期条件**を設けることによって，具体的な任意定数を得ることもできる．たとえば，式(2・3)で温度 T^* のときの圧が p^* とわかっていれば

$$C = \ln p^* + \frac{\Delta_{\mathrm{vap}}H}{RT^*} \tag{2・5}$$

が得られるので，式(2・3)は

$$\ln\frac{p}{p^*} = -\frac{\Delta_{\mathrm{vap}}H}{R}\left(\frac{1}{T} - \frac{1}{T^*}\right) \tag{2・6}$$

というかたちになる．この $\Delta_{\mathrm{vap}}H$ は温度によって変化するので，これを定数として扱えるのは狭い温度域であることに注意せよ．数学的には任意定数 C が残っているかたちを微分方程式の**一般解**，C の具体的なかたちを反映したものを**特殊解**とよぶ．自然科学では現象に即した特殊解を求めることがふつうである．

---

　*1　高校数学では指導要領の変遷によって，微分方程式は現れたり消えたりしている．

2・3 化学反応速度論と常微分方程式　　　27

例題 2・1

(1) $\dfrac{\mathrm{d}x}{x} = \mathrm{d}\ln x$ を導け.

(2) 上記の関係式を用いて, 式(2・2)を解け.

解 答

(1) 対数関数 $\ln x$ を x で微分すれば

$$\frac{\mathrm{d}\ln x}{\mathrm{d}x} = \frac{1}{x}$$

となるので, この式の両辺に $\mathrm{d}x$ を掛けると

$$\frac{\mathrm{d}x}{x} = \mathrm{d}\ln x \qquad\qquad Ⓐ$$

が導かれる.

(2) 式Ⓐを用いると, 式(2・2)は

$$\mathrm{d}\ln p = \frac{\Delta_{\mathrm{vap}}H}{R}\frac{\mathrm{d}T}{T^2}$$

と書けるので, この両辺を積分すれば直ちに式(2・3)が得られる. 式Ⓐで表される $\mathrm{d}\ln x$ のかたちは便利なので, しばしば用いられる.

自習問題 2・1

式(2・1)に対して, 文章中に述べられていない仮定は何か.

　　　　　　　　　　　　　　　答　液相の体積をゼロとおいている

2・3 化学反応速度論と常微分方程式

　化学反応速度論はその名のとおり反応の速度を考えるものなので, 時間に対する変化を追うことが重要になる. したがって時間 t をおもな変数とする常微分方程式を扱うことになる.

a. 1 次反応

　反応物 A が生成物 P (product を示す) になる化学反応

$$\begin{array}{cc} A & \longrightarrow & P \\ a-x & & x \end{array} \qquad (2\cdot 7)$$

が1次反応であるとする．Pは複数の化学種を意味してもよいが，ここでは反応式の左辺だけが重要である（以下の2次，3次反応でも同じ）．kをこの1次反応の**速度定数**，aを反応物Aの**初濃度**，xは時間tの経過後のAの濃度の減り分であるとして，上記の反応式の下部には時間tが経過したときの関係化学種の濃度を示している．この1次反応の**速度式**は

$$\frac{dx}{dt} = k(a-x) \qquad (2\cdot 8)$$

と書ける．この微分方程式を解くときに変数分離法を採用して式(2・8)を

$$\frac{dx}{(a-x)} = k\,dt \qquad (2\cdot 9)$$

のように整理する．その積分から

$$-\ln(a-x) = kt + C \quad (a-x>0であることに注意) \qquad (2\cdot 10)$$

が得られる．任意定数Cは初期条件（$t=0$のとき$x=0$）から

$$C = -\ln a \qquad (2\cdot 11)$$

と求まるので，これを代入すると

$$kt = -\ln(a-x) + \ln a = \ln\frac{a}{a-x} \qquad (2\cdot 12)$$

となる．これが反応速度論の微分方程式の解になるが，必要に応じて

$$x = a(1-e^{-kt}) \qquad (2\cdot 13)$$

と表すこともある．これは時間tが経過したときの生成物Pの濃度である．式(2・13)が表すグラフは図2・1のようになる．

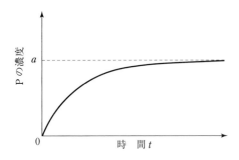

図2・1　1次反応における生成物Pの濃度の時間変化

2·3 化学反応速度論と常微分方程式　　　29

例題2·2

(1) 式(2·7)が表す1次反応の速度定数の次元を求めよ．ただし，濃度を mol/L，時間を sec で表すとする．

(2) この1次反応で，反応物の初濃度が半分になるための時間を求めよ．

解答

(1) 式(2·9)で，左辺が無次元となることを考えると，k の次元は t の逆次元であるべきだから $\sec^{-1}$ となる．

(2) 式(2·13)で，$x = \dfrac{a}{2}$ とおいて t を求めると $t = \dfrac{\ln 2}{k}$ が得られる．この t を**半減期**という．1次反応の半減期の大きさは，初濃度 a と無関係であることに注意せよ．

自習問題2·2

反応物の濃度が初濃度の 1/e 倍になるまでの時間を求めよ．　　　答　$\dfrac{1}{k}$

---

b. 2 次 反 応

以下の化学反応

$$\underset{a-x}{2A} \longrightarrow \underset{x}{P} \tag{2·14}$$

が2次反応であるとすれば，この反応の速度式は

$$\frac{dx}{dt} = k(a-x)^2 \tag{2·15}$$

である．これを変数分離すると

$$\frac{dx}{(x-a)^2} = k\,dt \tag{2·16}$$

となるのでこの両辺を積分すると

$$kt = -\frac{1}{x-a} + C \tag{2·17}$$

30   2. 1変数の微分方程式

が得られる．初期条件として $t=0$ に対して $x=0$ を入れると，

$$C = -\frac{1}{a} \tag{2・18}$$

であり，ここから常微分方程式(2・15)の解

$$kt = -\frac{1}{x-a} - \frac{1}{a} = \frac{x}{a(a-x)} \tag{2・19}$$

が得られる．2次反応の速度定数 k の次元は式(2・16)から $(\mathrm{mol/L})^{-1}\,\mathrm{sec}^{-1}$ となることがわかる．

例題2・3

2次反応であることがわかっている反応式

$$\begin{array}{ccc} \mathrm{A} & + & \mathrm{B} \longrightarrow & \mathrm{P} \\ a-x & & b-x & & x \end{array}$$

に対して，生成物濃度 x についての速度式を立てて解け．

解 答

上記の反応が2次反応なので，速度式は

$$\frac{\mathrm{d}x}{\mathrm{d}t} = k(a-x)(b-x)$$

と書ける．
この式を変数分離形

$$\frac{\mathrm{d}x}{(x-a)(x-b)} = k\,\mathrm{d}t$$

にして左辺の分数を**部分分数**で表せば

$$\frac{1}{(x-a)(x-b)} = \left\{ \frac{\dfrac{1}{a-b}}{x-a} - \frac{\dfrac{1}{a-b}}{x-b} \right\}$$

であるので，

$$\frac{\mathrm{d}x}{(x-a)(x-b)} = \left\{ \frac{\dfrac{1}{a-b}}{x-a} - \frac{\dfrac{1}{a-b}}{x-b} \right\}\mathrm{d}x = k\,\mathrm{d}t$$

と書くことができる．この両辺を積分すれば

$$\frac{1}{a-b} \ln \frac{x-a}{x-b} = kt + C \quad (x-a < 0,\ x-b < 0\ であることに注意)$$

が得られる．初期条件として $t=0$ のとき $x=0$ であることを入れると

$$C = \frac{1}{a-b} \ln \frac{a}{b}$$

となるので

$$kt = \frac{1}{a-b} \ln \frac{b(a-x)}{a(b-x)}$$

が得られる．

自習問題 2・3

$$2A \longrightarrow P$$
$$(a-x) \qquad x$$

が速度定数 k の2次反応であるときの半減期 t を求め，1次反応の場合との違い
を述べよ．

答 $t = \dfrac{1}{ka}$ となり，半減期が初濃度 a に依存する

---

c. 3 次 反 応

次の3次反応

$$3A \longrightarrow P \qquad\qquad (2 \cdot 20)$$
$$a-x \qquad x$$

の速度式は

$$\frac{\mathrm{d}x}{\mathrm{d}t} = k(a-x)^3 \qquad\qquad (2 \cdot 21)$$

である．これを変数分離して解き，任意定数を決めると最終的に

$$kt = \frac{1}{2} \left\{ \frac{1}{(x-a)^2} - \frac{1}{a^2} \right\} = \frac{1}{2} \frac{2ax - x^2}{a^2(a-x)^2} \qquad (2 \cdot 22)$$

が得られる．

3次の反応式の例はほかにも $2A+B \longrightarrow P$ や $A+B+C \longrightarrow P$ などがあるが，基

本的には部分分数に分けて微分方程式を解くことができる. 3 次反応の速度定数 k の次元は $(mol/L)^{-2}\,sec^{-1}$ である. 2 次反応や 3 次反応でも, 1 次反応の式(2・13) のように $x = f(t)$ のかたちまで書き直すことは可能だが, 煩瑣になるので式(2・19) や(2・22)のように $kt = g(x)$ のかたちまで求めて終了とすることが多い.

以下にもう少し異なる化学反応のパターンを示す.

d. 逐次反応

逐次反応は**連続反応**ともよばれ, その典型的な反応式は以下のようになる.

$$
\underset{a-x}{A} \xrightarrow{k_1} \underset{y}{I} \xrightarrow{k_2} \underset{z}{P} \tag{2・23}
$$

式中の I は中間生成物 (intermediate) を示す. これは次々と連続的に起こる化学反応を表しており, I, P の初期濃度はともにゼロであるとする. $A \longrightarrow I$ や $I \longrightarrow P$ の単独反応は**素反応**とよばれる. ここではこれら素反応の反応次数はそれぞれ 1 次であると仮定し, その反応速度定数を k_1, k_2 と表し, 式(2・23)の上部に示す. ただし, $k_1 \neq k_2$ とする.

A の減少, I の増加, P の増加についての速度方程式を立てると, 以下の三つの式のようになる.

$$
-\frac{\mathrm{d}(a-x)}{\mathrm{d}t} = k_1 x \tag{2・24}
$$

$$
\frac{\mathrm{d}y}{\mathrm{d}t} = k_1(a-x) - k_2 y \tag{2・25}
$$

$$
\frac{\mathrm{d}z}{\mathrm{d}t} = k_2 y \tag{2・26}
$$

式(2・24)は 1 次反応と同じ意味をもつから, x を表す解は式(2・13)と本質的に同じとなり

$$
x = a(1 - \mathrm{e}^{-k_1 t}) \quad (\text{A の減少分}) \tag{2・27}
$$

の関係が得られる. 次に y を表すのは A からの供給と P へ変わる消失があるので少し面倒であるが, いずれも 1 次反応的な変化に基づいているので未知の関数 $f(t)$ を用いて

$$
y = f(t)\,\mathrm{e}^{-k_2 t} \tag{2・28}
$$

と表すことにする. こうすれば y の時間変化は

$$\frac{dy}{dt} = f'(t)\,e^{-k_2 t} - k_2 f(t)\,e^{-k_2 t} \tag{2・29}$$

と表される．式(2・27), (2・28)を式(2・25)の右辺に代入し，式(2・29)を式(2・25)の左辺に代入して整理すると

$$\frac{df(t)}{dt} = ak_1 e^{(k_2 - k_1)t} \tag{2・30}$$

が得られる．この微分方程式を変数分離法で解いて $t=0$ で $y=0$ という初期条件を用いると $f(t)$ が得られるので，これを式(2・28)に入れると

$$y = \frac{ak_1}{k_2 - k_1}(e^{-k_1 t} - e^{-k_2 t}) \quad (\text{I の増加分}) \tag{2・31}$$

と得られる．さらに式(2・31)を式(2・26)に入れて，変数分離形を用いて z に対する微分方程式を解き，任意定数も定めると

$$z = a - \frac{a(k_1 e^{-k_2 t} - k_2 e^{-k_1 t})}{k_1 - k_2} \quad (\text{P の増加分}) \tag{2・32}$$

と得られる．これらの式で表される $a-x, y, z$ を t に対してプロットしたグラフは図2・2のようになる*2．

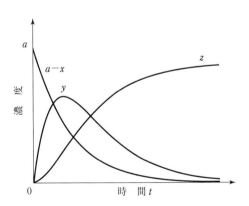

図2・2 逐次反応における反応物 A の濃度 $a-x$, 中間生成物 I の濃度 y, および生成物 P の濃度 z の時間変化

---

*2 $a-x$ は時間が経過したときの反応物 A の濃度を表している．

34　　　　　　　　　　　　　2.　1変数の微分方程式

e. 逆向きの反応があるとき

次に下記のように逆向きの反応がある場合を考えてみる.

$$\mathrm{A} \underset{k'}{\overset{k}{\rightleftharpoons}} \mathrm{B} \qquad (2\cdot33)$$
$$\phantom{\mathrm{A}}_{a-x} _{b+x}$$

k と k' とはそれぞれの向きの反応速度定数を示し, A の初濃度を a, B のそれを b とする. b はゼロであってもよい. また, 右向きの反応と左向きの反応はともに1次反応であるとする.

以上のように設定すると, A の減少についての反応の速度式は

$$-\frac{\mathrm{d}(a-x)}{\mathrm{d}t} = \frac{\mathrm{d}x}{\mathrm{d}t} = k(a-x) - k'(b+x) = (k+k')\left(\frac{ka-k'b}{k+k'} - x\right) \quad (2\cdot34)$$

と書ける. ここで

$$c \equiv \frac{ka-k'b}{k+k'} \qquad (2\cdot35)$$

とおいて, 式 $(2\cdot34)$ を変数分離形に書き換えると

$$\frac{\mathrm{d}x}{c-x} = (k+k')\mathrm{d}t \qquad (2\cdot36)$$

となるので, 両辺を積分して

$$-\ln(c-x) = (k+k')t + C \qquad (2\cdot37)$$

となる. 初期条件 $(t=0$ のとき $x=0)$ を入れて任意定数 C を求めると

$$C = -\ln c \qquad (2\cdot38)$$

が得られるので, これを用いると

$$(k+k')t = \ln\frac{c}{c-x} \qquad (2\cdot39)$$

が得られて, 反応の速度式が解けたことになる.

例題 2·4

(1) 式 $(2\cdot39)$ を変形して x を表す式に書き換えよ.

(2) 長時間が経過したあと, x はどのような値をとるか, またその挙動についてコメントせよ.

2・4 量子力学における常微分方程式　　35

　解　答

　(1) 式(2・39)を変形してxを表す式に書き換えると

$$x = c\{1 - e^{-(k+k')t}\} = \frac{ka - k'b}{k + k'}\{1 - e^{-(k+k')t}\}$$

が得られる.

　(2) このxを表す式で時間tを無限大にすると指数関数の項が消えて，xは

$$x = \frac{ka - k'b}{k + k'}$$

のように一定値となる. これは長時間が経過すれば A と B の濃度が一定にな
り，平衡状態に達していることを意味する. これを**速度平衡の状態**というが，
反応が静止した状態ではなく，右向きと左向きの反応は相変わらず起こってい
る. しかし，見かけ上は反応が静止している.

　自習問題2・4

$\dfrac{1}{2}$ 次反応の反応速度定数の次元を求めよ.

答　$(\text{mol/L})^{\frac{1}{2}}\text{sec}^{-1}$

2・4　量子力学における常微分方程式

　微分方程式は量子力学にも現れる. これは量子力学で記述される粒子の運動エネ
ルギーが，波動関数の2次微分のかたちで表されることに由来している. 微分方程
式では扱われる変数の数に応じて常微分方程式か偏微分方程式かが決まるが，量子
力学に現れる波動関数の変数は対象とする粒子の位置座標なので，粒子が1個とす
ればその微分方程式では3変数が対象となる. つまり，偏微分方程式となる. 化学
で習う量子力学の最初の辺りでは，これを簡単化してたとえば変数をxだけ，つま
り1変数としたときの常微分方程式が現れる. 1変数に簡略化すれば数学的にも簡
単化されるし，微分方程式を解く見通しもよくなることが多い. 本節以降では，そ
のような常微分方程式を中心としながら説明を行うことにする.

2・5 1次元の箱の中の電子

1次元の箱の中に電子が存在する場合を考えよう．この問題は，特に物理化学で学ぶ量子力学の第一歩である．この問題によって量子論の本質がある程度わかる．図2・3のように x 軸に沿う1次元の箱の中に閉じ込められた電子について考えると，そのシュレーディンガー方程式は

$$-\frac{\hbar^2}{2m_\mathrm{e}}\frac{\mathrm{d}^2\psi(x)}{\mathrm{d}x^2} = E\psi(x) \quad (\text{ただし，} 0 \leq x \leq a \text{の範囲だけで考える}) \quad (2\cdot40)$$

と書ける．ここで m_e, $\hbar$, $\psi(x)$, E は順に電子の質量，プランク定数 h を 2π で割った定数，電子の波動関数，電子のエネルギーである．式(2・40)の左辺は電子の運動エネルギーのみを意味する．

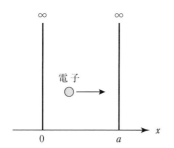

図2・3 電子を閉じ込めた1次元の箱
閉じ込めている壁は $x=0, a$ で無限に高い

1次元の箱の中に閉じ込められた電子の挙動を調べるには，この常微分方程式を解くことになる．ここで注意することは，解となる波動関数 $\psi(x)$（以後，**解関数**とよぶ）に対する条件であり，それは

$$\left.\begin{array}{l}\psi(0) = 0 \\ \psi(a) = 0\end{array}\right\} \quad (2\cdot41)$$

と表される．これは壁のところで解関数がゼロになる（消える）という物理的な拘束条件であり，数学的には**境界条件**とよばれる．式(2・40)のシュレーディンガー方程式は $0 \leq x \leq a$ においてだけ考えるので，電子が箱の外に出られずに中に閉じ込められていることを表す．式(2・41)の条件は，二つの壁に両端を固定された弦の振動が壁のところでゼロになることと似ている．量子力学ではこのように，解関数に対して物理的な要請からくる何らかの境界条件がしばしば現れる．

2・5 1次元の箱の中の電子　　37

さて，式(2・41)の条件を考えながら式(2・40)を解くことを考える．この微分方程式を解くのはそれほど困難ではない．方程式(2・40)のかたちは，解関数 $\psi(x)$ とその2次の導関数 $\dfrac{\mathrm{d}^2\psi(x)}{\mathrm{d}x^2}$ が比例関係にあることを示している．つまり2回微分されても，もとの関数のかたちは本質的には変わらない．この関係を満たす関数は三角関数と指数関数である．壁の両端で解関数がゼロとなる条件を満たすものとしては，単調増加あるいは単調減少し続ける指数関数は不適であり，三角関数の方が適していそうである．式(2・41)の境界条件 $\psi(0)=0$ から cos 関数は不適なので，sin 関数を採用してこの境界条件を考慮すると

$$\psi(x) \;=\; \sin\!\left(\frac{n\pi}{a}x\right) \quad (n = 0, \pm 1, \pm 2, \pm 3, \cdots\cdots) \qquad (2\cdot 42)$$

がよさそうということになる．

　ここまでは高校の数学で習った三角方程式 (三角関数を含む方程式) の一般解だが，さらに物理的な条件が一つ加わる．それは，式(2・42)で表される波動関数の二乗を箱の中で積分すれば値は1になるべきことで[*3]，これは箱の中にある電子は箱全体では1個であるという個体性を認める意味をもつ．この条件を満たすために定数 A を $\psi(x)$ に掛けておいて，波動関数の二乗に対する箱全体での定積分[*4] を1に等しいとおいて

$$A^2 \int_0^a \sin^2\!\left(\frac{n\pi}{a}x\right)\mathrm{d}x \;=\; 1 \qquad (2\cdot 43)$$

が成り立つようにする．式(2・43)の定積分を実行すれば，定数 A が

$$A \;=\; \pm\sqrt{\frac{2}{a}} \qquad (2\cdot 44)$$

であるべきことがわかる．以上の作業を**波動関数の規格化**，また定数 A を**規格化定数**とよぶ．波動関数が規格化されていることも，その物理的条件の一つである．A の値の正負はどちらでもよいが，通常は正とする．これは定数 A が負の場合には波動関数が負となるだけで，その区別はあまり意味がないためである．

[*3] 波動関数は一般には複素関数となるので，そのときには単なる二乗 $\psi^2(x)$ ではなく，絶対値の二乗 $|\psi(x)|^2$ を考える．

[*4] これを簡単に**二乗積分**という．問題によって，定積分は箱全体で行ったり，全空間で行ったりする．

また,式(2・42)の n は数学的には三角方程式の一般解を与えるために必要であるが,負の整数 n は sin 関数の性質から波動関数が負となるだけで,これもあまり意味がないので省略して考える.さらに $n=0$ は波動関数 $\psi(x)$ がベタっと 0 になっているために意味がない(トリビアル)とされる.このようにして規格化された波動関数は

$$\psi_n(x) = \sqrt{\frac{2}{a}} \sin\left(\frac{n\pi}{a}x\right) \quad (n=1,2,3,4,\cdots\cdots) \quad (2\cdot 45)$$

と得られる.自然数 n は波動関数を分類する意味をもち,$\psi(x)$ に対する下付き添え字で示している.量子力学的に見れば n は**量子数**となる.

以上のように式(2・45)で具体的な波動関数のかたちが決まると,式(2・40)に戻ってそれぞれの波動関数に対応する電子のもつエネルギー E を決めることができる.量子数 n で分類されるそれぞれの波動関数に対応するエネルギーは,簡単な計算によって

$$E_n = \frac{n^2 h^2}{8 m_e a^2} \quad (n=1,2,3,4,\cdots\cdots) \quad (2\cdot 46)$$

と表されて,n によってとびとびの値となることがわかる.これが**量子化**とよばれるもともとの意味である.E_n と $\psi_n(x)$ は図 2・4 のように示される.

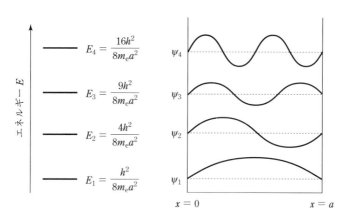

図 2・4　1 次元の箱の中の電子の E_4 までのエネルギー準位と対応する波動関数のかたち　エネルギー準位の間隔は正確には描いていない

2・6 量子力学に現れる微分方程式の特徴　　39

例題 2・5

式(2・46)の E_n を導け.

解　答

式(2・45)の解関数を微分すると

$$\frac{\mathrm{d}}{\mathrm{d}x}\psi_n(x) = \sqrt{\frac{2}{a}}\,\frac{n\pi}{a}\cos\left(\frac{n\pi}{a}x\right)$$

になり，さらに微分すると

$$\frac{\mathrm{d}^2}{\mathrm{d}x^2}\psi_n(x) = -\sqrt{\frac{2}{a}}\left(\frac{n\pi}{a}\right)^2\sin\left(\frac{n\pi}{a}x\right) = -\left(\frac{n\pi}{a}\right)^2\psi_n(x) \quad (n=1,2,3,4,\cdots\cdots)$$

が得られる．これを式(2・40)に代入すれば

$$-\frac{\hbar^2}{2m_\mathrm{e}}\frac{\mathrm{d}^2\psi_n(x)}{\mathrm{d}x^2} = \frac{\hbar^2}{2m_\mathrm{e}}\left(\frac{n\pi}{a}\right)^2\psi_n(x) = E\psi_n(x) \quad (n=1,2,3,4,\cdots\cdots)$$

となるが，エネルギー E も量子数で分類されることを受けて E_n と表せば

$$E_n = \frac{\hbar^2}{2m_\mathrm{e}}\left(\frac{n\pi}{a}\right)^2 = \frac{\left(\dfrac{h^2}{4\pi^2}\right)n^2\pi^2}{2m_\mathrm{e}a^2} = \frac{n^2 h^2}{8m_\mathrm{e}a^2} \quad (n=1,2,3,4,\cdots\cdots)$$

が得られる.

自習問題 2・5

　1 次元の箱の中の電子が波動関数 ψ_2 で表されるとき，電子密度が最大値を示す位置はどこか.

答　箱の両端の x を $0,\ a$ とすれば $x = \dfrac{a}{4},\ \dfrac{3a}{4}$

2・6　量子力学に現れる微分方程式の特徴

　ここで，量子力学に現れる微分方程式のトリビアについて少しふれておく．2・5 節で現れた微分方程式(2・40)について，一般的な書き方をすれば

$$\hat{H}\psi = E\psi \qquad (2 \cdot 47)$$

となる。$\hat{H}$ はシュレーディンガー方程式における**ハミルトニアン**で、右に続く関数 ψ に一定の手続きを行うことを意味する。式(2・40)でいえば ψ の 2 次微分を行うことを意味する。ハミルトニアンのように右に続く関数に操作を行うことを要求するものを**演算子**とよび、これを明示するために山形記号（^: ハット）を付けている。この方程式は単に解関数、すなわち波動関数 ψ を求めるだけではなく、同時に未知数 E、すなわちエネルギーが求まるというおもしろい形式をもっている。また式(2・41)のように、波動関数に対する境界条件がついている。波動関数は何らかの境界条件をもつことが多い[*5]。

この特徴はここまでに説明した微分方程式とは異なるタイプであることを示している。数学的にはこれを**スツルム−リウビル（Sturm−Liouville）型**の微分方程式とよぶ。この名前は別にどうでもよいが、量子力学で現れるシュレーディンガー方程式は微分方程式あるいは偏微分方程式になり、その多くはこの型に属する。上記の 1 次元の箱の中の電子の問題もこれに属している。

また別の数学的表現として、式(2・47)は**固有方程式**とよばれる。このときには ψ は**固有関数**、E は**固有値**とよばれる。これは ψ に $\hat{H}$ という演算子を作用させれば ψ の E 倍になることを意味している[*6]。このようにシュレーディンガー方程式はいろいろな角度から見ることができる。

例題 2・6

微分方程式 $y'' + \lambda y = 0$ について、境界条件 $y'(0) = 0$ と $y'(a) = 0$ $(a > 0)$ を満たす固有値 λ と固有関数 y を求めよ。

解　答

これもスツルム−リウビル型の微分方程式の一つである。問題の微分方程式は関数の 2 次の導関数がもとの関数の定数倍に戻る性質をもっているので、y は指数関数か三角関数である。

[*5] ここでは扱わないが、全空間を動く**自由電子**の波動関数は境界条件をもたない。

[*6] このことは第 5 章でも説明する。

まず指数関数と考え，$y = Ae^{\beta x}$ とおいてみると $y' = A\beta e^{\beta x}$ となるが，$y'(0) = 0$ を満たすためには A か β が 0 でなければならない．これは解関数として意味がないので外す．次に三角関数と考える場合，$y'(0) = 0$ になるのは y' が sin 関数であることを意味するので，y は cos 関数，すなわち $y = A\cos\beta x$ と考えればよい．そうすると $y' = -A\beta\sin\beta x$ になるので，条件 $y'(a) = 0$ から $\beta a = n\pi$（n は整数）になる．これより $\beta = \dfrac{n\pi}{a}$ となる．

よって $y = A\cos\dfrac{n\pi x}{a}$（$n = 0, \pm1, \pm2, \pm3, \cdots\cdots$）としてよい．ただし cos 関数は偶関数で負値の n は考えなくてもよいし，$n = 0$ では y が定数関数になるだけなのでこれも外すとすれば，固有関数は $y = A\cos\dfrac{n\pi x}{a}$（$n = 1, 2, 3, 4, \cdots\cdots$）とできる．ここで y の係数 A はまだ決まっていないが，もしも y が式 (2・40) の ψ と同様に $0 \leq x \leq a$ に閉じ込められた波動関数とするならば，式 (2・43) と同様の規格化条件を課して A を定めることができる．ここでは A を求める作業は省略する．

$$y' = -A\frac{n\pi}{a}\sin\frac{n\pi x}{a}, \quad y'' = -A\frac{n^2\pi^2}{a^2}\cos\frac{n\pi x}{a}$$

となるので固有値は

$$\lambda = -\frac{y''}{y} = \frac{n^2\pi^2}{a^2}$$

と得られる．量子力学の問題なら，この n は量子数となる．

自習問題 2・6

2・5 節の 1 次元の箱の中の電子の問題を，スツルム-リウビル型の微分方程式のかたちで書き表せ．

答 境界条件 $y(0) = 0$ と $y(a) = 0$（$a > 0$）を満たす微分方程式 $y'' + \lambda y = 0$

ここまでの微分方程式は直観的に解けて比較的簡単であったが，

$$y'' + f(x)\,y' + g(x)\,y = h(x) \tag{2・48}$$

というかたちのように，関数が係数となる微分方程式は簡単には解けなくなる．一

42 **2. 1変数の微分方程式**

般に微分方程式では解関数に当たる y やその微分の y', y'' がいわば変数に相当し，係数に相当するのが $f(x)$, $g(x)$ であり，$h(x)$ は定数項に相当する．微分方程式が簡単に解けない場合の強力な方法としては**級数解法**があり，以下に述べる量子力学的な問題ではそれを用いる．級数解法のポイントは，解関数 y を

$$y = C_0 + C_1 x + C_2 x^2 + C_3 x^3 + \cdots\cdots = \sum_{n=0}^{\infty} C_n x^n \qquad (2\cdot49)$$

のように**べき級数展開**して，y', y'' もこの級数を微分したものによって表すことである．そしてこれらをもとの微分方程式に代入して，係数 C_0, C_1, C_2, C_3, $\cdots\cdots$ を定めていく．

式 $(2\cdot49)$ が**無限級数**であれば**収束**する必要があるので，一般にはそのことのチェック作業も行う．量子力学的な問題では解の境界条件から式 $(2\cdot49)$ はだいたい有限級数になるので，このチェックの必要はなくなる．

例題 2・7

式 $(2\cdot49)$ の無限級数を収束させる $|x|$ の上限値のことを**収束半径 R** とよぶが，その逆数は極限値

$$\frac{1}{R} = \lim_{m\to\infty} \left| \frac{C_{m+1}}{C_m} \right|$$

で与えられる（文献 2・1, 2・2 など参照）．これをもとに以下の無限級数の収束半径を求めよ．

(1) $1 + x + x^2 + x^3 + x^4 + \cdots\cdots$

(2) $1 + x + \dfrac{x^2}{2!} + \dfrac{x^3}{3!} + \dfrac{x^4}{4!} + \cdots\cdots$

解 答

(1) この無限級数では

$$\frac{1}{R} = \lim_{m\to\infty} \left| \frac{C_{m+1}}{C_m} \right| = \lim_{m\to\infty} \frac{1}{1} = 1$$

となることから，収束半径は 1 となる．したがって $|x|$ が 1 より小さければこの無限級数は収束する．ちなみにこれは高校数学に登場した初項 a が 1，公比 r が x の無限等比級数であり，

と関数形で表すこともできる。ただしこのように表せるのは，$|x| < 1$ であるときに限られる。

(2) この無限級数では

$$\frac{1}{R} = \lim_{m \to \infty} \left| \frac{C_{m+1}}{C_m} \right| = \lim_{m \to \infty} \left| \frac{\dfrac{1}{(m+1)!}}{\dfrac{1}{m!}} \right| = \lim_{m \to \infty} \left| \frac{1}{m+1} \right| = 0$$

となることから収束半径は ∞ となる。これは，あらゆる x に対してこの無限級数が収束することを意味する。この無限級数を関数形で表したものが e^x である。

このように無限級数の収束チェックでは，その収束半径を調べることがよく行われる。特に (2) のように R が ∞ なら級数は必ず収束し，R がゼロなら級数は収束しない。

自習問題 2・7

無限級数 $1 + 2x + 3x^2 + 4x^3 + \cdots\cdots$ の収束半径を調べよ。

　　　　　答　収束半径は 1 であり，$|x|$ が 1 より小さければ収束する

2・7　量子力学的な調和振動子

バネのような**復元力**を受ける粒子のシュレーディンガー方程式について考える。これも物理化学の教科書によく出てくる。質量 M の粒子の 1 次元的な振動として，フック (**Hooke**) **の法則**に従うバネの復元力

$$F = -kx \tag{2・50}$$

をポテンシャルエネルギーとして表せば

$$V = \frac{1}{2}kx^2 \tag{2・51}$$

である。k はバネ定数であり，このポテンシャルエネルギーに従って動く粒子を**調和振動子**とよぶ。ここで古典的な調和振動子について整理しておくと，時間の関数

44 　　　　　　　　　　2.　1 変数の微分方程式

としての粒子の**変位** $x(t)$ を表す式は

$$x(t) \;=\; x_0 \sin\!\left(\sqrt{\frac{k}{M}}\, t + \varphi\right) \tag{2・52}$$

と書ける．x_0 は**振幅**で φ は**初期位相**とよばれる．粒子の**振動数**は

$$\nu \;=\; \frac{1}{2\pi}\sqrt{\frac{k}{M}} \tag{2・53}$$

であるが，k を表す式としてこれを書き直すと

$$k \;=\; 4\pi^2 \nu^2 M \tag{2・54}$$

となる．

　さて量子力学的な調和振動子のシュレーディンガー方程式では，ハミルトニアンのなかにポテンシャルエネルギー V が含まれる．したがって式(2・40)に式(2・51)を入れると

$$\left(-\frac{h^2}{2M}\frac{\mathrm{d}^2}{\mathrm{d}x^2} + \frac{1}{2}kx^2\right)\psi(x) \;=\; E\psi(x) \tag{2・55}$$

となる．ここでは x の存在範囲の制限はない．式(2・54)を式(2・55)に入れて整理すると

$$\frac{\mathrm{d}^2\psi(x)}{\mathrm{d}x^2} + \left(\frac{2ME}{h^2} - \frac{4\pi^2\nu^2 M^2}{h^2}x^2\right)\psi(x) \;=\; 0 \tag{2・56}$$

となる．このかたちは少し面倒なので，以下で変数の置き換えをしたり解関数 $\psi(x)$ を分割したりする．まず

$$\alpha \;\equiv\; \frac{2\pi\nu M}{h} \tag{2・57}$$

と置き換えると

$$\frac{\mathrm{d}^2\psi(x)}{\mathrm{d}x^2} + \left(\frac{2ME}{h^2} - \alpha^2 x^2\right)\psi(x) \;=\; 0 \tag{2・58}$$

となる．さらに解関数 $\psi(x)$ を

$$\psi(x) \;\equiv\; \mathrm{e}^{-\frac{\alpha x^2}{2}}\, y \tag{2・59}$$

のように指数関数と何らかの関数 y の積に分けて y を求めることにする．指数関数を導入した理由は，$|x|$ が非常に大きいところで解関数 $\psi(x)$ がゼロに収束する必要

2・7 量子力学的な調和振動子　　45

があるためであり*7，これを強制的に実現する仕掛けとなっている.

式(2・59)を式(2・58)に代入すれば今度は y についての微分方程式が得られることになり，それは最終的に

$$y'' - 2\alpha x y' + \left(\frac{2ME}{\hbar^2} - \alpha\right)y = 0 \qquad (2 \cdot 60)$$

となる．これは2階の常微分方程式*8だが，y' の係数に x を含んでいる．つまり係数が関数となった微分方程式である．これは式(2・48)のところで述べたが，これまでのように簡単には解けない．そこでべき級数解法を用いることにする．まず y を無限級数に展開して

$$y = \sum_{n=0}^{\infty} C_n x^n = C_0 + C_1 x + C_2 x^2 + C_3 x^3 + \cdots\cdots \qquad (2 \cdot 61)$$

のように書く．こうするとさらに

$$y' = \sum_{n=1}^{\infty} n C_n x^{n-1} = C_1 + 2C_2 x + 3C_3 x^2 + \cdots\cdots \qquad (2 \cdot 62)$$

$$y'' = \sum_{n=2}^{\infty} n(n-1) C_n x^{n-2} = 2 \cdot 1 C_2 x^0 + 3 \cdot 2 C_3 x + \cdots\cdots \qquad (2 \cdot 63)$$

となる.

これらの級数展開をもとの方程式(2・60)に代入し，どのような x に対しても式(2・60)が恒等的に成立するように展開係数 C_n を求める．これによって C_n は

$$C_{n+2} = \frac{\alpha + 2\alpha n - \dfrac{2ME}{\hbar^2}}{(n+1)(n+2)} C_n \quad (n = 0, 1, 2, 3, \cdots\cdots) \qquad (2 \cdot 64)$$

のような**漸化式**になる.

この式のかたちから，以下のようなリマークができる.

1 式(2・64)は一つおきの n に対する漸化式なので，y の展開係数を与える C_n 列は，C_0 から始まる無限個の偶数系列 $\{C_0, C_2, C_4, C_6, \cdots\cdots\}$ と C_1 から始まる無限個の奇数系列 $\{C_1, C_3, C_5, C_7, \cdots\cdots\}$ に類別できる.

---

*7　二乗積分を収束させるために，量子力学では無限遠での波動関数がゼロになるとおく．これは波動関数に対する境界条件であり，第3章でも用いる.
*8　n 次の導関数までを含む常微分方程式を n 階の常微分方程式という.

2. 1変数の微分方程式

46

2 偶数系列と奇数系列の係数は，それぞれ C_0 と C_1 が決まれば式(2・64)に基づいてすべて決まる．つまり，微分方程式としては C_0 と C_1 が2個の任意定数になる．このように2個の任意定数が出るのは2階の常微分方程式であることに由来する．

ところで，式(2・64)で n が非常に大きくなったときの C_n の振舞いについて考えると，偶数系列でも奇数系列でも n が大きいときはそのオーダーチェックから

$$\frac{C_{n+2}}{C_n} \longrightarrow \frac{2\alpha}{n} \tag{2・65}$$

のような近づき方をするだろう．ここで少し天下り的ではあるが，$e^{\alpha x^2}$ という関数のべき級数展開を考えると

$$e^{\alpha x^2} = 1 + \alpha x^2 + \frac{\alpha^2 x^4}{2!} + \frac{\alpha^3 x^6}{3!} + \cdots\cdots + \frac{\alpha^{\frac{n}{2}} x^n}{\left(\dfrac{n}{2}\right)!} + \frac{\alpha^{\frac{n+2}{2}} x^{n+2}}{\left(\dfrac{n+2}{2}\right)!} + \cdots\cdots \quad (n \text{ は偶数}) \tag{2・66}$$

となる．この級数展開を

$$e^{\alpha x^2} = b_0 + b_2 x^2 + b_4 x^4 + b_6 x^6 + \cdots\cdots + b_n x^n + b_{n+2} x^{n+2} + \cdots\cdots \tag{2・67}$$

と表すと，n が非常に大きいときにはやはり

$$\frac{b_{n+2}}{b_n} = \frac{\dfrac{\alpha^{\frac{n+2}{2}}}{\left(\dfrac{n+2}{2}\right)!}}{\dfrac{\alpha^{\frac{n}{2}}}{\left(\dfrac{n}{2}\right)!}} = \frac{2\alpha}{n+2} \longrightarrow \frac{2\alpha}{n} \tag{2・68}$$

となる．このことから y は，n が非常に大きいときには $e^{\alpha x^2}$ の振舞いをすると考えられる．これを式(2・59)と合わせて考えると，$\psi(x)$ は x が大きくなると

$$\psi(x) \approx e^{-\frac{\alpha x^2}{2}} e^{\alpha x^2} = e^{\frac{\alpha x^2}{2}} \tag{2・69}$$

という振舞いをして，最右辺の指数関数は発散してしまうので脚注7を満たすことができなくなり，そのような $\psi(x)$ は波動関数としては不適となる．

この発散を抑止するためには，式(2・61)の級数展開が無限級数ではなく n 番目

の項で切れて有限級数になるとすればよい. すなわち, 式(2・64)の右辺の分子が
ある n において

$$\alpha + 2\alpha n - \frac{2ME}{h^2} = 0 \qquad (2\cdot70)$$

となればよい. なぜなら, このように式(2・64)の右辺の分子がゼロになれば, C_n
に続く $C_{n+2}, C_{n+4}, \cdots$ がすべてゼロになるからである. この式の α に式(2・57)の
具体的なかたちを代入して計算すると, エネルギー固有値 E は

$$E = \left(n + \frac{1}{2}\right)h\nu \qquad (n = 0, 1, 2, 3, \cdots\cdots) \qquad (2\cdot71)$$

のかたちとなって量子化されることがわかる. ここで出てきた整数値 n を**振動の量
子数**とよぶ. E は n によって値が変わるのでふつうは E_n と表し, 改めて

$$E_n = \left(n + \frac{1}{2}\right)h\nu \qquad (n = 0, 1, 2, 3, \cdots\cdots) \qquad (2\cdot72)$$

と書く. 量子力学的な調和振動子で興味深いのは, $n=0$ に対応するエネルギー値
$E = \frac{1}{2}h\nu$ が現れることであり, これを**ゼロ点エネルギー**とよぶ. エネルギー固有値
E_n に伴われる波動関数 $\psi_n(x)$ は式(2・59)のように, すべて $e^{-\alpha x^2/2}$ と有限級数 (多
項式) である y との積で表される. y は C_0 と C_1 を任意定数とする偶数系列と奇数
系列の有限級数の和で表されるが, 振動の量子数 n が偶数のときには便利さのため
に $C_1 = 0$ とおいて奇数項を消して偶数系列だけの有限級数として表す. また n が奇
数のときには, これも便利さのために $C_0 = 0$ とおいて偶数項を消して奇数系列だけ
の有限級数とする.

多くの教科書では式(2・57)の α を用いて

$$\xi \equiv \sqrt{\alpha}\,x \qquad (2\cdot73)$$

と変数変換をして, n によって決まる y, すなわち y_n を $H_n(\xi)$ と表していることが
多い. この $H_n(\xi)$ のことを**エルミート (Hermite) 多項式**とよぶ[*9]. 最初のいくつか
の $H_n(\xi)$ を表2・1にまとめておく. 規格化を済ませた最終的な波動関数 $\psi_n(x)$ は

$$\psi_n(x) = \sqrt{\left(\frac{\alpha}{\pi}\right)^{\frac{1}{2}}\frac{1}{2^n n!}}\; e^{-\frac{\xi^2}{2}}H_n(\xi) \qquad (2\cdot74)$$

と表される. 指数関数の前にある項は少しややこしく見えるが, 式(2・45)の $\sqrt{\dfrac{2}{a}}$

[*9] エルミート (C. Hermite, 1822〜1901) はこの微分方程式を研究したフランスの数学者.
　量子力学に現れる微分方程式は多くの場合, 先人の数学者によって研究されている.

と同様に規格化定数である.

表2・1 エルミート多項式の例

振動の量子数 n	$H_n(\xi)$
0	1
1	2ξ
2	$4\xi^2 - 2$
3	$8\xi^3 - 12\xi$
4	$16\xi^4 - 48\xi^2 + 12$
5	$32\xi^5 - 160\xi^3 + 120\xi$
6	$64\xi^6 - 480\xi^4 + 720\xi^2 - 120$

例題2・8

式(2・72)と(2・74)に基づいて量子力学的な調和振動子の $E_0 \sim E_3$ の四つのエネルギー準位とともに,これらに伴われる波動関数の形状を描いてみよ.

解 答

図2・5に描く.最初の振動がゼロ点振動である.調和振動子のエネルギー差はすべて等しく $h\nu$ になる.

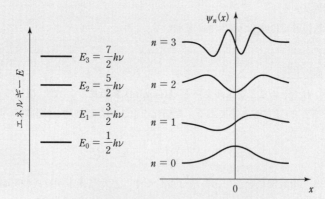

図2・5 1次元調和振動子の E_3 までのエネルギー準位と対応する波動関数の形状

> **自習問題 2・8**
>
> 1次元調和振動子の波動関数 $\psi_1(x)$ に対する平均位置, $\int \psi_1^*(x) x \psi_1(x) dx$ を求めよ. また, すべての $\psi_n(x)$ についてはどうか.
>
> 答　$\psi_1(x)$ を含むすべての $\psi_n(x)$ について 0

2・8　本章のまとめ

　微分方程式を解くことは, 積分を実行することとほぼ同義である. 本章の前半では, 熱力学や化学反応速度論に現れる常微分方程式を比較的簡単に, 解析的に解くことができた. しかし, 解析的に積分を実行することがいつも可能とは限らない. それどころか積分の問題全体からすれば, 解ける問題は少ないことが実際のところである. つまり, 微分方程式を「立てる」ことと「解く」ことは別物であることに注意してほしい. もちろんコンピュータを使って, 数値的に積分を行う (= 微分方程式を解く) ことは可能であり, 実際の場面では数値的に解かざるをえないことにも遭遇すると思う. だが, 「手によって」解析的に微分方程式を解く作業を知っておくことも重要である.

　2・4節からは量子力学に現れる代表的な常微分方程式の解き方について説明した. 微分方程式のべき級数解法は強力な方法であるが, 少し面倒な計算や独特のテクニックが必要なときもある. ただし, 積分のプロセスはまったく行わないラクな方法でもあることに注目してほしい. こうした点を含めてフォローしてもらえればよい.

参考文献

2・1　高木貞治 著, 『定本 解析概論』, 岩波書店 (2010).
2・2　E. クライツィグ 著, 北原和夫・堀 素夫 共訳, 『技術者のための高等数学 1 常微分方程式 (原書第 5 版)』, 第 4 章 1, 2 節, 培風館 (1987).

演習問題

1. $\dfrac{1}{2}$ 次反応 $\dfrac{dx}{dt} = k(a-x)^{\frac{1}{2}}$ について解け.

2. 以下の競争反応について，それぞれが1次反応であるとして解け．

$$A \begin{cases} \xrightarrow{k_1} B \\ \xrightarrow{k_2} C \end{cases}$$

3. 無限級数 $\displaystyle\sum_{k=0}^{\infty} \frac{k(k-1)}{5^k} x^k$ の収束半径を求めよ．

4. 1次元調和振動子の波動関数 $\psi_n(x)$ について，節の数を求めよ．

5. 微分方程式 $y'' - xy' + 2y = 0$ を解け．

   解　答

1. $\dfrac{\mathrm{d}x}{(a-x)^{\frac{1}{2}}} = k\,\mathrm{d}t$ を解くにあたって $a-x=u$ と置換する．$\mathrm{d}x = -\mathrm{d}u$ であることを用いて $-\displaystyle\int \dfrac{\mathrm{d}u}{u^{\frac{1}{2}}} = \int k\,\mathrm{d}t$ を解けば，積分定数を C として $-2u^{\frac{1}{2}} + C = kt$ となる．$t=0$ で $u=a$ であることを用いると $C = 2u^{\frac{1}{2}} = 2a^{\frac{1}{2}}$ となるから，

$$2\{a^{\frac{1}{2}} - (a-x)^{\frac{1}{2}}\} = kt$$

が得られる．

2. 以下のように変数を設定する．

$$\begin{cases} & A & B & C \\ \text{初濃度：} & a & 0 & 0 \\ \text{時間 } t \text{ 経過後の濃度：} & a-b-c & b & c \end{cases}$$

この場合の反応速度式は，次の連立方程式となる．

$$\begin{cases} \dfrac{\mathrm{d}b}{\mathrm{d}t} = k_1(a-b-c) \\ \dfrac{\mathrm{d}c}{\mathrm{d}t} = k_2(a-b-c) \end{cases}$$

この連立微分方程式を解くために上下の式を加えて $b+c=x$ とおくと，

$$\dfrac{\mathrm{d}x}{\mathrm{d}t} = (k_1+k_2)(a-x)$$

となる．ここから x を解いて，$t=0$ で $x=0$ という初期条件を入れると

$$x = a\{1-\mathrm{e}^{-(k_1+k_2)t}\}$$

が得られる（ここでつまずいた場合は 2・3 節参照）．$\dfrac{\mathrm{d}b}{\mathrm{d}t}$ の式を $\dfrac{\mathrm{d}c}{\mathrm{d}t}$ の式で割ると

$$\frac{\mathrm{d}b}{\mathrm{d}c} = \frac{k_1}{k_2}$$

となることから

$$b = \frac{k_1}{k_1+k_2}x \quad \text{および} \quad c = \frac{k_2}{k_1+k_2}x$$

が得られ，これらによって最終的に

$$\begin{cases} b = \dfrac{k_1 a}{k_1+k_2}\{1-\mathrm{e}^{-(k_1+k_2)t}\} \\[2ex] c = \dfrac{k_2 a}{k_1+k_2}\{1-\mathrm{e}^{-(k_1+k_2)t}\} \end{cases}$$

が得られる．

3. 例題 2・7 で与えられた収束半径 R の計算法を用いれば

$$\frac{1}{R} = \lim_{m\to\infty}\left|\frac{C_{m+1}}{C_m}\right| = \lim_{m\to\infty}\left|\frac{\dfrac{(m+1)m}{5^{m+1}}}{\dfrac{m(m-1)}{5^m}}\right| = \lim_{m\to\infty}\left|\frac{m+1}{5(m-1)}\right| = \frac{1}{5}$$

となる．したがって収束半径は 5.

4. 両端に二つの節が必ず現れることを除いて，$(n-1)$ 個の節が現れる．

5. 変数係数をもつ微分方程式なので，

$$y = C_0 + C_1 x + C_2 x^2 + C_3 x^3 + C_4 x^4 + \cdots\cdots$$

とおいてべき級数解法によって解く．この展開をもとに y'' と xy' もべき級数で表して，もとの微分方程式に代入して整理すると

$$C_{k+2} = \frac{k-2}{(k+2)(k+1)}C_k \quad (k=0,1,2,3,\cdots\cdots)$$

が得られて C_0 と C_1 が任意定数となる．ただし，偶数列の係数 $C_4, C_6, C_8, \cdots\cdots$ はすべて 0 である．この漸化式から解関数 y を表すと

$$y = C_0(1-x^2) - C_1\sum_{m=0}^{\infty}\frac{x^{2m+1}}{(4m^2-1)2^m m!} \quad (\text{C_0 と C_1 は任意定数})$$

が得られる. 解の第2項の無限級数の収束半径を求めると

$$\frac{1}{R} = \lim_{m \to \infty} \left| \frac{C_{2m+3}}{C_{2m+1}} \right| = \lim_{m \to \infty} \left| \frac{\dfrac{1}{\{4(m+1)^2 - 1\} 2^{m+1}(m+1)!}}{\dfrac{1}{\{4m^2 - 1\} 2^m m!}} \right|$$

$$= \lim_{m \to \infty} \left| \frac{4 - \left(\dfrac{1}{2^m}\right) \cdot 1}{\left(4 + \dfrac{8}{m} + \dfrac{3}{m^2}\right) \cdot 2 \cdot (m+1)} \right| = 0$$

から収束半径は ∞ になり, このべき級数は必ず収束する.

3

多変数の微分方程式

3・1 はじめに

　変数を二つ以上もつ微分方程式は偏微分方程式とよばれる．量子力学ではこのタイプの微分方程式がよく現れる．これは電子1個でも，その座標変数には x, y, z の三つがあることに由来している．変数を独立的に取扱うことができれば，偏微分方程式は一つひとつの変数に対応する複数の常微分方程式に変えることができる．量子力学に出てくる偏微分方程式はだいたいこのようにして解くことができるため，その意味では偏微分方程式といっても，それほど難しいものではない．ただ，得られた常微分方程式を解くときには，（I）比較的簡単なものと，（II）変数係数をもつため第2章で説明したようにべき級数解法を用いる必要があるものとに分かれる．ここでは（I）の例として，まず3次元の箱の中にある電子のシュレーディンガー方程式を解いてみる．次に少し長くなるが，（II）の例として水素原子がもつ電子のシュレーディンガー方程式の解き方を取上げる．

3・2 3次元の箱の中の電子

　第2章で説明した1次元の箱の中にある電子に続いて，図3・1のような3次元の箱の中にある電子について考える．3次元だから変数は x, y, z の三つになり，このときのシュレーディンガー方程式は

$$-\frac{h^2}{2m_e}\left\{\frac{\partial^2 \psi(x,y,z)}{\partial x^2} + \frac{\partial^2 \psi(x,y,z)}{\partial y^2} + \frac{\partial^2 \psi(x,y,z)}{\partial z^2}\right\} = E\psi(x,y,z) \quad (3\cdot1)$$

$$(ただし，0 \leq x \leq a, \ 0 \leq y \leq b, \ 0 \leq z \leq c \ の範囲だけで考える)$$

のかたちで書ける．あるいは左辺をまとめて

$$-\frac{h^2}{2m_e}\left\{\frac{\partial^2}{\partial x^2} + \frac{\partial^2}{\partial y^2} + \frac{\partial^2}{\partial z^2}\right\}\psi(x,y,z) = E\psi(x,y,z) \quad (3\cdot2)$$

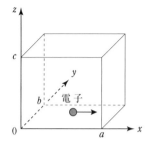

図3・1 電子を閉じ込めた3次元の箱
この立体の外へ電子は出られないという設定をする

と書いたり，1・7節で導入した ∇^2 (ナブラの二乗) 記号を用いて

$$-\frac{h^2}{2m_\mathrm{e}}\nabla^2\psi(x,y,z) = E\psi(x,y,z) \tag{3・3}$$

と書くこともある．

式(3・1)〜(3・3)の左辺は x, y, z についての2次の偏微分の和にすぎない．しかも $\frac{\partial^2}{\partial x \partial y}$ などのような2種類以上の変数による偏微分の項はないので，各変数だけについて独立的に考えれば十分である．つまりこの方程式の解関数 $\psi(x,y,z)$ は，独立変数 x, y, z をもつ解関数の積 $X(x)Y(y)Z(z)$ で表されると仮定すれば

$$\psi(x,y,z) = X(x)\,Y(y)\,Z(z) \tag{3・4}$$

のように書くことができる．これを**変数分離法**という[*1]．このとき全エネルギーは

$$E = E_x + E_y + E_z \tag{3・5}$$

のように，それぞれの解関数に対応するエネルギーの和として表される．この変数分離法は，のちほど水素原子についてのシュレーディンガー方程式を解くときにも重要な役割を果たす．

> **例題3・1**
>
> 式(3・1)の解関数 $\psi(x,y,z)$ を式(3・4)のように $X(x)Y(y)Z(z)$ の積に変数分離したとき，エネルギー E が式(3・5)のように解関数 $X(x)Y(y)Z(z)$ に対応するエネルギーの和 $E_x+E_y+E_z$ で表されることを示せ．

[*1] これは2・2節に出てきた，積分を行って微分方程式を解くときの変数分離法とは異なる意味のものであることに注意せよ．

3・2 3次元の箱の中の電子

解　答

$\psi(x, y, z) = X(x)Y(y)Z(z)$ とすれば

$$\frac{\partial^2 \psi(x, y, z)}{\partial x^2} = \frac{\partial^2 XYZ}{\partial x^2} = YZ\frac{\partial^2 X}{\partial x^2}$$

$$\frac{\partial^2 \psi(x, y, z)}{\partial y^2} = \frac{\partial^2 XYZ}{\partial y^2} = XZ\frac{\partial^2 Y}{\partial y^2}$$

$$\frac{\partial^2 \psi(x, y, z)}{\partial z^2} = \frac{\partial^2 XYZ}{\partial z^2} = XY\frac{\partial^2 Z}{\partial z^2}$$

と書くことができる. ただし, $X(x)$ は X などと略している. これらを用いると
式(3・1)は,

$$-\frac{\hbar^2}{2m_e}\left\{YZ\frac{\partial^2 X}{\partial x^2} + XZ\frac{\partial^2 Y}{\partial y^2} + XY\frac{\partial^2 Z}{\partial z^2}\right\} = EXYZ$$

と書き換えられる. この両辺を XYZ で割って

$$-\frac{\hbar^2}{2m_e}\left\{\frac{1}{X}\frac{\partial^2 X}{\partial x^2} + \frac{1}{Y}\frac{\partial^2 Y}{\partial y^2} + \frac{1}{Z}\frac{\partial^2 Z}{\partial z^2}\right\} = E$$

とし, さらに左辺の定数で割ると

$$\frac{1}{X}\frac{\partial^2 X}{\partial x^2} + \frac{1}{Y}\frac{\partial^2 Y}{\partial y^2} + \frac{1}{Z}\frac{\partial^2 Z}{\partial z^2} = -\frac{2m_e E}{\hbar^2}$$

となる. この式の右辺は定数なので左辺の全体も定数になるべきであり, それ
が独立変数 x, y, z の定義域内のあらゆる値に対して恒等的に成り立つ必要があ
る. そのため左辺の各項もそれぞれ x, y, z にかかわらない定数となる. これら
をそれぞれ

$$-\frac{2m_e E_x}{\hbar^2}, \quad -\frac{2m_e E_y}{\hbar^2}, \quad -\frac{2m_e E_z}{\hbar^2}$$

とすると,

$$\frac{1}{X}\frac{\partial^2 X}{\partial x^2} + \frac{1}{Y}\frac{\partial^2 Y}{\partial y^2} + \frac{1}{Z}\frac{\partial^2 Z}{\partial z^2} = -\frac{2m_e}{\hbar^2}(E_x + E_y + E_z)$$

と書ける. つまり, E_x, E_y, E_z は $X(x)$, $Y(y)$, $Z(z)$ に対応するエネルギーであ
り, $E = E_x + E_y + E_z$ と書くことができる.

56   3. 多変数の微分方程式

自習問題 3・1

図 3・1 において，x, y, z の定義域を確認せよ．

答 図 3・1 では $0 \leq x \leq a$，$0 \leq y \leq b$，$0 \leq z \leq c$ であるが，問題によっ
ては $-\dfrac{a}{2} \leq x \leq \dfrac{a}{2}$，$-\dfrac{b}{2} \leq y \leq \dfrac{b}{2}$，$-\dfrac{c}{2} \leq z \leq \dfrac{c}{2}$ としてもよい

偏微分方程式における変数分離法は，第 2 章で説明した微分方程式の特殊解を求めるための方法と同じである．自然科学では現象に即した特殊解が求まればそれでよいので，この考え方には結果オーライ的な意味合いがある．

例題 3・1 で，たとえば変数 x だけに対するシュレーディンガー方程式

$$\frac{\partial^2 X}{\partial x^2} = -\frac{2m_{\mathrm{e}} E_x}{h^2} X \quad \text{(ただし，} 0 \leq x \leq a \text{ の範囲だけで考える)} \qquad (3 \cdot 6)$$

すなわち

$$-\frac{h^2}{2m_{\mathrm{e}}} \frac{\partial^2 X(x)}{\partial x^2} = E_x X(x) \qquad (3 \cdot 7)$$

は，2・5 節で説明した 1 次元の箱の中の電子に対する問題と同じである．それぞれの変数をもつ解関数はこの問題を拡張して

$$\left.\begin{aligned}
X(x) &\longrightarrow X_{n_x}(x) = \sqrt{\frac{2}{a}} \sin\left(\frac{n_x \pi}{a} x\right) & (n_x = 1, 2, 3, 4, \cdots\cdots) \\[2mm]
Y(y) &\longrightarrow Y_{n_y}(x) = \sqrt{\frac{2}{b}} \sin\left(\frac{n_y \pi}{b} y\right) & (n_y = 1, 2, 3, 4, \cdots\cdots) \\[2mm]
Z(z) &\longrightarrow Z_{n_z}(z) = \sqrt{\frac{2}{c}} \sin\left(\frac{n_z \pi}{c} z\right) & (n_z = 1, 2, 3, 4, \cdots\cdots)
\end{aligned}\right\} \quad (3 \cdot 8)$$

として得られる．そしてこれらに対応するエネルギーはそれぞれ

$$\left.\begin{aligned}
E_x &\longrightarrow E_{n_x} = \frac{{n_x}^2 h^2}{8 m_{\mathrm{e}} a^2} & (n_x = 1, 2, 3, 4, \cdots\cdots) \\[2mm]
E_y &\longrightarrow E_{n_y} = \frac{{n_y}^2 h^2}{8 m_{\mathrm{e}} b^2} & (n_y = 1, 2, 3, 4, \cdots\cdots) \\[2mm]
E_z &\longrightarrow E_{n_z} = \frac{{n_z}^2 h^2}{8 m_{\mathrm{e}} c^2} & (n_z = 1, 2, 3, 4, \cdots\cdots)
\end{aligned}\right\} \quad (3 \cdot 9)$$

3・2　3次元の箱の中の電子　　　57

と表される. 以上のように量子数 n は x, y, z 方向に対応する (n_x, n_y, n_z) の三つの自然数の組合わせとして得られる. これによって, 全体の解関数と全エネルギーは

$$
\begin{aligned}
\psi_{n_x, n_y, n_z}(x, y, z) &= X_{n_x}(x)\, Y_{n_y}(y)\, Z_{n_z}(z) \\
&= \sqrt{\frac{8}{abc}} \sin\!\left(\frac{n_x \pi}{a} x\right) \sin\!\left(\frac{n_y \pi}{b} y\right) \sin\!\left(\frac{n_z \pi}{c} z\right) \quad (3 \cdot 10)
\end{aligned}
$$

$$(n_x, n_y, n_z = 1, 2, 3, 4, \cdots\cdots)$$

および

$$
E_{n_x, n_y, n_z} = E_{n_x} + E_{n_y} + E_{n_z} = \frac{h^2}{8m_e}\left(\frac{n_x^2}{a^2} + \frac{n_y^2}{b^2} + \frac{n_z^2}{c^2}\right) \quad (3 \cdot 11)
$$

$$(n_x, n_y, n_z = 1, 2, 3, 4, \cdots\cdots)$$

として得られる. 式(3・10)で得られた全体の解関数は, それぞれの変数についての解関数がすでに規格化できているために, 全体としても規格化できている.

例題 3・2

3 辺の長さが等しい ($a=b=c$) 3 次元の箱の中の電子について, 全エネルギーが等しくなる量子数の組合わせの例を二つあげよ.

解　答

以下に二つの例をあげる.

(1) (n_x, n_y, n_z) が $(1, 1, 2)$, $(1, 2, 1)$ および $(2, 1, 1)$ の組合わせのときには, 式(3・11)より

$$
E_{1,1,2} = \frac{h^2}{8m_e a^2}(1^2 + 1^2 + 2^2) = \frac{3h^2}{4m_e a^2}
$$

$$
E_{1,2,1} = \frac{h^2}{8m_e a^2}(1^2 + 2^2 + 1^2) = \frac{3h^2}{4m_e a^2}
$$

となり, また

$$
E_{2,1,1} = \frac{h^2}{8m_e a^2}(2^2 + 1^2 + 1^2) = \frac{3h^2}{4m_e a^2}
$$

となって, これらの全エネルギーはすべて等しい.

58　　3. 多変数の微分方程式

(2) (n_x, n_y, n_z) が $(1, 2, 3)$, $(1, 3, 2)$, $(2, 1, 3)$, $(2, 3, 1)$, $(3, 1, 2)$ および $(3, 2, 1)$ の組合わせのときには，式 $(3\cdot11)$ よりたとえば

$$E_{1,2,3} = \frac{h^2}{8m_e a^2}(1^2 + 2^2 + 3^2) = \frac{7h^2}{4m_e a^2}$$

となる．$(1, 2, 3)$ 以外の組合わせの場合でも，全エネルギーはすべて $\frac{7h^2}{4m_e a^2}$ に等しくなる．

もちろん，これら以外の組合わせでも全エネルギーが等しくなる可能性がある．このように，異なる量子数の組合わせで全エネルギーが等しくなる現象を **縮退（縮重）** という．

自習問題 3・2

上記の 3 次元の箱の中の電子について，(n_x, n_y, n_z) が $(1, 1, 1)$ である状態から $(2, 2, 2)$ である状態への **励起エネルギー** を求めよ．

答　$\dfrac{9h^2}{8m_e a^2}$

3・3 水素原子のシュレーディンガー方程式

以降の節では水素原子についてのシュレーディンガー方程式を解くことにする．話が少し長くなるので，3・3 節と 3・4 節ではまず水素原子の中の電子についてのハミルトニアンを決めて，それに基づくシュレーディンガー方程式を書き下すところから始める．おそらく大多数の読者にとってこのような作業は一生に 1 回しかないと思うので，お付き合いいただきたい．これらのプロセスは若干単調であるとともに，少し長くて退屈かもしれないが，よく見るとあちこちで数学的な「礼儀作法」を含んでいてそれなりに楽しめるものである（と筆者は思っています）．

図 3・2 に示すように水素原子の中心には原子核（プロトン）があって，そのまわりにある 1 個の電子が原子核の正電荷からの **クーロンポテンシャル** を受けている．そのシュレーディンガー方程式は

$$-\frac{h^2}{2\mu}\nabla^2\psi(x, y, z) - \frac{e^2}{4\pi\varepsilon_0\sqrt{x^2+y^2+z^2}}\,\psi(x, y, z) = E\psi(x, y, z) \qquad (3\cdot12)$$

と書ける．この偏微分方程式では $\psi(x, y, z)$ が解関数で，未知数 E は電子のエネルギーを表す．これも箱の中の電子の場合と同様に，第 2 章で説明したスツルム-リ

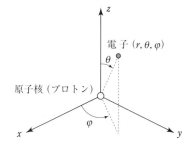

図3・2 水素原子の電子に対する球面極座標
原子核（プロトン）は原点にあるとする．rは**動径**，θは**天頂角**，そしてφは**方位角**とよばれる．θとφを合わせて角度部分ともよぶ．θの変域は $0 \leq \theta \leq \pi$，φの変域は $0 \leq \varphi \leq 2\pi$ である．

ウビル型の微分方程式の一種であり，解関数が求まると同時に未知数Eも求まるかたちをしている．式(3・12)の左辺第1項は運動エネルギーを表しており，$\hbar$はすでに何度か登場しているがプランク定数を2πで割ったもの，またμは質量M_pの原子核と質量m_eの電子の**換算質量**で

$$\frac{1}{\mu} = \frac{1}{m_\mathrm{e}} + \frac{1}{M_\mathrm{p}} \tag{3・13}$$

と表される．この式を変形すると

$$\mu = \frac{m_\mathrm{e} M_\mathrm{p}}{m_\mathrm{e} + M_\mathrm{p}} = \frac{m_\mathrm{e}}{1 + \dfrac{m_\mathrm{e}}{M_\mathrm{p}}} \tag{3・14}$$

となるが，M_pはm_eの1836倍程度なので実際にはμはm_eの値に非常に近い．

左辺第2項はクーロンポテンシャルを表しており，$\sqrt{x^2+y^2+z^2}$は原子核と電子の距離，eとε_0はそれぞれ電気素量と真空中の誘電率である．量子力学でしばしば採用される**原子単位**（atomic unit＝au）を用いて，m_e，$\hbar$，$4\pi\varepsilon_0$，eをすべて1にすればかなりすっきりする．しかし，ここではこれらの定数の役割を見るために$4\pi\varepsilon_0$だけを1として，m_eの値に近いμ，$\hbar$，eは残す．こうすることで，改めて式(3・12)を

$$-\frac{\hbar^2}{2\mu}\nabla^2 \psi(x,y,z) - \frac{e^2}{\sqrt{x^2+y^2+z^2}}\psi(x,y,z) = E\psi(x,y,z) \tag{3・15}$$

と表す．

この偏微分方程式(3・12)や(3・15)については，前節の3次元の箱の中の電子の問題のように，その解関数$\psi(x,y,z)$を$X(x)Y(y)Z(z)$のように変数分離して解くことができない．それはクーロンポテンシャルを表す項の分母にある$\sqrt{x^2+y^2+z^2}$をx，y，zに分けることができないからである．

3・4 球面極座標を用いた水素原子のシュレーディンガー方程式

このようなときには，図3・2に示すように原子核を原点とする球面極座標を用いると変数分離ができるようになり便利である．球面極座標については第1章で説明したので，ここではその結果だけを用いる．直交座標での ∇^2 は

$$\nabla^2 = \frac{\partial^2}{\partial x^2} + \frac{\partial^2}{\partial y^2} + \frac{\partial^2}{\partial z^2} \tag{3・16}$$

であるが，球面極座標での ∇^2 は例題1・6で導いたように

$$\nabla^2 = \frac{1}{r^2 \sin\theta} \left\{ \frac{\partial}{\partial r}\left(r^2 \sin\theta \frac{\partial}{\partial r}\right) + \frac{\partial}{\partial \theta}\left(\sin\theta \frac{\partial}{\partial \theta}\right) + \frac{\partial}{\partial \varphi}\left(\frac{1}{\sin\theta}\frac{\partial}{\partial \varphi}\right) \right\}$$

$$= \frac{1}{r^2}\frac{\partial}{\partial r}\left(r^2 \frac{\partial}{\partial r}\right) + \frac{1}{r^2 \sin\theta}\frac{\partial}{\partial \theta}\left(\sin\theta \frac{\partial}{\partial \theta}\right) + \frac{1}{r^2 \sin^2\theta}\frac{\partial^2}{\partial \varphi^2} \tag{3・17}$$

なので，これを用いて式(3・15)のシュレーディンガー方程式を書き直すと

$$-\frac{\hbar^2}{2\mu}\left\{ \frac{1}{r^2}\frac{\partial}{\partial r}\left(r^2 \frac{\partial}{\partial r}\right) + \frac{1}{r^2 \sin\theta}\frac{\partial}{\partial \theta}\left(\sin\theta \frac{\partial}{\partial \theta}\right) + \frac{1}{r^2 \sin^2\theta}\frac{\partial^2}{\partial \varphi^2} \right\}\psi(r,\theta,\varphi) - \frac{e^2}{r}\psi(r,\theta,\varphi)$$

$$= E\psi(r,\theta,\varphi) \tag{3・18}$$

となる．この偏微分方程式は一見複雑なかたちをしているが，左辺の中括弧内は変数 r, θ, φ についての2次の偏微分の和で，本質的には式(3・1)と同様である．したがって，これは変数分離することができる．なお，偏微分記号の前にある $\frac{1}{r^2}$, $\frac{1}{r^2 \sin\theta}$ および $\frac{1}{r^2 \sin^2\theta}$ については，微分演算子の「前」にあるので気にしなくてよい．また左辺最後にある $\frac{e^2}{r}$ を含む項（クーロンポテンシャル項）については，変数 r を含む項に単純に加えることができる．したがって以後，偏微分方程式(3・18)を常微分方程式に簡単化するという方針で解いてゆくことができる．

まず見通しをよくするために

$$\hat{\boldsymbol{L}}^2(\theta,\varphi) = -\frac{\hbar^2}{\sin\theta}\frac{\partial}{\partial \theta}\left(\sin\theta \frac{\partial}{\partial \theta}\right) - \frac{\hbar^2}{\sin^2\theta}\frac{\partial^2}{\partial \varphi^2} \tag{3・19}$$

という角度部分だけに対する演算子[*2]を新たに定義すれば，式(3・18)での θ, φ についての部分をまとめて表すことができる．これを用いると式(3・18)のシュレーディンガー方程式の左辺のハミルトニアンは

[*2] 物理的には電子の**角運動量の二乗の演算子**といわれるものだが，数学的な立場からはあまり気にしないでよい．ただ，球面極座標の角度部分 (θ, φ) に由来するものであることには注意してほしい．また，角運動量はベクトル量であるため太字イタリックで表している．

$$\hat{H} = -\frac{\hbar^2}{2\mu}\left\{\frac{1}{r^2}\frac{\partial}{\partial r}\left(r^2\frac{\partial}{\partial r}\right) - \frac{1}{r^2\hbar^2}\hat{L}^2(\theta,\varphi)\right\} - \frac{e^2}{r} \qquad (3\cdot20)$$

と書き直せる。$\hat{L}^2(\theta,\varphi)$ の前にある分数の分母の $\hbar^2$ と，式($3\cdot19$)で $\hat{L}^2(\theta,\varphi)$ の中にある $\hbar^2$ は消し合うので，このように $\hbar^2$ を含めるのは無駄なように見えるかもしれない．だが，これはのちほど演算子 $\hat{L}^2(\theta,\varphi)$ の性質を調べるときに便利なためである．また，式($3\cdot20$)で $\hat{L}^2(\theta,\varphi)$ の前にある分数の分母は変数 r^2 を含むが，すでに述べたように演算子の外にあるのでこれによる面倒は生じない．

式($3\cdot20$)のハミルトニアンに基づいて，シュレーディンガー方程式は改めて

$$\hat{H}\psi(r,\theta,\varphi) = E\psi(r,\theta,\varphi) \qquad (3\cdot21)$$

のように (x,y,z) から (r,θ,φ) への変数変換を受けたかたちとして書ける．これは演算子 $\hat{H}$ に対する固有方程式であり，$\psi(r,\theta,\varphi)$ が固有関数で E が固有値である．同時に式($3\cdot21$)は偏微分方程式であり，このときの解関数 $\psi(r,\theta,\varphi)$ は式($3\cdot4$)と同様に

$$\psi(r,\theta,\varphi) = R(r)\,Y(\theta,\varphi) \qquad (3\cdot22)$$

への変数分離がまずできる．水素原子のシュレーディンガー方程式を解くときには，エネルギーについては全エネルギー E のみに興味があるので，式($3\cdot21$)の E をダイレクトに求める方針で進める．式($3\cdot20$)の $\hat{H}$ と式($3\cdot22$)を式($3\cdot21$)に代入して整理すると，

$$-\frac{\hbar^2}{2\mu}\left[\frac{1}{r^2}\frac{\partial}{\partial r}\left\{r^2\frac{\partial}{\partial r}R(r)\,Y(\theta,\varphi)\right\} - \frac{1}{r^2\hbar^2}\hat{L}^2(\theta,\varphi)R(r)\,Y(\theta,\varphi)\right] - \left(\frac{e^2}{r} + E\right)R(r)\,Y(\theta,\varphi) = 0$$
$$(3\cdot23)$$

が得られる．

例題 3・3

式($3\cdot23$)が変数 r に対して恒等的に成立するためには

$$\hat{L}^2(\theta,\varphi)\,Y(\theta,\varphi) = 定数 \times Y(\theta,\varphi)$$

という関係が必要であることを示せ．

解　答

$Y(\theta,\varphi) \neq 0$ として[*3]式($3\cdot23$)の両辺を $Y(\theta,\varphi)$ で割って整理すると

[*3]　$Y(\theta,\varphi) = 0$ では問題自体がトリビアルになってしまうので，この場合は省いてもよい．

$$\left\{ -\frac{\hbar^2}{2\mu} \frac{1}{r^2} \frac{\mathrm{d}}{\mathrm{d}r} \left(r^2 \frac{\mathrm{d}}{\mathrm{d}r} \right) - \frac{e^2}{r} - E \right\} R(r) + \frac{R(r)}{2\mu r^2} \frac{\hat{\boldsymbol{L}}^2(\theta,\varphi) Y(\theta,\varphi)}{Y(\theta,\varphi)} = 0 \quad \text{Ⓐ}$$

が得られる. 当然ながら中括弧の部分は $Y(\theta,\varphi)$ への演算をしておらず, また $\hat{\boldsymbol{L}}^2(\theta,\varphi)$ も $R(r)$ への演算をしていない. この式Ⓐが変数 r に対して恒等的に成立するためには, 左辺第2項の $\dfrac{\hat{\boldsymbol{L}}^2(\theta,\varphi) Y(\theta,\varphi)}{Y(\theta,\varphi)}$ は θ と φ に無関係な定数でなければならない. この分母 $Y(\theta,\varphi)$ をはらうと題意が示されたことになる.

なお注意として, 式Ⓐの左辺第1項では微分記号が ∂ ではなく d になっている. これは中括弧内の第1項の微分演算子に続く関数は $R(r)$ で, これが r という1変数だけをもつためである. また, 左辺第2項の分数では $Y(\theta,\varphi)$ による約分ができないことにも気をつけておく. これは, その分子では関数 $Y(\theta,\varphi)$ に対して演算子 $\hat{\boldsymbol{L}}^2(\theta,\varphi)$ が作用することによって $Y(\theta,\varphi)$ が変わりうるからである.

自習問題3・3

$Y(\theta,\varphi)$ における変数 θ, φ の存在範囲を確認せよ.

答 $0 \leq \theta \leq \pi, 0 \leq \varphi \leq 2\pi$

例題3・3に出てきた定数は θ, φ に無関係であるべきなので, それを $\hbar^2\lambda$ とおくと

$$\hat{\boldsymbol{L}}^2(\theta,\varphi) Y(\theta,\varphi) = \hbar^2\lambda Y(\theta,\varphi) \tag{3・24}$$

の関係が成立する. これは演算子 $\hat{\boldsymbol{L}}^2(\theta,\varphi)$ に対する固有方程式になっており $Y(\theta,\varphi)$ が固有関数, $\hbar^2\lambda$ が固有値である.

以下の3・5節からはこの固有方程式, すなわち偏微分方程式を順序立てて解いてゆく. つづいて動径部分 r についての常微分方程式を解くことになる. また, 式 (3・19)の $\hat{\boldsymbol{L}}^2(\theta,\varphi)$ では θ と φ の分離ができている. したがって次のステップとしては

$$Y(\theta,\varphi) = \Theta(\theta)\, \Phi(\varphi) \tag{3・25}$$

のように式(3・24)の固有関数, すなわち解関数 $Y(\theta,\varphi)$ の変数分離をさらに行い, $\Theta(\theta)$ と $\Phi(\varphi)$ を順に求めていけばよい.

3・5 方位角 φ に対する常微分方程式

最初に方位角 φ を変数とする常微分方程式について解き始めることにする. 微分方程式(3・24)に式(3・25)を代入すると, 演算子 $\hat{\boldsymbol{L}}^2(\theta,\varphi)$ に対する方程式はさらに

3・5 方位角 φ に対する常微分方程式

$$\hat{L}^2(\theta, \varphi)\,\Theta(\theta)\,\Phi(\varphi) \;=\; \hbar^2\lambda\,\Theta(\theta)\,\Phi(\varphi) \tag{3・26}$$

のかたちに書ける．ここで θ は天頂角，φ は方位角である（図3・2を参照）．式(3・19)にある演算子 $\hat{L}^2(\theta, \varphi)$ の具体的なかたち

$$\hat{L}^2(\theta, \varphi) \;=\; -\frac{\hbar^2}{\sin\theta}\frac{\partial}{\partial\theta}\Bigl(\sin\theta\,\frac{\partial}{\partial\theta}\Bigr) - \frac{\hbar^2}{\sin^2\theta}\frac{\partial^2}{\partial\varphi^2}$$

を式(3・26)に代入したあと，その両辺に $\dfrac{1}{\Theta(\theta)\Phi(\varphi)}\Bigl(-\dfrac{\sin^2\theta}{\hbar^2}\Bigr)$ を掛けたうえで，整理して移項を行うと

$$\frac{1}{\Theta}\sin\theta\,\frac{\mathrm{d}}{\mathrm{d}\theta}\Bigl(\sin\theta\,\frac{\mathrm{d}}{\mathrm{d}\theta}\Bigr)\Theta + \lambda\sin^2\theta \;=\; -\frac{1}{\Phi}\frac{\mathrm{d}^2}{\mathrm{d}\varphi^2}\Phi \tag{3・27}$$

が得られる．以下では特に必要のない場合を除いて $\Theta(\theta)$ と $\Phi(\varphi)$ の変数を省略し，$\Theta,\ \Phi$ と表す．また，式(3・27)では偏微分記号 ∂ に続く関数がそれぞれ1変数だけをもつので，∂ が d に変わっている．

さて，式(3・27)の両辺が変数 θ, φ について恒等的に成り立つためにはこの両辺が定数である必要があるので，仮にこの定数を a とおく．まず φ についての解関数 Φ を得るために式(3・27)の右辺だけに着目し，その値を a とおいて変形すれば

$$\Phi'' + a\Phi \;=\; 0 \tag{3・28}$$

となり，この常微分方程式を解けば Φ が得られる．これは2・7節で説明したような，関数が係数となる微分方程式ではないので簡単そうに見える．ただし，のちほどわかるように量子数とのかかわりがあるので，注意しながら解いてゆく．

式(3・28)の常微分方程式の解は三角関数か指数関数と考えられる．両者には

$$\mathrm{e}^{\mathrm{i}x} \;=\; \cos x + \mathrm{i}\sin x \tag{3・29}$$

の関係があるので，ここでは解関数を指数関数とおいてみる．k をパラメーターとして

$$\Phi \;=\; \mathrm{e}^{k\varphi} \tag{3・30}$$

とおくと

$$\Phi'' \;=\; k^2\mathrm{e}^{k\varphi} \tag{3・31}$$

になる．これを式(3・28)に入れると

$$k^2\mathrm{e}^{k\varphi} + a\,\mathrm{e}^{k\varphi} \;=\; 0 \tag{3・32}$$

であることから，式(3・28)の a と式(3・30)の k の間には

$$k^2 \;=\; -a \tag{3・33}$$

の関係がある．式(3・33)はパッと見には少し不思議な感じがするかもしれないが，k に純虚数まで含めた値をとることを許せば特に問題はない．

3. 多変数の微分方程式

例題3・4

式(3・33)の a について，(1) $a=0$，(2) $a<0$，および (3) $a>0$ の場合分けを行い，それぞれの場合について解関数 $\Phi(\varphi)$ を論じよ.

解 答

(1) $a=0$ であれば $k^2=0$，すなわち $k=0$ となるので，式(3・30)より $\Phi(\varphi)=e^{0\varphi}=1$ となって Φ は定数関数となる. これはトリビアルに見えるが捨てる必要はなく，以下でわかるようにこの定数関数も解関数として採用することになる.

(2) $a<0$ のときには $k^2>0$ となって，$k=\pm\sqrt{-a}$ である. 根号のなかは正である. ここから $\Phi(\varphi)=e^{\pm\sqrt{-a}\varphi}$ となる. ところで φ は方位角であり，図3・2のように xy 平面内への動径の射影と x 軸の間の角度だから，その存在範囲は $0\leq\varphi<\pi$ である. したがって解関数 $\Phi(\varphi)$ は

$$\Phi(\varphi) \;=\; \Phi(\varphi+2\pi) \;=\; \Phi(\varphi+4\pi) \;=\; \cdots\cdots \qquad Ⓐ$$

を満たす**周期関数**のはずである. ここでたとえば $a=-3$ とすると，$\Phi(\varphi)=e^{\pm\sqrt{3}\varphi}$ になるが，$\Phi(\varphi)$ が式Ⓐのように周期関数であることから同時に $\Phi(\varphi)=e^{\pm\sqrt{3}\varphi}=e^{\pm\sqrt{3}(\varphi+2\pi)}=e^{\pm\sqrt{3}\varphi}e^{\pm2\sqrt{3}\pi}$ が成り立たねばならない. つまり $e^{\pm2\sqrt{3}\pi}=1$ でなければならないはずだが，これはありえない. したがって $a<0$ を考えることはできない.

(3) $a>0$ のときには $k^2=-a<0$ となって，$k=\pm i\sqrt{a}$ となる. 根号のなかはもちろん正である. このことから，$\Phi(\varphi)=e^{\pm i\sqrt{a}\varphi}$ と表される. ここで $\pm\sqrt{a}=m$ とおくと，さらに $\Phi(\varphi)=e^{im\varphi}$ と表される. ここで式Ⓐの周期性を満たすには，たとえば

$$\Phi(\varphi+2\pi) \;=\; e^{im(\varphi+2\pi)} \;=\; \cos m(\varphi+2\pi) + i\sin m(\varphi+2\pi)$$

と，

$$\Phi(\varphi) \;=\; e^{im\varphi} \;=\; \cos m\varphi + i\sin m\varphi$$

が等しくなければならない. このことから m が整数である必要が出てくる. これには (1) の $m=0$ の場合も含めてよい. したがって $\Phi(\varphi)=e^{im\varphi}$ であり，$m=0,\pm1,\pm2,\pm3,\cdots\cdots$ である. この m は**磁気量子数**とよばれ，水素原子の量子数の一つとなる[4].

---

[4] 物理的にいえば水素原子を磁場のなかに入れたとき，そのエネルギーは分裂を起こすが，磁気量子数 m がとりうる値の数はその分裂準位の数を決める.

3・6 天頂角 θ に対する常微分方程式

65

```
┌─────────────────┐
│ 自習問題 3・4    │
└─────────────────┘
```

磁気量子数 m が現れる数学的な理由は何か.

　　答　関数 $\Phi(\varphi)$ の周期性を満たす境界条件のために必要である

$\Phi(\varphi) = \mathrm{e}^{\mathrm{i}m\varphi}$ に波動関数の資格をもたせるために

$$\Phi(\varphi) = A\mathrm{e}^{\mathrm{i}m\varphi} \qquad (3\cdot34)$$

を考える. ここで A は規格化定数とよばれる. 一方, 波動関数 $\Phi(\varphi)$ の規格化は φ の存在範囲を考えて

$$\int_0^{2\pi} \Phi^*(\varphi)\,\Phi(\varphi)\,\mathrm{d}\varphi = 1 \qquad (3\cdot35)$$

によって行うことができる. ここに式 $(3\cdot34)$ を代入すれば

$$A^2 \int_0^{2\pi} \mathrm{e}^{-\mathrm{i}m\varphi}\,\mathrm{e}^{\mathrm{i}m\varphi}\,\mathrm{d}\varphi = A^2 \int_0^{2\pi} 1\,\mathrm{d}\varphi = 2\pi A^2 = 1 \qquad (3\cdot36)$$

であるため, 規格化定数 A としては

$$A = \pm\frac{1}{\sqrt{2\pi}} \qquad (3\cdot37)$$

が得られる. A の正負はどちらであっても一般性を失わないので, 正値の方を採用すれば方位角 φ に対する解関数, すなわち波動関数は最終的に

$$\Phi(\varphi) = \frac{1}{\sqrt{2\pi}}\mathrm{e}^{\mathrm{i}m\varphi} \quad (m = 0, \pm1, \pm2, \pm3, \cdots\cdots) \qquad (3\cdot38)$$

となる. さらに $\Phi(\varphi)$ は磁気量子数 m によって分類されるので, そのことを反映させて

$$\Phi_m(\varphi) = \frac{1}{\sqrt{2\pi}}\mathrm{e}^{\mathrm{i}m\varphi} \quad (m = 0, \pm1, \pm2, \pm3, \cdots\cdots) \qquad (3\cdot39)$$

と書くことにする.

3・6　天頂角 θ に対する常微分方程式

3・5 節では方位角 φ に対する解関数 $\Phi(\varphi)$ を求めたので, ここから天頂角 θ に対する解関数 $\Theta(\theta)$ を求めてゆく. そのためには, $\Phi(\varphi)$ と $\Theta(\theta)$ の「つなぎ」として式

66   **3. 多変数の微分方程式**

$(3 \cdot 27)$ が重要となる．この式 $(3 \cdot 27)$ の右辺に式 $(3 \cdot 39)$ の $\Phi_m(\varphi)$ を代入すれば

$$-\frac{1}{\Phi_m}\frac{\mathrm{d}^2}{\mathrm{d}\varphi^2}\Phi_m = -\frac{1}{\dfrac{1}{\sqrt{2\pi}}\mathrm{e}^{\mathrm{i}m\varphi}}\left(-\frac{m^2}{\sqrt{2\pi}}\right)\mathrm{e}^{\mathrm{i}m\varphi} = m^2 \quad (3 \cdot 40)$$

となるので，これを左辺と合わせると

$$\frac{1}{\Theta}\sin\theta\frac{\mathrm{d}}{\mathrm{d}\theta}\left(\sin\theta\frac{\mathrm{d}\Theta}{\mathrm{d}\theta}\right) + \lambda\sin^2\theta = m^2 \qquad (3 \cdot 41)$$

なる常微分方程式が得られる．磁気量子数 m を抱き込んだこの式から，天頂角 θ に対する解関数 $\Theta(\theta)$ を求めることにする．まず，式 $(3 \cdot 41)$ の両辺に $\dfrac{\Theta}{\sin^2\theta}$ を掛けて移項と整理を行うと

$$\frac{1}{\sin\theta}\frac{\mathrm{d}}{\mathrm{d}\theta}\left(\sin\theta\frac{\mathrm{d}\Theta}{\mathrm{d}\theta}\right) + \left(\lambda - \frac{m^2}{\sin^2\theta}\right)\Theta = 0 \quad (\theta \neq 0, \pi) \qquad (3 \cdot 42)$$

となるが，ここで注意すべき点が一つある．それは分母にある $\sin\theta$ をゼロにしてはいけないこと，つまり $\theta \neq 0, \pi$ としなければならない．これは図 3・2 を参照すると，電子が z 軸上にあるのを禁じることになる．しかし，実際の水素原子ではこんな設定はありえないので，$\theta = 0, \pi$ を除外した「補償」はのちほど行うことにする．

次に式 $(3 \cdot 42)$ で

$$x = \cos\theta \quad x \neq 1, -1 \ (-1 < x < 1) \qquad (3 \cdot 43)$$

という置換を行うが，$\dfrac{\mathrm{d}x}{\mathrm{d}\theta} = -\sin\theta$ であることから

$$\mathrm{d}\theta = -\frac{\mathrm{d}x}{\sin\theta} \quad (\theta \neq 0, \pi) \qquad (3 \cdot 44)$$

という関係が成り立つ．式 $(3 \cdot 43)$ と $(3 \cdot 44)$ を式 $(3 \cdot 42)$ に代入して整理すれば，最終的に

$$(1-x^2)\Theta''(x) - 2x\Theta'(x) + \left(\lambda - \frac{m^2}{1-x^2}\right)\Theta(x) = 0 \quad (-1 < x < 1) \qquad (3 \cdot 45)$$

という常微分方程式が得られる．ここでは $\Theta(\theta)$ の変数 θ を x に変えて $\Theta(x)$ としていることに注意せよ．式 $(3 \cdot 45)$ を解いて $\Theta(x)$ を求めることになる．ここで確認として，λ は未知数であり*5，m は式 $(3 \cdot 45)$ にとっては磁気量子数として「与えられた」定数という位置づけになる．

---

*5 式 $(3 \cdot 24)$ で見たように，$\hbar^2\lambda$ は演算子 $\hat{L}^2(\theta, \varphi)$ の固有値だが，λ の値そのものはこの段階ではまだわかっていない．

3・6 天頂角 θ に対する常微分方程式   67

例題 3・5

式(3・43)と(3・44)を用いると，式(3・42)から式(3・45)が得られることを示せ．

解答

式(3・42)の $\dfrac{\mathrm{d}}{\mathrm{d}\theta}$ に式(3・44)を代入し，また式(3・43)を用いて整理すると

$$\frac{1}{\sin\theta}\frac{\sin\theta}{-\mathrm{d}x}\frac{\mathrm{d}}{}\left(\sin\theta\frac{\sin\theta}{-\mathrm{d}x}\frac{\mathrm{d}\Theta(\theta)}{}\right) + \left(\lambda - \frac{m^2}{1-\cos^2\theta}\right)\Theta(\theta)$$

$$= \frac{\mathrm{d}}{\mathrm{d}x}\sin^2\theta\frac{\mathrm{d}\Theta(\theta)}{\mathrm{d}x} + \left(\lambda - \frac{m^2}{1-x^2}\right)\Theta(\theta) = \frac{\mathrm{d}}{\mathrm{d}x}(1-x^2)\frac{\mathrm{d}\Theta(x)}{\mathrm{d}x} + \left(\lambda - \frac{m^2}{1-x^2}\right)\Theta(x)$$

$$= -2x\Theta'(x) + (1-x^2)\Theta''(x) + \left(\lambda - \frac{m^2}{1-x^2}\right)\Theta(x)$$

$$= (1-x^2)\Theta''(x) - 2x\Theta'(x) + \left(\lambda - \frac{m^2}{1-x^2}\right)\Theta(x) = 0$$

が得られる．

自習問題 3・5

式(3・45)は $x = \pm 1$ のときは解けなくなるが，このための対応を述べよ．

答　当面は $x \neq \pm 1$ として進み，のちほど考慮する

式(3・45)は**陪ルジャンドル (Legendre) 方程式**[6] とよばれる常微分方程式であり，数学的には量子力学の成立以前から調べられているものである．この方程式を解くための工夫として

$$\Theta(x) = (1-x^2)^{\frac{|m|}{2}} Q(x) \tag{3・46}$$

と置き換える．以下で特に問題がなければ $Q(x)$ を Q と書くことにする．式(3・46)のようにおいた $\Theta(x)$ を式(3・45)に代入して整理すれば

---

[6] 「陪」は associated の和訳であり，「随伴」と訳されることもある．式(3・45)で $m = 0$ である場合には「陪」を付けずに，単にルジャンドル方程式とよばれる．ルジャンドル (A.-M. Legendre, 1752～1833) はこの微分方程式を研究したフランスの数学者．

68   **3. 多変数の微分方程式**

$$(1-x^2)Q'' - 2(|m|+1)xQ' + \{\lambda - |m|(|m|+1)\}Q = 0 \quad (3\cdot47)$$

が得られる.

例題 3・6

式(3・47)が成り立つことを示せ.

解 答

式(3・46)から Θ の1次微分と2次微分を求めると

$$\Theta' = -|m|\,x(1-x^2)^{\frac{|m|}{2}-1}Q + (1-x^2)^{\frac{|m|}{2}}Q'$$

と

$$\Theta'' = -|m|(1-x^2)^{\frac{|m|}{2}-1}Q + 2|m|x^2\Big(\frac{|m|}{2}-1\Big)(1-x^2)^{\frac{|m|}{2}-2}Q$$

$$-|m|x(1-x^2)^{\frac{|m|}{2}-1}Q' - |m|x(1-x^2)^{\frac{|m|}{2}-1}Q' + (1-x^2)^{\frac{|m|}{2}}Q''$$

が得られる. さらに $(1-x^2)\Theta''$, $-2x\Theta'$ および $\Big(\lambda-\dfrac{m^2}{1-x^2}\Big)\Theta$ をつくってすべて加え合わせると, その値は式(3・45)によってゼロになるはずである. 実際に加え合わせた式を整理し直すと, Q'', Q' および Q を表す項として

$$(1-x^2)^{\frac{|m|}{2}+1}Q'', \quad \Big\{-2|m|\,x(1-x^2)^{\frac{|m|}{2}} - 2x(1-x^2)^{\frac{|m|}{2}}\Big\}Q'$$

および

$$\Big\{-|m|(1-x^2)^{\frac{|m|}{2}} + m^2x^2(1-x^2)^{\frac{|m|}{2}-1} + \lambda(1-x^2)^{\frac{|m|}{2}} - m^2(1-x^2)^{\frac{|m|}{2}-1}\Big\}Q$$

$$= (1-x^2)^{\frac{|m|}{2}}\Big\{-|m| + \frac{m^2x^2}{1-x^2} + \lambda - \frac{m^2}{1-x^2}\Big\}Q$$

$$= (1-x^2)^{\frac{|m|}{2}}\Big\{\lambda - |m| + \frac{m^2(x^2-1)}{1-x^2}\Big\}Q$$

$$= (1-x^2)^{\frac{|m|}{2}}\{\lambda - |m|(|m|+1)\}Q$$

が得られる. これらの項の和は式(3・45)の左辺と同じものを表すので, その値はゼロになる. この和をさらに $(1-x^2)^{|m|/2}$ で割ると

$$(1-x^2)Q'' - 2(|m|+1)xQ' + \{\lambda - |m|(|m|+1)\}Q = 0$$

となり, 式(3・47)が得られる.

3・6 天頂角 θ に対する常微分方程式

自習問題 3・6

$|m|$ が現れる理由は何か.

答 式(3・45)に m^2 が現れて, その絶対値が必要となる

式(3・47)の Q' の項は変数係数をもつので, この微分方程式を解くにはべき級数解法を用いる. そのために Q を無限級数

$$Q = \sum_{k=0}^{\infty} C_k x^k \qquad (3・48)$$

に展開し, この級数の微分によって Q', Q'' も無限級数として表し, それらをすべて式(3・47)に代入する. そのうえで整理をすれば

$$C_{k+2} = \frac{(k+|m|)(k+|m|+1) - \lambda}{(k+1)(k+2)} C_k \quad (k=0,1,2,\cdots\cdots) \qquad (3・49)$$

という**漸化式**が得られる. ここで m は具体的に決まっている整数 ($m=0, \pm 1, \pm 2, \pm 3, \cdots\cdots$) である. 漸化式(3・49)はそのかたちから, 次のような性質をもつことがわかる.

1 C_0 が定まれば, これに続く $\{C_2, C_4, C_6, \cdots\cdots\}$ の偶数系列が決まる.

2 C_1 が定まれば, これに続く $\{C_3, C_5, C_7, \cdots\cdots\}$ の奇数系列が決まる.

C_0 あるいは C_1 は 2 階の常微分方程式(3・47)を解くときに現れる任意定数という意味をもつが, ここではこれら任意定数を決める物理的条件は特にない. これら任意定数の扱いについては, 以下の例題 3・7 のあとに説明する. この段階では未知数 λ の値はまだわかっていないが, 式(3・49)の漸化式によって形式的には式(3・48)の級数の展開係数が決まることになり, ひいては式(3・46)の $\Theta(x)$ が決まる.

ところで, まだ残っている問題がある. 一つは式(3・42)で $\theta \neq 0, \pi$ の制限をつけていたことで, これは $x \neq 1, -1$ という制限と同じである. このような除外に対する補償を考える必要があるので, $\theta = 0, \pi$ を含めることを考える. そのために式(3・41)まで戻ることにする. $\theta = 0, \pi$ のときには式(3・41)の左辺はゼロになるので, 右辺の値すなわち m の値もゼロである. また, このときは左辺第 1 項にある Θ は不定になるので, 式(3・49)の漸化式に基づいて求められるとしても特に差し支えはない. 次に式(3・48)の Q を表す無限級数は本来なら収束している必要があるが, その確認には例題 2・7 で説明した方法で**収束半径 R** のチェックを行うことになる.

3. 多変数の微分方程式

例題 3・7

式(3・48)の無限級数の展開係数が式(3・49)の漸化式で定められるとき，この無限級数の収束半径 R を求めよ．

解　答

収束半径を求めるには，無限級数における隣接項の展開係数の絶対値比について極限値を求める必要がある．式(3・48)の無限級数の場合には偶数系列と奇数系列が別々であるが，どちらの系列でも収束半径は式(3・49)を用いて

$$\frac{1}{R} = \lim_{k \to \infty} \left| \frac{C_{k+2}}{C_k} \right| = \lim_{k \to \infty} \left| \frac{(k+|m|)(k+|m|+1) - \lambda}{(k+1)(k+2)} \right| = 1$$

と求められる．すなわち収束半径は 1 であり，この無限級数の収束範囲は $-1 < x < 1$ となる．つまり $x = \cos\theta$ が $1, -1$ のとき，すなわち θ が $0, \pi$ のときにはこの無限級数は発散する．

自習問題 3・7

θ が $0, \pi$ のとき無限級数 Q は発散するが，この問題はどのようにして回避するか．　　　　　**答** Q を有限級数としてしまうことによる

上記のように式(3・41)まで戻って $x=1$ と -1 の場合についても含めうることを調べたが，例題 3・7 の収束チェックからすれば θ は $0, \pi$ の値をとれないので，電子が図 3・2 の z 軸上にのっているときには $\Theta(x)$ が決まらないことになる．これを回避するには，自習問題 3・7 で見たように Q が無限級数ではなく有限級数であればよい．そのためには式(3・48)の級数展開の係数 C_k がどこかでゼロになる必要があり，それには，式(3・49)の分子にある未知数 λ が

$$\lambda = l(l+1) \qquad (l = 0, 1, 2, 3, \cdots\cdots) \qquad (3 \cdot 50)$$

であればよい．こうしておけば，k が $0, 1, 2, 3, \cdots\cdots$ と変わってゆくとき $k+|m|=l$ となった瞬間に式(3・49)の分数の分子の値がゼロとなって C_{k+2} がゼロとなり，これよりあとの展開係数がすべてゼロになって Q が有限級数となる．この有限級数は，最高の次数が $k(=l-|m|)$ である．言い換えれば，Q は $(l-|m|)$ 次の多項式である．

3・6 天頂角 θ に対する常微分方程式

これをもとに式(3・48)を書き直すと

$$Q = \sum_{k=0}^{l-|m|} C_k x^k \qquad (3 \cdot 51)$$

となる. 式(3・50)からすると, l は $0, 1, 2, 3, \cdots\cdots$ で表される負でない整数であり, 新しく加わった量子数という位置づけになる. この l は **方位量子数** とよばれ, これも水素原子の量子数の一つとなる[7]. Q を表す級数の最高の次数が $l-|m|$ であることを保証するためには

$$l-|m| \geq 0 \quad \text{すなわち} \quad l \geq |m| \qquad (3 \cdot 52)$$

が満たされている必要がある. この式は

$$m = -l, \ -l+1, \cdots\cdots, -1, 0, 1, \cdots\cdots, l-1, l \qquad (3 \cdot 53)$$

という意味をもっており, 磁気量子数 m の最小値と最大値は方位量子数 l の値によって規定されることがわかる. 具体的には式(3・53)から

$$
\begin{aligned}
&l = 0 \quad \text{であれば} \quad m = 0 && (m \text{ の数は 1 個}) \\
&l = 1 \quad \text{であれば} \quad m = -1, 0, 1 && (m \text{ の数は 3 個}) \\
&l = 2 \quad \text{であれば} \quad m = -2, -1, 0, 1, 2 && (m \text{ の数は 5 個}) \\
&l = 3 \quad \text{であれば} \quad m = -3, -2, -1, 0, 1, 2, 3 && (m \text{ の数は 7 個}) \\
&\qquad\qquad\qquad\qquad\qquad \vdots
\end{aligned}
$$

という関係がある. このように, ある l の値に対応する m の数は $2l+1$ 個ある.

少し戻って, 式(3・49)の漸化式のかたちから, 展開係数 $\{C_k\}$ には C_0 から始まる偶数系列と C_1 から始まる奇数系列があった. 慣習では, 級数展開の最高の次数 $l-|m|$ が奇数であるときは C_0 をゼロとおいて, 続く偶数系列をすべて消す. 一方, この $l-|m|$ が偶数であるときは C_1 をゼロとおいて, やはり続く奇数系列をすべて消す. このようにおいた C_0 あるいは C_1 が 2 階の常微分方程式の 2 個の任意定数のうちの 1 個目に当たる. 2 個目の任意定数として, 偶数系列でも奇数系列でも最高次の係数 $C_{l-|m|}$ の値について, これも慣習的に

$$C_{l-|m|} = \frac{(2l)!}{2^l l!(l-|m|)!} \qquad (3 \cdot 54)$$

とおく.

以上で Q の具体的なかたちが決まったので, 式(3・46)を用いて天頂角 θ に対す

---

[7] 方位量子数 l は **軌道角運動量量子数** ともよばれ, 物理的にはプロトンを周回する電子のもつ角運動量の大きさを決める.

72   **3.　多変数の微分方程式**

る解関数 $\Theta(x)$ が正式に

$$\Theta(x) = (1-x^2)^{\frac{|m|}{2}} Q(x) \tag{3・55}$$

として決まる. 式(3・43)で $x = \cos\theta$ とおいたことを思い出すと, $\Theta(x)$ は $\Theta(\cos\theta)$ であり, $Q(x)$ が有限級数になったことから $x = 1, -1$, すなわち $\theta = 0, \pi$ も含めることができる. 波動関数としての $\Theta(\cos\theta)$ の規格化についてはこれが実関数であることから, A を規格化定数として

$$\int_0^\pi \{A\Theta^*(\theta)\}\{A\Theta(\theta)\}\sin\theta\,\mathrm{d}\theta = A^2\int_0^\pi \Theta^2(\theta)\sin\theta\,\mathrm{d}\theta = 1 \quad (3・56)$$

によって決めることができる. ここで式(3・56)の被積分関数のなかに $\sin\theta$ が入っているが, これは直交座標系での微小体積 $\mathrm{d}x\,\mathrm{d}y\,\mathrm{d}z$ を球面極座標系の微小体積 $\mathrm{d}r\,\mathrm{d}\theta\,\mathrm{d}\varphi$ で表すときには

$$\mathrm{d}x\,\mathrm{d}y\,\mathrm{d}z = r^2\sin\theta\,\mathrm{d}r\,\mathrm{d}\theta\,\mathrm{d}\varphi \tag{3・57}$$

とする必要があることからきている[*8]. ここでは r が関与していないので, $\sin\theta$ だけが入る. このあとの計算は少し面倒だが, 得られた規格化定数 A の結果だけを書いておくと

$$A = \sqrt{\frac{(2l+1)(l-|m|)!}{2(l+|m|)!}} \tag{3・58}$$

となる. これを用いて

$$\Theta_{l,m}(\theta) = \sqrt{\frac{(2l+1)(l-|m|)!}{2(l+|m|)!}}\, P_l^m(\cos\theta) \tag{3・59}$$

と書き表す. ここで $\Theta(\theta)$ は方位量子数 l と磁気量子数 m によって分類されているので, 式(3・59)では添え字として付けている. $P_l^m(\cos\theta)$ は式(3・55)の右辺の $Q(x)$ に式(3・51)の具体的な有限級数のかたちを入れて得られるもので, **ルジャンドルの陪多項式**とよばれる.

3・7　球面調和関数

ここまでに得られた $\Theta_{l,m}(\theta)$ と $\Phi_m(\varphi)$ を掛け合わせたものが式(3・26)で表され

[*8]　定積分を行うときに微小体積 $\mathrm{d}x\,\mathrm{d}y\,\mathrm{d}z$ と $\mathrm{d}r\,\mathrm{d}\theta\,\mathrm{d}\varphi$ の大きさが異なるため, それを補正するために $r^2\sin\theta$ という因子を掛ける. これは数学的には**ヤコビアン**あるいは**ヤコビ行列式**とよばれる量である.

3・7 球面調和関数　　73

る角度部分についての微分方程式の解関数，すなわち波動関数になっている．これ
をまとめて $Y_{l,m}(\theta, \varphi)$ と表せば

$$
Y_{l,m}(\theta, \varphi) = \Theta_{l,m}(\theta)\,\Phi_m(\varphi) = \sqrt{\frac{(2l+1)\,(l-|m|)!}{2\,(l+|m|)!}}\,P_l^m(\cos\theta) \times \frac{1}{\sqrt{2\pi}}\mathrm{e}^{\mathrm{i}m\varphi}
$$

$$
= \sqrt{\frac{(2l+1)\,(l-|m|)!}{4\pi\,(l+|m|)!}}\,P_l^m(\cos\theta)\,\mathrm{e}^{\mathrm{i}m\varphi} \tag{3・60}
$$

が得られる．数学分野ではこの $Y_{l,m}(\theta, \varphi)$ のことを**球面調和関数**とよぶ．式(3・50)
で導入した λ の具体的なかたちを思い出すと，式(3・26)の演算子 $\hat{\boldsymbol{L}}^2(\theta, \varphi)$ に対す
る固有方程式について

[1] 固有値 $\hbar^2\lambda$ は l との間に $\hbar^2\lambda = l(l+1)\hbar^2$
　　$(l = 0, 1, 2, 3, \cdots\cdots)$ の関係がある．

[2] 固有関数は球面調和関数 $Y_{l,m}(\theta, \varphi)$
　　$(m = -l, -l+1, \cdots\cdots, -1, 0, 1, \cdots\cdots, l-1, l)$ になる．

というリマークができる．

　3・5～3・6節では水素原子のシュレーディンガー方程式を解くための手順とし
て，まず角度部分について方位角 φ と天頂角 θ を変数とする二つの常微分方程式に
分けて解いた．特に天頂角 θ を変数とする常微分方程式にはべき級数解法を採用し，
級数の発散を避けるためにはその解関数が有限級数で表されることが必要であるこ
とを用いた．得られたそれぞれの解関数の積から，角度部分全体についての解関数，
すなわち波動関数としての球面調和関数が得られた．さらにこれらの常微分方程式
を解く過程で磁気量子数 m と方位量子数 l の二つが現れること，l の値によって m
の存在範囲と個数が決まることも明らかになった．

例題 3・8

　球面調和関数 $Y_{l,m}(\theta, \varphi)$ について，(1) $Y_{0,0}(\theta, \varphi)$, (2) $Y_{1,0}(\theta, \varphi)$, (3) $Y_{1,-1}(\theta, \varphi)$,
(4) $Y_{2,2}(\theta, \varphi)$ のそれぞれの場合の具体的なかたちを求めよ．

解　答

　式(3・60)の $Y_{l,m}(\theta, \varphi) = \Theta_{l,m}(\theta)\,\Phi_m(\varphi)$ に基づき別々に求める．式(3・58)，
(3・54)，(3・55)を利用しながら必要なパーツを求めてゆく．

(1) $\Theta_{0,0}(\theta) = \sqrt{\dfrac{1 \cdot 0!}{2 \cdot 0!}}\, P_0^{\,0}(\cos\theta) = \sqrt{\dfrac{1}{2}}\,(1-x^2)^{\frac{0}{2}} Q(x)$

で，$Q(x)$ の最高次は $l-|m|=0$ から 0 次であり，その係数 C_0 は

$$C_{l-|m|} = \frac{0!}{2^0\,0!0!} = \frac{1}{1} = 1$$

である．したがって

$$\Theta_{0,0}(\theta) = \sqrt{\frac{1}{2}} \times 1 \times C_0\, x^0 = \sqrt{\frac{1}{2}} \times 1 \times 1 = \sqrt{\frac{1}{2}}$$

となる．一方，

$$\Phi_0(\varphi) = \frac{1}{\sqrt{2\pi}} \mathrm{e}^{\mathrm{i} \times 0 \times \varphi} = \frac{1}{\sqrt{2\pi}} \mathrm{e}^0 = \frac{1}{\sqrt{2\pi}}$$

であるから，

$$Y_{0,0}(\theta, \varphi) = \sqrt{\frac{1}{4\pi}}$$

である．

(2) $\Theta_{1,0}(\theta) = \sqrt{\dfrac{(2+1)(1-0)!}{2 \cdot (1+0)!}}\, P_1^{\,0}(\cos\theta) = \sqrt{\dfrac{3}{2}}\,(1-x^2)^{\frac{0}{2}} Q(x)$

で，$Q(x)$ の最高次は $l-|m|=1$ から 1 次であり，その係数 C_1 は

$$C_{l-|m|} = \frac{2!}{2^1\,1!1!} = \frac{2}{2} = 1$$

である．したがって

$$\Theta_{1,0}(\theta) = \sqrt{\frac{3}{2}} \times (1-x^2)^{\frac{0}{2}} \times C_1 x = \sqrt{\frac{3}{2}} \times 1 \times \cos\theta = \sqrt{\frac{3}{2}}\cos\theta$$

となる．再度 $\Phi_0(\varphi) = \dfrac{1}{\sqrt{2\pi}}$ を用いて，

$$Y_{1,0}(\theta, \varphi) = \sqrt{\frac{3}{4\pi}}\cos\theta$$

となる．

(3) $\Theta_{1,-1}(\theta) = \sqrt{\dfrac{(2+1)(1-1)!}{2 \cdot (1+1)!}}\, P_1^{\,-1}(\cos\theta) = \sqrt{\dfrac{3}{4}}\,(1-x^2)^{\frac{1}{2}} Q(x)$

で，$Q(x)$ の最高次は $l-|m|=0$ から 0 次であり，その係数 C_0 は

$$C_{l-|m|} = \frac{2!}{2^1 1!\,(1-1)!} = \frac{2}{2} = 1$$

である．したがって

$$\Theta_{1,-1}(\theta) = \sqrt{\frac{3}{4}} \times (\sin^2\theta)^{\frac{1}{2}} \times C_0\, x^0 = \sqrt{\frac{3}{4}}\sin\theta \times 1 = \sqrt{\frac{3}{4}}\sin\theta$$

となる．一方，

$$\Phi_{-1}(\varphi) = \frac{1}{\sqrt{2\pi}} e^{i \times (-1) \times \varphi} = \frac{1}{\sqrt{2\pi}} e^{-i\varphi}$$

であるから，

$$Y_{1,-1}(\theta,\varphi) = \sqrt{\frac{3}{8\pi}}\sin\theta\, e^{-i\varphi}$$

となる．

(4) $\displaystyle \Theta_{2,2}(\theta) = \sqrt{\frac{5(2-2)!}{2\cdot(2+2)!}}\, P_2^2(\cos\theta) = \sqrt{\frac{5}{48}}(1-x^2)^{\frac{2}{2}} Q(x)$

で，$Q(x)$ の最高次は $l-|m|=0$ であり，その係数 C_0 は

$$C_{l-|m|} = \frac{4!}{2^2 \cdot 2!\,0!} = \frac{24}{8} = 3$$

である．したがって

$$\Theta_{2,2}(\theta) = \sqrt{\frac{5}{48}} \times (\sin^2\theta)^{\frac{2}{2}} \times C_0\, x^0 = \sqrt{\frac{5}{48}}\sin^2\theta \times 3 = \sqrt{\frac{15}{16}}\sin^2\theta$$

となる．一方，

$$\Phi_2(\varphi) = \frac{1}{\sqrt{2\pi}} e^{i \times 2 \times \varphi} = \frac{1}{\sqrt{2\pi}} e^{2i\varphi}$$

であるから，

$$Y_{2,2}(\theta,\varphi) = \sqrt{\frac{15}{32\pi}}\sin^2\theta\, e^{2i\varphi}$$

となる．以上の計算では，$0!=1$，$0 \leq \theta \leq \pi$ で $\sin\theta \geq 0$ であることを用いた．

自習問題 3・8

方位量子数 l が現れる数学的理由は何か．

答　$\Theta_{l,m}(\theta)$ の発散を止めるために必要である

76　　　　　　　　　　　　3.　多変数の微分方程式

　ここでいくつかの球面調和関数を表3・1にまとめておく．lの値に対応するmの数が$1, 3, 5, 7, \cdots\cdots$個であることが，s, p, d, f, $\cdots\cdots$軌道のそれぞれの個数につながってゆく．この詳細については3・9節でまとめて説明する．また，球面調和関数は$e^{im\varphi}$の存在によって，一般に複素関数となっている．数学的にはこのかたちでよいのだが，実関数の方が原子軌道として図示しやすく見通しもよいので，3・9節ではこれらの「**実関数化**」についても説明する．

表3・1　球面調和関数[†]

l	m	$Y_{l,m}(\theta, \varphi)$
0	0	$\sqrt{\dfrac{1}{4\pi}}$
1	0	$\sqrt{\dfrac{3}{4\pi}}\cos\theta$
	± 1	$\sqrt{\dfrac{3}{8\pi}}\sin\theta\, e^{\pm i\varphi}$
2	0	$\sqrt{\dfrac{5}{16\pi}}(3\cos^2\theta - 1)$
	± 1	$\sqrt{\dfrac{15}{8\pi}}\cos\theta\sin\theta\, e^{\pm i\varphi}$
	± 2	$\sqrt{\dfrac{15}{32\pi}}\sin^2\theta\, e^{\pm 2i\varphi}$
3	0	$\sqrt{\dfrac{7}{16\pi}}(5\cos^3\theta - 3\cos\theta)$
	± 1	$\sqrt{\dfrac{21}{64\pi}}(5\cos^2\theta - 1)\sin\theta\, e^{\pm i\varphi}$
	± 2	$\sqrt{\dfrac{105}{32\pi}}\sin^2\theta\cos\theta\, e^{\pm 2i\varphi}$
	± 3	$\sqrt{\dfrac{35}{64\pi}}\sin^3\theta\, e^{\pm 3i\varphi}$

[†]　複号同順．mが±の符号をもつときに$Y_{l,m}(\theta, \varphi)$の先頭に∓を付けることもあるが，本質的ではないのでここでは付けない

3・8 動径 r に対する常微分方程式

本節からは角度部分に続いて，水素原子のシュレーディンガー方程式を解くことを完結させるために，動径 (r) 部分に関する常微分方程式を解き，シュレーディンガー方程式全体として得られる波動関数とエネルギーについても考察する．

水素原子のシュレーディンガー方程式を常微分方程式へと簡単化するために，3・4 節では変数分離を行って

$$\left\{-\frac{\hbar^2}{2\mu}\frac{1}{r^2}\frac{\mathrm{d}}{\mathrm{d}r}\left(r^2\frac{\mathrm{d}}{\mathrm{d}r}\right) - \frac{e^2}{r} - E\right\}R(r) + \frac{R(r)}{2\mu r^2}\frac{\hat{L}^2(\theta,\varphi)\,Y(\theta,\varphi)}{Y(\theta,\varphi)} = 0 \quad (3\cdot61)$$

（例題 3・3 の Ⓐ より）

のようにまず動径部分（第 1 項）と角度部分（第 2 項）に分離した．式(3・61)は各変数に対して恒等的に成立する必要があるので，右辺第 2 項の角度部分を式(3・26)のようにおいて，

$$\frac{\hat{L}^2(\theta,\varphi)\,\Theta(\theta)\,\Phi(\varphi)}{\Theta(\theta)\,\Phi(\varphi)} = \hbar^2\lambda \quad （定数） \quad (3\cdot62)$$

と書き直した．ここで λ は定数パラメーターであるが，方位量子数 l との間には式 (3・50)

$$\lambda = l(l+1) \quad (l = 0,1,2,3,\cdots\cdots)$$

の関係があることがわかった．これによって式(3・62)は

$$\frac{\hat{L}^2(\theta,\varphi)\,\Theta(\theta)\,\Phi(\varphi)}{\Theta(\theta)\,\Phi(\varphi)} = \hbar^2 l(l+1) \quad (3\cdot63)$$

と書ける．式(3・63)の右辺を式(3・61)の左辺第 2 項の該当部分に代入することによって

$$\left\{-\frac{\hbar^2}{2\mu}\frac{1}{r^2}\frac{\mathrm{d}}{\mathrm{d}r}\left(r^2\frac{\mathrm{d}}{\mathrm{d}r}\right) - \frac{e^2}{r} - E\right\}R(r) + \frac{R(r)}{2\mu r^2}\hbar^2 l(l+1) = 0 \quad (3\cdot64)$$

が得られる．

この式全体に $\frac{2\mu r^2}{R(r)}\frac{1}{\hbar^2}$ を掛けて変形すれば，

$$-\frac{1}{R(r)}\frac{\mathrm{d}}{\mathrm{d}r}\left(r^2\frac{\mathrm{d}}{\mathrm{d}r}\right)R(r) - \frac{2\mu re^2}{\hbar^2} - \frac{2\mu r^2 E}{\hbar^2} + l(l+1) = 0 \quad (3\cdot65)$$

となる．これは動径 r を変数とする常微分方程式であり，本節ではこれを解く．以下では特に必要がない限り，$R(r)$ の変数 r を省略して R と書くことにする．

3. 多変数の微分方程式

例題 3・9

式(3・65)を変形することによって，さらに動径部分の常微分方程式が

$$\frac{\mathrm{d}^2 R}{\mathrm{d}r^2} + \frac{2}{r}\frac{\mathrm{d}R}{\mathrm{d}r} + \left\{ \frac{2\mu}{h^2}\left(\frac{e^2}{r} + E \right) - \frac{l(l+1)}{r^2} \right\} R = 0$$

となることを導け.

解 答

式(3・65)で r についての微分を進めると

$$-2r\frac{\mathrm{d}R}{\mathrm{d}r} - r^2\frac{\mathrm{d}^2 R}{\mathrm{d}r^2} - \frac{2\mu r e^2}{h^2} - \frac{2\mu r^2 E}{h^2} + l(l+1) = 0$$

が得られる. この両辺に $-\dfrac{R(r)}{r^2}$ を掛けて移項・整理をすると

$$\frac{\mathrm{d}^2 R}{\mathrm{d}r^2} + \frac{2}{r}\frac{\mathrm{d}R}{\mathrm{d}r} + \left\{ \frac{2\mu}{h^2}\left(\frac{e^2}{r} + E \right) - \frac{l(l+1)}{r^2} \right\} R = 0 \qquad \text{Ⓐ}$$

となって題意が示された. 式Ⓐでは解関数 $R(r)$ と同時に，シュレーディンガー方程式の固有値である E も決まる構造をしているので，第2章で説明したスツルム-リウビル型の微分方程式である.

自習問題 3・9

水素原子のシュレーディンガー方程式に対してスツルム-リウビル型の微分方程式であることからくる要請は何か.

答 $r \longrightarrow \infty$ で波動関数の値が 0 であること

このシュレーディンガー方程式の固有値 E，すなわち電子のエネルギーに対しては物理的条件として $E < 0$ が必要である. これは原子としての安定状態の保持，すなわち電子がプロトンに**束縛**されていることを意味する. 一方 $E > 0$ は「非束縛状態」を意味し，電子が勝手にプロトンから離れて飛んでいく散乱問題などに現れるので，安定な原子の電子状態とは関係がない.

この要請を反映させるために

$$E \equiv -\frac{\mu e^4}{2\nu^2 h^2} \tag{3・66}$$

3・8 動径 r に対する常微分方程式   79

とおく．ν は無次元の実数パラメーターである．こうすると変数 E は負値のエネルギーとなる[*9]．さらに簡単のために，r についての変数変換

$$r \equiv \frac{\nu h^2}{2\mu e^2}\rho \tag{3・67}$$

を行う．ここで r と同様に $\rho > 0$ とするために，上記の ν は正とおいている．

式(3・66)，(3・67)を例題 3・9 の式Ⓐに代入すれば

$$\frac{\mathrm{d}^2 R}{\mathrm{d}\rho^2} + \frac{2}{\rho}\frac{\mathrm{d}R}{\mathrm{d}\rho} + \left\{\frac{\nu}{\rho} - \frac{1}{4} - \frac{l(l+1)}{\rho^2}\right\} R = 0 \tag{3・68}$$

が得られる．改めて変数 ρ を入れた関数 $R(\rho)$ について

$$R(\rho) \equiv L(\rho)\rho^l e^{-\frac{\rho}{2}} \tag{3・69}$$

とおく．ここで指数関数 $e^{-\frac{\rho}{2}}$ は r，すなわち ρ が ∞ となるときに $R(\rho)$ をゼロにもっていくために入れたものである[*10]．

式(3・69)を式(3・68)に代入すると，この微分方程式は

$$\rho L''(\rho) + (2l+2-\rho)L'(\rho) + (\nu-l-1)L(\rho) = 0 \tag{3・70}$$

となる．これは**陪ラゲール方程式**とよばれるもので[*11]，その解関数 $L(\rho)$ を求める．$R(r)$ のときと同様に，以後は特に必要がない限り $L(\rho)$ の変数 ρ を省略して L と書くことにする．式(3・70)は $L'(\rho)$ の項が変数係数 ρ をもつ微分方程式なので，これを解くためにはべき級数解法を用いる．そのために

$$L = \sum_{k=0}^{\infty} C_k \rho^k \tag{3・71}$$

とおく．3・6 節で陪ルジャンドル方程式をべき級数解法で解いたときと同様に，この級数の微分を行って L'，L'' も無限級数として表し，式(3・70)に代入する．これによって得られる級数の展開係数についての漸化式は

$$C_{k+1} = \frac{k+l+1-\nu}{(k+1)(k+2l+2)}C_k \quad (k=0,1,2,\cdots\cdots) \tag{3・72}$$

となる．l は具体的に決まっている整数 $(l=0,1,2,\cdots\cdots)$ である．この漸化式についてのコメントを以下に述べておく．

[*9]　式(3・66)の分母には，原子単位として値を $1^2=1$ とおいた $(4\pi\varepsilon_0)^2$ が隠れているので，これを含めて考えれば，式(3・66)全体の次元はエネルギーのそれに等しくなる．

[*10]　これは 2・7 節での説明と同様に，量子力学では無限遠での波動関数をゼロにするための工夫である．

[*11]　少しややこしいが，式(3・70)で $2l+1$ の値を 0 とおいたものを単にラゲール方程式とよぶ．ラゲール (E. N. Laguerre, 1834〜1886) はこの微分方程式を研究したフランスの数学者．

80　　　　　　　　　　　　　　　3.　多変数の微分方程式

1　これは隣接項間の漸化式である.

2　C_0 は常微分方程式の任意定数に相当し, この値が定まれば, これに続く係数 $\{C_1, C_2, C_3, \cdots\cdots\}$ が決まる. 2階の微分方程式は2個の任意定数をもつが, これは最大2個という意味で, 微分方程式のかたちによっては1個になることもありうる. 微分方程式(3・70)がたまたまそのようなものであったということになる.

例題 3・10

$L(\rho)$ について式(3・71)で表した級数の収束半径を求め, ついで関数 $R(\rho)$ の振舞いについても考察せよ.

解　答

式(3・71)の級数の収束半径を R (式(3・69)の関数 $R(\rho)$ とは異なることに注意) として式(3・72)を用いると

$$\frac{1}{R} = \lim_{k \to \infty} \left| \frac{C_{k+1}}{C_k} \right| = \lim_{k \to \infty} \left| \frac{k+l+1-\nu}{(k+1)(k+2l+2)} \right| = 0$$

が得られるので, 収束半径 $R = \infty$ とわかる. したがってどのような $\rho\,(>0)$ の値でも式(3・71)の級数は収束する.

それはよいのだが, C_k の振舞いを見てみると,

$$C_{k+1} = \frac{k+l+1-\nu}{(k+1)(k+2l+2)} C_k$$

だから, k が大きいところでは $C_{k+1} \propto \frac{1}{k} C_k$ であり, これは $C_{k+1} \propto \frac{1}{k!}$ であることを意味する. すなわち k の大きいところでは, $L(\rho)$ の振舞いは指数関数 e^{ρ} に近くなる. このように得られた $L(\rho)$ を式(3・69)に入れると $R(\rho) \propto \mathrm{e}^{\rho}\rho^l \mathrm{e}^{-\rho/2} = \rho^l \mathrm{e}^{\rho/2}$ となって, $R(\rho)$ は大きい ρ では発散する.

自習問題 3・10

式(3・70)にあるパラメーター ν はなぜ必要であったか.

　　　　　　　答　電子の束縛条件として必要であり, その段階では
　　　　　　　　　　無次元の実数パラメーターとして任意においた

3·8 動径 r に対する常微分方程式 　　　81

上記の例題 3·10 の最後に $R(\rho)$ が発散することが出てきたが，これは波動関数としては具合が悪い．この発散を止めるためには $L(\rho)$ に指数関数的な振舞いをさせないことが必要である．そのためには式(3·71)の級数が有限級数であればよい．つまり k の値が変化するとき，どこかで式(3·72)のなかの分数の分子がゼロになればよいことになる．

そこで式(3·72)の右辺の分子のかたち $k+l+1-\nu$ をよく見ると，まず k はべき級数展開での項を指定する数で，$0,1,2,3,\cdots\cdots$ の値をとる．l は 3·6 節に現れた方位量子数で，$0,1,2,3,\cdots\cdots$ つまりゼロあるいは正の整数である．これらを合わせて考えると，$+1$ という定数も分子に入っていることから，ν は正の整数すなわち自然数であるべきである．つまり $\nu=1,2,3,4,\cdots\cdots$ である．これに基づいて，ここで改めて ν を n と表すことにして，この n を**主量子数**とよぶ．式(3·72)の右辺の分子は，k の値が増えてくればどこかで

$$k + l + 1 - n = 0 \qquad\qquad (3\cdot73)$$

となって，無限級数ではなくなる．このときの k の値が $L(\rho)$ の級数展開の最高次数を与えることになる．

例題 3·11

主量子数 $n=5$ のときに，方位量子数 l の値に応じて k の最大値がどのようになるか調べよ．

解　答

式(3·73)に $n=5$ を入れると，$k+l-4=0$ となる．この式に具体的な l の値を入れて調べてみる．

$l=4$ のときには k のとれる最大値は 0 で，$L(\rho)$ の最高次数はゼロになる．

$l=3$ のときには k のとれる最大値は 1 で，$L(\rho)$ の最高次数は 1 になる．

$l=2$ のときには k のとれる最大値は 2 で，$L(\rho)$ の最高次数は 2 になる．

$l=1$ のときには k のとれる最大値は 3 で，$L(\rho)$ の最高次数は 3 になる．

$l=0$ のときには k のとれる最大値は 4 で，$L(\rho)$ の最高次数は 4 になる．

$l>0$ であることから $n=5$ であれば上記以外の l はありえない．

82　　　　　　　　**3. 多変数の微分方程式**

自習問題3・11

　主量子数 n が現れる数学的理由は何か.

　　　答　$L(\rho)$ を表す級数を有限級数とするために必要である

　例題3・11の結果の一般化から，主量子数 n と方位量子数 l の関係は

$$0 \leq l \leq n-1 \quad (n \text{ は自然数, } l \text{ は負でない整数}) \qquad (3\cdot74)$$

になることがわかる. これは主量子数 n が決める方位量子数 l の存在範囲であるが，3・6節で学んだ磁気量子数 m と方位量子数 l の間の関係式(3・53)

$$-l \leq m \leq l \quad (m \text{ は整数})$$

を思い出すと，結局，方位量子数 l の存在範囲は主量子数 n によって規定され，また磁気量子数 m のそれは方位量子数 l によって規定されることがわかる. 式(3・72)において任意定数 C_0 は慣習的に

$$C_0 = -\frac{\{(n+l)!\}^2}{(n-l-1)!\,(2l+1)!} \qquad (3\cdot75)$$

ととる. 式(3・72)と(3・75)によって $L(\rho)$ は

$$L(\rho) = L_{n+l}^{2l+1}(\rho) = \sum_{k=0}^{n-l-1} (-1)^{k+1} \frac{\{(n+l)!\}^2}{(n-l-1-k)!\,(2l+1+k)!\,k!}\rho^k \quad (3\cdot76)$$

のように決まり，これを**ラゲールの陪多項式**とよぶ. $L(\rho)$ の上付き添え字の $2l+1$ は**階数**とよばれるもので，一つの l の値に対して固有値 E が $(2l+1)$ 重に縮退することを示す. つまりこの縮退数は l に対応する m の個数に等しい. 一方，下付き添え字の $n+l$ は歴史的に**次数**とよばれるがあまり意味はない. 多項式 $L(\rho)$ の実際の次数は，式(3・76)の右辺の和記号の上限が示す $(n-l-1)$ 次である.

　この $L(\rho)$ を式(3・69)に代入すると，動径部分の解関数として

$$R_{n,l}(\rho) = A\rho^l e^{-\frac{\rho}{2}} L_{n+l}^{2l+1}(\rho) \qquad (3\cdot77)$$

が得られる. A は規格化定数である. $R(\rho)$ は量子数 n, l によって分類されるので，これらを添え字として付けている. ここで定数 μ, e, h を用いて長さの次元をもつ変数を

$$a \equiv \frac{h^2}{\mu e^2} \qquad (3\cdot78)$$

と定義する[*12]. この a を用いて式(3・67)を書き直すと

$$\rho = \frac{2}{na}r \qquad (3・79)$$

となり，この関係をもとに式(3・77)の変数 ρ を r を用いたかたちに戻して

$$R_{n,l}(r) = A\left(\frac{2r}{na}\right)^l e^{-\frac{r}{na}} L_{n+l}^{2l+1}\left(\frac{2r}{na}\right) \qquad (3・80)$$

と表す．規格化定数 A の具体的なかたちは R の規格化条件

$$\int_0^\infty |R_{n,l}(r)|^2 r^2 \, \mathrm{d}r = 1 \qquad (3・81)$$

から求めることができる．被積分関数のなかに現れた r^2 は，式(3・57)のヤコビアン由来の動径部分である．式(3・81)を用いて求めた正の規格化定数 A を入れると動径部分の解関数は

$$R_{n,l}(r) = \sqrt{\frac{4(n-l-1)!}{n^4\{a(n+l)!\}^3}}\left(\frac{2r}{na}\right)^l e^{-\frac{r}{na}} L_{n+l}^{2l+1}\left(\frac{2r}{na}\right) \qquad (3・82)$$

と得られる．この動径部分の解関数と 3・7 節で得られた角度部分の解関数（球面調和関数）を掛けたものが，水素原子のシュレーディンガー方程式の最終的な解であり，そのかたちは

$$\psi_{n,l,m}(r,\theta,\varphi) = R_{n,l}(r)\, Y_{l,m}(\theta,\varphi) \qquad (3・83)$$

となる．

3・9 実関数化した水素原子の軌道とエネルギー

式(3・74)から，一つの n に対する l の個数は $0, 1, 2, \cdots\cdots, n-1$ の n 個であり，さらに式(3・75)から，一つの l に対する m の個数は $2l+1$ 個である．l の値に対応する波動関数は，以下のような名前がついた**原子軌道**となる[*13].

> $l = 0$: s 軌道（m の個数は，$m = 0$ の 1 個）
>
> $l = 1$: p 軌道（m の個数は，$m = 0, \pm 1$ の 3 個）
>
> $l = 2$: d 軌道（m の個数は，$m = 0, \pm 1, \pm 2$ の 5 個）
>
> $l = 3$: f 軌道（m の個数は，$m = 0, \pm 1, \pm 2, \pm 3$ の 7 個）
>
> $\vdots$

[*12] a は 1s 軌道のいわゆる軌道半径にあたり，**ボーア (Bohr) 半径** a_0 $(= 0.52918\,\text{Å} = 52.918\,\text{pm})$ の値に近い．式(3・13)で M_p が無限大で $\mu = m_e$ であれば，a はボーア半径に等しくなる．

[*13] 量子力学で「**軌道 (orbital)**」という言葉を用いるときは，厳密にはそれが 1 個の電子のみを収容していることを意味する．水素原子の波動関数はこれに相当し，原子軌道とよばれる．

これらは通常，主量子数 n を表す数字を前において，1s, 2s, 2p, 3s, 3p, 3d, ……軌道とよばれる．それぞれの l に束縛される m の個数を考えると，1s や 2s 軌道ではそれぞれ 1 個だけ ($m=0$)，2p や 3p 軌道では 3 個ずつあり ($m=0, \pm1$)，3d 軌道では 5 個ある ($m=0, \pm1, \pm2$) ことなどもわかる．

ここで少し話を戻すが，球面調和関数ではときどき複素関数が現れることがある．これは方位角 φ に対する解関数が $e^{im\varphi}$ となることに起因している．数学的にはそれでもいっこうに構わないのだが，軌道を「視覚化」したいときには困る．たとえば，$l=1$ (p 軌道) のときの球面調和関数は

$$\left.\begin{aligned}Y_{1,-1} &\propto \mathrm{p}_{-1} = \sin\theta\, e^{-i\varphi} = \sin\theta(\cos\varphi - i\sin\varphi) \\ Y_{1,0} &\propto \mathrm{p}_0 = \cos\theta \\ Y_{1,1} &\propto \mathrm{p}_{+1} = \sin\theta\, e^{i\varphi} = \sin\theta(\cos\varphi + i\sin\varphi)\end{aligned}\right\} \quad (3\cdot 84)$$

のような三つがある (p の下付き添え字は磁気量子数 m の値である)．面倒なので，規格化定数は省略している．こうすると p_0 は実関数なのでそのまま p_z としてよいが，p_{+1} と p_{-1} は複素関数であるために視覚的なイメージをもちにくい．したがってこれらを

$$\left.\begin{aligned}\frac{\mathrm{p}_{+1}+\mathrm{p}_{-1}}{2} &= \sin\theta\cos\varphi \equiv \mathrm{p}_x \\ \frac{\mathrm{p}_{+1}-\mathrm{p}_{-1}}{2i} &= \sin\theta\sin\varphi \equiv \mathrm{p}_y\end{aligned}\right\} \quad (3\cdot 85)$$

のように組合わせて実関数化することにする．化学の教科書でよく見る p 軌道は，これらの p_x, p_y, および p_z である．なぜ p_x, p_y, p_z 軌道とよばれるかは，図 3・3 を見れば類推できよう．この組合わせは偶然に得られたものではなく，数学的には

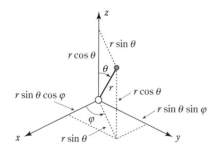

図 3・3 水素原子の p 軌道と d 軌道を表すための球面極座標 原子核 (プロトン) は白丸，電子は黒丸で表す．$r\sin\theta\cos\varphi$ は動径 (太い実線で示す) の x 軸への投影の長さ，$r\sin\theta\sin\varphi$ は y 軸への投影の長さ，$r\cos\theta$ は z 軸への投影の長さを示す

3·9 実関数化した水素原子の軌道とエネルギー 85

ユニタリー変換とよばれるもので，もとの関数の物理的意味を変えずに変換するために使われる[14].

例題 3·12

$l = 2$（d 軌道）のときの五つの球面調和関数（表 3·1 参照）

$$Y_{2,-2} \propto d_{-2} = \sin^2\theta \, e^{-2i\varphi} = \sin^2\theta(\cos 2\varphi - i \sin 2\varphi)$$
$$Y_{2,-1} \propto d_{-1} = \cos\theta \sin\theta \, e^{-i\varphi} = \cos\theta \sin\theta(\cos\varphi - i \sin\varphi)$$
$$Y_{2,0} \propto d_{0} = 3\cos^2\theta - 1$$
$$Y_{2,1} \propto d_{+1} = \cos\theta \sin\theta \, e^{i\varphi} = \cos\theta \sin\theta(\cos\varphi + i \sin\varphi)$$
$$Y_{2,2} \propto d_{+2} = \sin^2\theta \, e^{2i\varphi} = \sin^2\theta(\cos 2\varphi + i \sin 2\varphi)$$

について，これらを実関数化してみよ．規格化定数は省略している．

解　答

これらの関数のかたちからすれば，d_0 は単独で実関数であり，d_{+2} と d_{-2} の組合わせ，および d_{+1} と d_{-1} の組合わせによって実関数化できることがわかる．それらを順に表すと

$$\frac{d_{+2} + d_{-2}}{2} = \sin^2\theta \cos 2\varphi = \sin^2\theta(\cos^2\varphi - \sin^2\varphi) \equiv d_{x^2-y^2}$$

$$\frac{d_{+2} - d_{-2}}{2i} = \sin^2\theta \sin 2\varphi \propto \sin^2\theta \sin\varphi \cos\varphi \equiv d_{xy}$$

$$\frac{d_{+1} + d_{-1}}{2} = \cos\theta \sin\theta \cos\varphi \equiv d_{xz}$$

$$\frac{d_{+1} - d_{-1}}{2i} = \cos\theta \sin\theta \sin\varphi \equiv d_{yz}$$

もともと実関数である d_0 は d_{z^2} 軌道といわれ，これらの合計五つが d 軌道を構成する．それぞれの d 軌道のよび方は図 3·3 から類推できる．

---

[14]　たとえば，高校の数学で習った 2 次元座標平面で (x, y) で表される点を，原点を中心として反時計まわりに回転させて新しい座標 (X, Y) に移すための変換も，ユニタリー変換の一つである．

> **自習問題 3・12**
>
> 球面調和関数がそのまま実関数になっているときの特徴は何か.
>
> 答　磁気量子数 m が 0

いくつかの量子数の組合わせによる波動関数の具体的なかたちを図3・4と表3・2にまとめて示しておく. また, エネルギー固有値 E は式(3・66)での ν を n として

$$E_n = -\frac{\mu e^4}{2n^2 \hbar^2} \tag{3・86}$$

と書ける. エネルギー固有値は主量子数 n で分類されるので, 添え字として付けている. さらに3・3節で説明したように, $m_e, e, \hbar$ の値をすべて1とする原子単位で表し, m_e に近い μ の値も1として水素原子のエネルギーも原子単位で表せば

$$E_n = -\frac{1}{2n^2} \tag{3・87}$$

となる. このように水素原子のエネルギー値は主量子数 n だけに依存している. つまり同じ n であれば, l や m の値が変わってもエネルギー値は変わらず, すべて縮退していることになる.

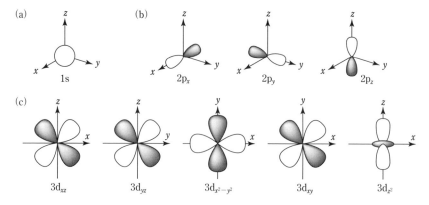

図3・4　水素原子の原子軌道の例　(a) 1s 軌道, (b) 2p 軌道, および (c) 3d 軌道の概形. 軌道を表す関数が同じ値をとる点の集合を**ローブ (lobe)** とよび, 軌道の形状をローブで表す. 各原子軌道のローブは主量子数が大きくなるにつれてその空間的サイズが大きくなり, ローブの内側で符号が変わる部分がある

3・9 実関数化した水素原子の軌道とエネルギー　　　87

表3・2　水素原子の代表的な原子軌道

n　l　m	原子軌道の名称	$\psi_{n,l,m}(r,\theta,\varphi)=R_{n,l}(r)\,Y_{l,m}(\theta,\varphi)$
1　0　0	1s	$\left(\dfrac{1}{\pi a^3}\right)^{\frac{1}{2}}\mathrm{e}^{-\frac{r}{a}}$
2　0　0	2s	$\dfrac{1}{4\sqrt{2}}\left(\dfrac{1}{\pi a^3}\right)^{\frac{1}{2}}\left(2-\dfrac{r}{a}\right)\mathrm{e}^{-\frac{r}{2a}}$
2　1　1 ⎫ まとめて変換 2　1　−1 ⎬	2p$_x$	$\dfrac{1}{4\sqrt{2}}\left(\dfrac{1}{\pi a^3}\right)^{\frac{1}{2}}\dfrac{r}{a}\,\mathrm{e}^{-\frac{r}{2a}}\sin\theta\cos\varphi$
	2p$_y$	$\dfrac{1}{4\sqrt{2}}\left(\dfrac{1}{\pi a^3}\right)^{\frac{1}{2}}\dfrac{r}{a}\,\mathrm{e}^{-\frac{r}{2a}}\sin\theta\sin\varphi$
2　1　0	2p$_z$	$\dfrac{1}{4\sqrt{2}}\left(\dfrac{1}{\pi a^3}\right)^{\frac{1}{2}}\dfrac{r}{a}\,\mathrm{e}^{-\frac{r}{2a}}\cos\theta$
3　0　0	3s	$\dfrac{1}{81\sqrt{3}}\left(\dfrac{1}{\pi a^3}\right)^{\frac{1}{2}}\left(27-\dfrac{18r}{a}+\dfrac{2r^2}{a^2}\right)\mathrm{e}^{-\frac{r}{3a}}$
3　1　1 ⎫ まとめて変換 3　1　−1 ⎬	3p$_x$	$\dfrac{\sqrt{2}}{81}\left(\dfrac{1}{\pi a^3}\right)^{\frac{1}{2}}\dfrac{r}{a}\left(6-\dfrac{r}{a}\right)\mathrm{e}^{-\frac{r}{3a}}\sin\theta\cos\varphi$
	3p$_y$	$\dfrac{\sqrt{2}}{81}\left(\dfrac{1}{\pi a^3}\right)^{\frac{1}{2}}\dfrac{r}{a}\left(6-\dfrac{r}{a}\right)\mathrm{e}^{-\frac{r}{3a}}\sin\theta\sin\varphi$
3　1　0	3p$_z$	$\dfrac{\sqrt{2}}{81}\left(\dfrac{1}{\pi a^3}\right)^{\frac{1}{2}}\dfrac{r}{a}\left(6-\dfrac{r}{a}\right)\mathrm{e}^{-\frac{r}{3a}}\cos\theta$
3　2　1 ⎫ まとめて変換 3　2　−1 ⎬	3d$_{xz}$	$\dfrac{\sqrt{2}}{81}\left(\dfrac{1}{\pi a^3}\right)^{\frac{1}{2}}\dfrac{r^2}{a^2}\,\mathrm{e}^{-\frac{r}{3a}}\cos\theta\sin\theta\cos\varphi$
	3d$_{yz}$	$\dfrac{\sqrt{2}}{81}\left(\dfrac{1}{\pi a^3}\right)^{\frac{1}{2}}\dfrac{r^2}{a^2}\,\mathrm{e}^{-\frac{r}{3a}}\cos\theta\sin\theta\sin\varphi$
3　2　2 ⎫ まとめて変換 3　2　−2 ⎬	3d$_{x^2-y^2}$	$\dfrac{1}{81\sqrt{2}}\left(\dfrac{1}{\pi a^3}\right)^{\frac{1}{2}}\dfrac{r^2}{a^2}\,\mathrm{e}^{-\frac{r}{3a}}\sin^2\theta\cos 2\varphi$
	3d$_{xy}$	$\dfrac{1}{81\sqrt{2}}\left(\dfrac{1}{\pi a^3}\right)^{\frac{1}{2}}\dfrac{r^2}{a^2}\,\mathrm{e}^{-\frac{r}{3a}}\sin^2\theta\sin 2\varphi$
3　2　0	3d$_{z^2}$	$\dfrac{1}{81\sqrt{6}}\left(\dfrac{1}{\pi a^3}\right)^{\frac{1}{2}}\dfrac{r^2}{a^2}\,\mathrm{e}^{-\frac{r}{3a}}\left(3\cos^2\theta-1\right)$

column　　偏微分方程式としてのシュレーディンガー方程式

　実はシュレーディンガー方程式が表す偏微分方程式を解くのは数学的には比較的簡単なことである．というのは，変数分離を行いながらまともに解いたのは方位角 φ を変数とする部分の 2 階の常微分方程式だけであり，残りの天頂角 θ と動径 r の部分の常微分方程式はべき級数解法で漸化式を使いながら解いたにすぎない．しかも，量子力学以前に数学分野で研究されていた常微分方程式の知識などを利用できた．その意味ではシュレーディンガー自身はラッキーだったことになる．
　一般の偏微分方程式はもっと「意地悪」なもので，たとえば化学工学分野に出てくる流体の運動を記述する**ナビエ-ストークス**（Navier-Stokes）の偏微分方程式の厳密な解はいまだに得られていない．しかしこういう場合には，ソフトによる数値解法を用いることができる．また解くのが難しい微分方程式のなかには，**ブラウン運動**を記述する**確率微分方程式**などがある．

3・10　本章のまとめ

　以上で水素原子のシュレーディンガー方程式がすべて解けた．少し長くかかった理由は，もとの偏微分方程式を球面極座標のそれぞれの変数についての常微分方程式に落とし込んで，それらを一つずつ解いたためである．また，この過程で自然に導入された量子数 n, l, m についてもある程度丁寧に取扱ったため（つもり）である．特に l は定数パラメーター λ に入り込んで，角度部分と動径部分の常微分方程式を「つなぎ合わせて」いたことになる．
　ここまでのストーリーとは少し離れるが，もう一つ残っている量子数である**スピン量子数**[*15] s は導入されていないことに注意してほしい．そもそも電子スピンの考え方は，シュレーディンガー方程式を解くときに導入されるものではなく，「**特殊相対論**」というシュレーディンガー方程式の「枠外」の考察から入ってくるものである．しかしこのまま放っておくのは少し不便なので，通常の量子力学では天下り的に**スピン関数** α, β というものを形式的に波動関数に掛けて考える．こういうことも知っておいてほしい．

[*15] 電子にはいわば自転運動の自由度があり，これを電子スピンとよぶ．電子の自転の角運動量をスピン角運動量というが，その大きさは $\pm 1/2 \hbar$ に限られている．この $\pm 1/2$ のことをスピン量子数 s とよび，n, l, m についで電子にとっての 4 番目の量子数となっている．

演 習 問 題　　　　　　　　　　　　　89

　演 習 問 題

1. 3次元の箱の中にある電子が波動関数 ψ_{111} で記述されるとき，x, y, z の平均位置 $\langle x \rangle$，$\langle y \rangle, \langle z \rangle$ の値を求めよ．
2. x 方向への1次元古典的波動方程式
$$\frac{\partial^2 u(x,t)}{\partial x^2} = \frac{1}{v^2}\frac{\partial^2 u(x,t)}{\partial t^2}$$
について変数分離を行え．ここで $u(x,t)$ は変位を示す波動関数で，v は伝播速度である．
3. 球面調和関数 $Y_{1,0}(\theta,\varphi)$ と $Y_{2,1}(\theta,\varphi)$ が直交していることを示せ．
4. 水素原子の $E_n \longrightarrow E_{n+1}$ の励起エネルギーの値を求めよ．
5. 水素原子の $n=5$ の AO において，l, m がとれる範囲を示せ．

　解　　答

1. $\psi_{111} = \sqrt{\dfrac{8}{abc}}\sin\dfrac{\pi x}{a}\sin\dfrac{\pi y}{b}\sin\dfrac{\pi z}{c}$ を用いて考える．$\langle x \rangle$ については
$$\langle x \rangle = \int_{-\frac{a}{2}}^{\frac{a}{2}} x\psi_{111}^2\,\mathrm{d}x = \frac{8}{abc}\sin^2\frac{\pi y}{b}\sin^2\frac{\pi z}{c}\int_{-\frac{a}{2}}^{\frac{a}{2}} x\sin^2\frac{\pi x}{a}\,\mathrm{d}x$$
を計算すればよいが，被積分関数は奇関数×偶関数となっているので，x についての定積分の値はゼロとなる．同様に $\langle y \rangle, \langle z \rangle$ もゼロになる．したがって電子の平均位置は，箱の中心となる．

2. $u(x,t)$ が $u(x,t) = X(x)T(t)$ のように座標部分と時間部分の関数の積で表せると仮定すれば，
$$T(t)\frac{\mathrm{d}^2 X(x)}{\mathrm{d}x^2} = \frac{1}{v^2}X(x)\frac{\mathrm{d}^2 T(t)}{\mathrm{d}t^2}$$
と書くことができる．両辺を $X(x)T(t)$ で割れば
$$\frac{1}{X(x)}\frac{\mathrm{d}^2 X(x)}{\mathrm{d}x^2} = \frac{1}{v^2 T(t)}\frac{\mathrm{d}^2 T(t)}{\mathrm{d}t^2}$$
となる．この関係が恒等的に成立する必要があるので，x, t に無関係な定数 K を考えて
$$\frac{1}{X(x)}\frac{\mathrm{d}^2 X(x)}{\mathrm{d}x^2} = \frac{1}{v^2 T(t)}\frac{\mathrm{d}^2 T(t)}{\mathrm{d}t^2} = K$$

90　　　　　　　　　　**3.　多変数の微分方程式**

という関係が成立することになる．これで変数分離ができたので，

$$\frac{1}{X(x)}\frac{\mathrm{d}^2 X(x)}{\mathrm{d}x^2} = K \quad \text{と} \quad \frac{1}{v^2 T(t)}\frac{\mathrm{d}^2 T(t)}{\mathrm{d}t^2} = K$$

を独立に解いていけばよい．

3.　表 3・1 より

$$Y_{1,0}(\theta, \varphi) = \sqrt{\frac{3}{4\pi}}\cos\theta \equiv A\cos\theta$$

$$Y_{2,1}(\theta, \varphi) = \sqrt{\frac{15}{8\pi}}\cos\theta\sin\theta\,\mathrm{e}^{\mathrm{i}\varphi} \equiv B\sin 2\theta\,\mathrm{e}^{\mathrm{i}\varphi}$$

を用いて (A, B は規格化定数に関連するもので，ここでは本質的でない)，これらの重なり積分を計算すれば

$$\int_0^\pi Y_{1,0}(\theta, \varphi)\,Y_{2,1}(\theta, \varphi)\sin\theta\,\mathrm{d}\theta\int_0^{2\tau}\mathrm{e}^{\mathrm{i}\varphi}\,\mathrm{d}\varphi = AB\int_0^\pi\cos\theta\sin 2\theta\sin\theta\,\mathrm{d}\theta\int_0^{2\tau}\mathrm{e}^{\mathrm{i}\varphi}\mathrm{d}\varphi$$

$$\propto \int_0^\pi\sin^2 2\theta\,\mathrm{d}\theta\int_0^{2\tau}\mathrm{e}^{\mathrm{i}\varphi}\,\mathrm{d}\varphi = \left(-\frac{1}{4}\sin 4\theta + \theta\right)\Bigg|_0^\pi \times \frac{1}{\mathrm{i}}\mathrm{e}^{\mathrm{i}\varphi}\Bigg|_0^{2\pi} = \pi\times\frac{1}{\mathrm{i}}(1-1) = 0$$

となるので，$Y_{1,0}(\theta, \varphi)$ と $Y_{2,1}(\theta, \varphi)$ は直交している．被積分関数のなかで，角度部分のヤコビアン $\sin\theta$ を考慮している．

4.　原子単位で表すと

$$E_n = -\frac{1}{2n^2},\quad E_{n+1} = -\frac{1}{2(n+1)^2}$$

であることから

$$E_{n+1} - E_n = -\frac{1}{2(n+1)^2} - \left(-\frac{1}{2n^2}\right) = \frac{2n+1}{2n^2(n+1)^2}$$

と得られる．

5.　$n = 5$ のときは，以下のような l, m の組合わせがありうる．

$l = 4$ のとき $m = -4, -3, -2, -1, 0, 1, 2, 3, 4$

$l = 3$ のとき $m = -3, -2, -1, 0, 1, 2, 3$

$l = 2$ のとき $m = -2, -1, 0, 1, 2$

$l = 1$ のとき $m = -1, 0, 1$

$l = 0$ のとき $m = 0$ のみ

4

積　　分

4・1　は じ め に

　本章では化学に登場する積分について紹介していく．物理化学に関連して現れる積分は不定積分を求めるだけではなく，具体的な上端下端をもつ定積分であることが多い．また，抽象的な積分論はあまり必要とされない傾向がある．しかし，量子力学や統計力学で必要とされる積分の変数は x, y, z あるいは p_x, p_y, p_z（運動量の x, y, z 成分）のように複数になることが多いので，それに伴って多変数の積分，すなわち**重積分**を扱うことになる．さらに必要に応じて次節で詳しく紹介するように**変数変換**を行うこともある．それにより重積分の計算も簡単化できて，変数が一つになった単積分を複数回行って実行できるようになる．このときには高校で学んだ積分テクニックの処方せんを用いることが可能である．よく用いられるのは**置換積分**と**部分積分**であり，これらによってたいていの単積分は実行できる．

　具体的な積分計算が必要になるのは，おもに物理量の「**期待値**」（平均値）を求めるときや，各種の分布関数や波動関数の規格化，直交性を調べる必要があるときである．本章の前半では，重積分における変数変換や単積分を行う際よく出てくる実用的な定積分の公式の導出法などを説明し，つづいて後半では具体例をもとに実際に積分を計算するときの関連事項も取上げる．

4・2　重積分とヤコビアン

　重積分では多変数を扱うが，その積分の実行が面倒なときには簡単化のためにしばしば変数変換を行う．変数変換を行ったときには，変換前の座標系における微小体積と，変換後の座標系における微小体積は形状も大きさも異なってくる．この微小体積の大きさのズレを補正するために，3・6 節の脚注 8 で述べた**ヤコビアン**という因子を導入する必要が出てくる．

　簡単な例として，2 次元座標 (x, y) からほかの座標系における (u, v) への座標変換

を行うとする.すなわち,これらを変数とする関数について

$$f(x, y) \Longrightarrow f(u, v) \tag{4・1}$$

と変数変換を行ったときの定積分は

$$\int_a^b f(x, y)\,dx\,dy = \int_{a'}^{b'} f(u, v)|J|\,du\,dv \tag{4・2}$$

と表されることになり,$dx\,dy$ で表される微小面積と $du\,dv$ で表される微小面積との間には

$$dx\,dy = |J|\,du\,dv \tag{4・3}$$

という関係がある[*1].式(4・2)や(4・3)に現れた J はヤコビアンとよばれる行列式で,今の場合には

$$J = \begin{vmatrix} \dfrac{\partial x}{\partial u} & \dfrac{\partial x}{\partial v} \\ \dfrac{\partial y}{\partial u} & \dfrac{\partial y}{\partial v} \end{vmatrix} \equiv \dfrac{\partial(x, y)}{\partial(u, v)} \tag{4・4}$$

で定義される.式(4・4)における J そのものは行列式であり,表記は少しややこしいが,式(4・2),(4・3)では J の絶対値を考えている[*2].

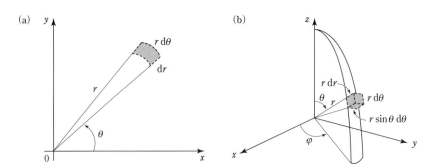

図 4・1 変数変換に伴う微小面積や微小体積をもつ図形(破線で囲む)
(a) 2次元平面における平面極座標系での微小な長方形.(b) 3次元空間における球面極座標系での微小な直方体

[*1] これは解析幾何学によって求められる関係である(詳細は文献 4・1 にある).また,ヤコビアンのことを**関数行列式**ということもある.

[*2] ヤコビアン J は場合によっては負の値をとることもあるが,微小体積の大きさの比としては常に正値をとるため,その絶対値を考える.

4・2 重積分とヤコビアン

ここまでの話は，容易に多次元の座標変換に対しても拡張できる．以下に図4・1のような2次元平面と3次元空間での直交座標から極座標に変換するときのヤコビアンの例について述べる．

a. 2次元平面の直交座標 (x, y) $\Longrightarrow$ 平面極座標 (r, θ) への変換に伴う微小面積とヤコビアン　これは比較的簡単なケースで

$$\mathrm{d}x\,\mathrm{d}y \;=\; r\,\mathrm{d}r\,\mathrm{d}\theta \tag{4・5}$$

と表され，$J = r$ である．この2次元極座標のヤコビアンは，例題4・1でも用いる．

b. 3次元空間の直交座標 (x, y, z) $\Longrightarrow$ 球面極座標 (r, θ, φ) への変換に伴う微小体積とヤコビアン　この変換は量子力学でよく用いられる．この場合には

$$\mathrm{d}x\,\mathrm{d}y\,\mathrm{d}z \;=\; \mathrm{d}\tau \;=\; r^2\sin\theta\,\mathrm{d}r\,\mathrm{d}\theta\,\mathrm{d}\varphi \tag{4・6}$$

と表され，$J = r^2\sin\theta$ である．このヤコビアンについては3・6節でも簡単に述べた．直交座標系での微小体積 $\mathrm{d}x\,\mathrm{d}y\,\mathrm{d}z$ をまとめて $\mathrm{d}\tau$ と表すこともある．

　式(4・5)，(4・6)のヤコビアンはその変数の変域から正値をとることがわかるので，絶対値記号を付けていない．実際の定積分を実行する際には，変数変換したあとの積分の上端下端の値の変化にも注意する必要がある．

> **例題4・1**
>
> 以下のような変換式に基づく，式(4・5)，(4・6)の座標変換におけるヤコビアン J を導出せよ．
> (1) $x = r\cos\theta$, $y = r\sin\theta$
> (2) $x = r\sin\theta\cos\varphi$, $y = r\sin\theta\sin\varphi$, $z = r\cos\theta$
>
> **解　答**
>
> それぞれ対応するヤコビアンの要素を求めて行列式の値を求めればよい．
>
> (1) $\dfrac{\partial x}{\partial r} = \cos\theta$, $\dfrac{\partial x}{\partial \theta} = -r\sin\theta$, $\dfrac{\partial y}{\partial r} = \sin\theta$, $\dfrac{\partial y}{\partial \theta} = r\cos\theta$ であることから，

$$J = \frac{\partial(x, y)}{\partial(r, \theta)} = \begin{vmatrix} \dfrac{\partial x}{\partial r} & \dfrac{\partial x}{\partial \theta} \\[2mm] \dfrac{\partial y}{\partial r} & \dfrac{\partial y}{\partial \theta} \end{vmatrix} = \begin{vmatrix} \cos\theta & -r\sin\theta \\ \sin\theta & r\cos\theta \end{vmatrix} = r\cos^2\theta + r\sin^2\theta = r$$

が得られて式(4・5)のなかのヤコビアンと一致する.

(2) $\dfrac{\partial x}{\partial r} = \sin\theta\cos\varphi$, $\dfrac{\partial x}{\partial \theta} = r\cos\theta\cos\varphi$, $\dfrac{\partial x}{\partial \varphi} = -r\sin\theta\sin\varphi$, $\dfrac{\partial y}{\partial r} = \sin\theta\sin\varphi$,

$\dfrac{\partial y}{\partial \theta} = r\cos\theta\sin\varphi$, $\dfrac{\partial y}{\partial \varphi} = r\sin\theta\cos\varphi$, $\dfrac{\partial z}{\partial r} = \cos\theta$, $\dfrac{\partial z}{\partial \theta} = -r\sin\theta$, $\dfrac{\partial z}{\partial \varphi} = 0$

であることから,

$$J = \frac{\partial(x, y, z)}{\partial(r, \theta, \varphi)} = \begin{vmatrix} \dfrac{\partial x}{\partial r} & \dfrac{\partial x}{\partial \theta} & \dfrac{\partial x}{\partial \varphi} \\[2mm] \dfrac{\partial y}{\partial r} & \dfrac{\partial y}{\partial \theta} & \dfrac{\partial y}{\partial \varphi} \\[2mm] \dfrac{\partial z}{\partial r} & \dfrac{\partial z}{\partial \theta} & \dfrac{\partial z}{\partial \varphi} \end{vmatrix} = \begin{vmatrix} \sin\theta\cos\varphi & r\cos\theta\cos\varphi & -r\sin\theta\sin\varphi \\ \sin\theta\sin\varphi & r\cos\theta\sin\varphi & r\sin\theta\cos\varphi \\ \cos\theta & -r\sin\theta & 0 \end{vmatrix}$$

$$= r^2(\sin^3\theta\sin^2\varphi + \cos^2\theta\sin\theta\cos^2\varphi + \cos^2\theta\sin\theta\sin^2\varphi + \sin^3\theta\cos^2\varphi)$$

$$= r^2(\sin^3\theta + \cos^2\theta\sin\theta) = r^2\sin\theta(\sin^2\theta + \cos^2\theta) = r^2\sin\theta$$

が得られて式(4・6)のなかのヤコビアンと一致する.

自習問題 4・1

3次元極座標についてのヤコビアンである $r^2\sin\theta$ のもつ意味は何か.

　　　答　微小体積 $\mathrm{d}x\,\mathrm{d}y\,\mathrm{d}z$ と $\mathrm{d}r\,\mathrm{d}\theta\,\mathrm{d}\varphi$ の大きさの比率を表す

4・3 実用的な積分公式とその導出

ここからは定積分として出てくる,いくつかの「定番的な」公式を紹介する.これらは重積分を単積分に簡単化したあとでもよく現れる.

$$\int_0^\infty x^n \mathrm{e}^{-ax}\,\mathrm{d}x = \frac{n!}{a^{n+1}} \qquad (n \text{ は } 0 \text{ または自然数, } a > 0) \qquad (4 \cdot 7)$$

4・3 実用的な積分公式とその導出　　95

$$\int_0^\infty e^{-ax^2}\, dx \;=\; \frac{1}{2}\sqrt{\frac{\pi}{a}} \quad (a>0) \tag{4・8}$$

　これらの公式は気体分子運動論，原子・分子の量子力学，さらに統計力学などに現れるもので，ふつうこれらの結果を知っているだけで十分である．しかも「試験問題」などでは，こうした公式は与えられていることが多いので，実際には使い方に慣れておくだけで十分である．

　だが，これらの積分公式の導出は高校で学んだ積分の復習にもなるので，以下では実際にこれらの公式の導出を行ってみよう．

1 $x^n e^{-ax}$ 型

　まず，公式(4・7)

$$\int_0^\infty x^n e^{-ax}\, dx \;=\; \frac{n!}{a^{n+1}}$$

から導出してみる．この積分は x についてのものであるが，見方を少し変えて a を変数とする．そこで関数 e^{-ax} を考えて a で偏微分すると

$$\frac{\partial}{\partial a}(e^{-ax}) \;=\; -x e^{-ax} \tag{4・9}$$

が得られる．これを続けて，a で n 回偏微分すれば

$$\frac{\partial^n}{\partial a^n}(e^{-ax}) \;=\; (-1)^n x^n e^{-ax} \tag{4・10}$$

となる．この関係を用いて $x^n e^{-ax}$ を表し直して積分すれば

$$\int_0^\infty x^n e^{-ax}\, dx \;=\; \frac{1}{(-1)^n}\frac{\partial^n}{\partial a^n}\int_0^\infty e^{-ax}\, dx \;=\; (-1)^{-n}\frac{\partial^n}{\partial a^n}\left(-\frac{1}{a}e^{-ax}\right)\bigg|_0^\infty$$

$$=\; (-1)^{-n}\frac{\partial^n}{\partial a^n}\frac{1}{a} \;=\; (-1)^{-n}\frac{\partial^n}{\partial a^n}a^{-1} \;=\; (-1)^{-n}(-1)^n\frac{n!}{a^{n+1}}$$

$$=\; \frac{n!}{a^{n+1}} \tag{4・11}$$

となって[*3]，公式(4・7)が得られる．

[*3] 定積分は $\int_a^b f(x)\, dx = F(x)\big|_a^b = F(b)-F(a)$ のように表す．ここで $F(x)$ は $f(x)$ の不定積分（原始関数）である．

2 e^{-ax^2} 型

次に公式(4・8)を導出する.このかたちの被積分関数は,**ガウス(Gauss)関数**といわれ,統計学分野でよく見る釣鐘形の**正規分布**のグラフを与える関数である.まずこの定積分で下端を$-\infty$とした定積分Iを考える.

$$I \equiv \int_{-\infty}^{\infty} e^{-ax^2}\,dx \qquad (4 \cdot 12)$$

これと同じパターンの積分について,変数をyとしたもう一つのガウス関数を考えて同様の積分を表せば同じ値のはずなので,これもIとして

$$I \equiv \int_{-\infty}^{\infty} e^{-ay^2}\,dy \qquad (4 \cdot 13)$$

と表すことができる.式(4・12)と(4・13)の二つのIを掛け合わせると

$$I \times I = \int_{-\infty}^{\infty} e^{-ax^2}\,dx \times \int_{-\infty}^{\infty} e^{-ay^2}\,dy = \int_{-\infty}^{\infty}\int_{-\infty}^{\infty} e^{-a(x^2+y^2)}\,dx\,dy \qquad (4 \cdot 14)$$

となる.ここで,4・2節で述べた2次元平面上での極座標変換$(x, y) \longrightarrow (r, \theta)$を行うと

$$I^2 = \int_0^{\infty}\int_0^{2\pi} e^{-ar^2} r\,dr\,d\theta = 2\pi \times \int_0^{\infty} e^{-ar^2} r\,dr \qquad (4 \cdot 15)$$

が得られる.ここでは例題4・1の(1)で得られたヤコビアンrが入っている.次にこの積分を実行するために,$r^2 = t$という置換を行う.これによって

$$2r\,dr = dt \qquad (4 \cdot 16)$$

となり,tについての積分区間も$0 \sim \infty$であることに注意すると,

$$I^2 = 2\pi \times \int_0^{\infty} e^{-at} \frac{dt}{2} = \pi \times \left(-\frac{1}{a}\right)e^{-at}\Big|_0^{\infty} = \pi \times \left(-\frac{1}{a}\right) \times (0-1)$$

$$= \frac{\pi}{a} \qquad (4 \cdot 17)$$

であり,$a > 0$だから

$$I = \int_{-\infty}^{\infty} e^{-ax^2}\,dx = \sqrt{\frac{\pi}{a}} \qquad (4 \cdot 18)$$

が得られる.ガウス関数は明らかに$x=0$について偶関数であるから,公式(4・8)の

$$\int_0^{\infty} e^{-ax^2}\,dx = \frac{1}{2}\sqrt{\frac{\pi}{a}}$$

も得られる.

4・3　実用的な積分公式とその導出　　　97

例題 4・2

以下の積分公式を導出せよ.

(1) $\displaystyle\int_0^\infty x^{2n}\,\mathrm{e}^{-ax^2}\,\mathrm{d}x = \frac{(2n-1)(2n-3)\cdots 3\cdot 1}{2^{n+1}}\sqrt{\frac{\pi}{a^{2n+1}}}$　（n は自然数, $a>0$）

(2) $\displaystyle\int_0^\infty x^{2n+1}\,\mathrm{e}^{-ax^2}\,\mathrm{d}x = \frac{n!}{2a^{n+1}}$　（n は 0 または自然数, $a>0$）

解　答

(1) $\displaystyle\int_0^\infty x^{2n}\,\mathrm{e}^{-ax^2}\,\mathrm{d}x = \frac{(2n-1)(2n-3)\cdots 3\cdot 1}{2^{n+1}}\sqrt{\frac{\pi}{a^{2n+1}}}$ については，まず e^{-ax^2}
を a について偏微分することを考えると，

$$\frac{\partial}{\partial a}\mathrm{e}^{-ax^2} = -x^2\,\mathrm{e}^{-ax^2}$$

が得られる. この偏微分を続けると

$$\frac{\partial^2}{\partial a^2}\mathrm{e}^{-ax^2} = \frac{\partial}{\partial a}(-x^2\,\mathrm{e}^{-ax^2}) = (-x^2)^2\,\mathrm{e}^{-ax^2}$$

$$\frac{\partial^3}{\partial a^3}\mathrm{e}^{-ax^2} = \frac{\partial}{\partial a}\{(-x^2)^2\,\mathrm{e}^{-ax^2}\} = (-x^2)^3\,\mathrm{e}^{-ax^2}$$

$$\vdots$$

$$\frac{\partial^n}{\partial a^n}\mathrm{e}^{-ax^2} = (-x^2)^n\,\mathrm{e}^{-ax^2} = (-1)^n x^{2n}\,\mathrm{e}^{-ax^2}$$

となる. よって

$$x^{2n}\mathrm{e}^{-ax^2} = \frac{1}{(-1)^n}\frac{\partial^n}{\partial a^n}\mathrm{e}^{-ax^2}$$

と表すことができる. この関数の右辺を本題の被積分関数に代入すれば

$$\int_0^\infty x^{2n}\,\mathrm{e}^{-ax^2}\,\mathrm{d}x = \frac{1}{(-1)^n}\frac{\partial^n}{\partial a^n}\int_0^\infty \mathrm{e}^{-ax^2}\,\mathrm{d}x = \frac{1}{(-1)^n}\frac{\mathrm{d}^n}{\mathrm{d}a^n}\left(\frac{1}{2}\sqrt{\frac{\pi}{a}}\right)$$

$$= \frac{\sqrt{\pi}}{2}\frac{1}{(-1)^n}\frac{\mathrm{d}^n}{\mathrm{d}a^n}a^{-\frac{1}{2}}$$

と変形できる. 上式中で x についての定積分が完了したあとは変数が a だけに
なるので，偏微分が常微分になっていることに注意してほしい. この式の最右
辺を n 回微分すると

$$\frac{\mathrm{d}^n}{\mathrm{d}a^n}a^{-\frac{1}{2}} = \left(-\frac{1}{2}\right)\left(-\frac{3}{2}\right)\left(-\frac{5}{2}\right)\cdots\cdots\left(-\frac{2n-1}{2}\right)a^{-\frac{1}{2}-n}$$

$$= \left(-\frac{1}{2}\right)\left(-\frac{3}{2}\right)\left(-\frac{5}{2}\right)\cdots\cdots\left(-\frac{2n-1}{2}\right)a^{-\frac{2n+1}{2}}$$

$$= \frac{(-1)^n}{2^n}1\cdot 3\cdot 5\cdots\cdots(2n-1)\sqrt{\frac{1}{a^{2n+1}}}$$

が得られるので，これを上記積分の最右辺に代入すれば

$$\int_0^\infty x^{2n}\mathrm{e}^{-ax^2}\,\mathrm{d}x = \frac{\sqrt{\pi}}{2}\frac{1}{(-1)^n}\left\{\frac{(-1)^n}{2^n}1\cdot 3\cdot 5\cdots\cdots(2n-1)\sqrt{\frac{1}{a^{2n+1}}}\right\}$$

$$= \frac{(2n-1)(2n-3)\cdots 3\cdot 1}{2^{n+1}}\sqrt{\frac{\pi}{a^{2n+1}}}$$

となって，題意が示された．

(2) $\displaystyle\int_0^\infty x^{2n+1}\mathrm{e}^{-ax^2}\,\mathrm{d}x = \frac{n!}{2a^{n+1}}$ の積分については，(1)と少し似ている点がある．ただし，ここでは e^{-ax^2} ではなく，$x\mathrm{e}^{-ax^2}$ を a について n 回偏微分することを考える．これによって

$$\frac{\partial^n}{\partial a^n}(x\mathrm{e}^{-ax^2}) = x(-x^2)^n\mathrm{e}^{-ax^2} = (-1)^n x^{2n+1}\mathrm{e}^{-ax^2}$$

が得られる．これで x の奇数乗についての関係が得られたので，これを本題の被積分関数に代入すれば

$$\int_0^\infty x^{2n+1}\mathrm{e}^{-ax^2}\,\mathrm{d}x = \frac{1}{(-1)^n}\frac{\partial^n}{\partial a^n}\int_0^\infty x\mathrm{e}^{-ax^2}\,\mathrm{d}x$$

というかたちが得られる．次に被積分関数のなかの x を消すために $x^2=t$ と置換すれば，$x\,\mathrm{d}x=\dfrac{\mathrm{d}t}{2}$ であることから上記積分の右辺は

$$\frac{1}{(-1)^n}\frac{\partial^n}{\partial a^n}\int_0^\infty \mathrm{e}^{-at}\frac{\mathrm{d}t}{2} = \frac{1}{2(-1)^n}\frac{\mathrm{d}^n}{\mathrm{d}a^n}\left(-\frac{\mathrm{e}^{-at}}{a}\right)\Big|_0^\infty$$

$$= \frac{1}{2(-1)^n}\frac{\mathrm{d}^n}{\mathrm{d}a^n}a^{-1}(-1)(0-1) = \frac{1}{2(-1)^n}\frac{\mathrm{d}^n}{\mathrm{d}a^n}a^{-1}$$

$$= \frac{1}{2(-1)^n}(-1)(-2)\cdots(-n)\frac{1}{a^{n+1}} = \frac{1}{2}\frac{n!}{a^{n+1}} = \frac{n!}{2a^{n+1}}$$

となって，題意が示された．

自習問題 4・2

$\int_0^\infty x^3 e^{-2x^2} dx$ の値を求めよ．　　　　　　　　　　答　$\dfrac{1}{8}$

4・4　スターリングの公式

大きな自然数 N の階乗 $N!$ を扱いやすい形式に変換する**スターリング（Stirling）の公式**

$$\ln N! \simeq N \ln N - N \tag{4・19}$$

は便利な近似式で，**組合わせ**の問題や**ラグランジュ（Lagrange）の未定乗数法**を扱う必要のある統計力学分野ではよく出てくる．しかし，物理化学の教科書や参考書ではこの式の導出そのものについての記述はあまりないように思える．この導出は以下のように簡単な積分の枠内で行うことができる．$N!$ の自然対数は

$$\ln N! = \ln(1 \cdot 2 \cdot 3 \cdots\cdots N) = \ln 1 + \ln 2 + \ln 3 + \cdots\cdots \ln N \tag{4・20}$$

と変形できる．ここで $\ln N = \log_e N$ であり，e は自然対数の底（2.71828……）である．数学，特に微積分学では $\log_e x$ のことを $\log x$ と書くが，物理化学分野では $\ln x$ と書くのが一般的なので，慣れてもらいたい．式(4・20)の右辺は図4・2のような対数関数 $\ln x$ のグラフにおいて**区分求積法**を用いて棒グラフの面積の総和で近似できる．それぞれの棒グラフの高さは式(4・20)の右辺の各項の大きさと対応し，その幅は 1 とする．

スターリングの公式のように N が非常に大きいと，棒グラフの面積の総和と対数

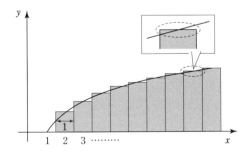

図4・2　対数関数 $\ln x$ と x 軸で挟む面積に対する棒グラフによる近似
　x が大きいと，楕円で示した部分での棒グラフによる面積の過不足分はほぼ等しくなる

100 　　　　　　　　　　　　　　4. 積　　　　分

関数のグラフの下部の面積は非常に近くなる．よって

$$\ln N! \simeq \int_1^N \ln x \, dx \quad (N \text{は大きな自然数}) \tag{4・21}$$

という近似が成り立つ．N が小さいときはこの近似は粗いが，N が非常に大きいと全体として式(4・21)の近似度も上がる．したがって式(4・21)の右辺の定積分を実行すればよい．このためには高校で勉強した部分積分

$$\int uv' \, dx = uv - \int u'v \, dx \tag{4・22}$$

を用いる．まず $u = \ln x$，$v' = 1$ とおいて $u' = \dfrac{1}{x}$，$v = x$ であることを利用すれば

$$\int_1^N \ln x \, dx = x \ln x \Big|_1^N - \int_1^N 1 \, dx = N \ln N - (N-1)$$
$$= N \ln N - N + 1 \tag{4・23}$$

となるので，N が非常に大きいときには公式(4・19)の

$$\ln N! \simeq N \ln N - N$$

が成立する．

例題 4・3

(積分そのものからは少し離れるが) 以下の問いに答えよ．

(1) $\ln(10000!)$ の近似値を計算せよ．

(2) 数学の公式集では，スターリングの公式は

$$\lim_{x \to \infty} \frac{x! \, e^x}{x^x \sqrt{x}} = \sqrt{2\pi}$$

と与えられていることがある．ただし，x は正の実数である．これをもとに，スターリングの公式(4・19)を導出せよ．

解　答

(1) スターリングの公式(4・19)を用いると

$$\ln(10000!) = 10000(\ln 10000) - 10000 = 92103 - 10000 = 82103$$

と計算できる．

(2) 本題の式では実数 x で成立するとしているが，x が非常に大きいときは

同じく非常に大きい自然数 N に対しても成立すると考えればよい. よって本題の式を書き直せば, $N \longrightarrow \infty$ のときに

$$N! = \frac{N^N \sqrt{N} \sqrt{2\pi}}{e^N}$$

が成立することになる. 両辺の自然対数をとると

$$\ln N! = N \ln N + \frac{1}{2}\ln N + \frac{1}{2}\ln(2\pi) - N \ln e$$

となる. ここで e は自然対数の底である. たとえば N が 10^{23} のように非常に大きいときには, 右辺の第2項と第3項は 26.5 および 0.919 程度なので, ほかの項に比べて無視できる. また ln e ＝ 1 であるから, 結局,

$$\ln N! \simeq N \ln N - N$$

と書ける. これはスターリングの公式 (4·19) である.

自習問題 4·3

$\ln 20!$ とスターリングの公式による近似 $20 \ln 20 - 20$ の値を実際の計算を行うことによって比べよ.

答　42.3356 と 39.9146

4·5　積 分 の 経 路

1変数の積分, たとえば $\int f(x)\,dx$ を実行する場合には, 積分変数 x は暗黙のうちに x 軸に沿って動くことになっている. ところが, $\int f(x, y)\,dx dy$ のように積分変数が二つ以上になると話は少し変わってくる. それはたとえば図 4·3 に示すように, x, y について積分を実行するときの経路がかかわってくるからである. つまり経路のとり方によって, 定積分の値が変わることがありうる.

また, 経路によって変わらないこともある. 定積分の始状態 (a, b) と終状態 (c, d) が決まれば, 経路にかかわらずに定積分

$$\int_{x=a, y=b}^{x=c, y=d} f(x, y)\,dx dy = F(c, d) - F(a, b) \tag{4·24}$$

の値が一通りに決まるとき, 関数 $f(x, y)$ を積分した $F(x, y)$ は状態量あるいは状態関

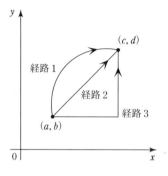

図4・3 2変数があるときの積分の経路の例 ここでは経路を3通りあげている

数とよばれる.状態量という言葉は1・4節の全微分に関連してすでに出てきている.このときの全微分 dF は**完全微分**とよばれる.熱力学でいえば,内部エネルギー $U(T, V)$ は状態量である.一方,1・4節でふれた熱量や仕事の微分である d$'q$ や d$'w$ について (T, V) 面内における積分を実行するときは等温変化や断熱変化などの経路に依存するために,これらは**不完全微分**とよばれて d$'$ と表されるのである.

4・6 正規直交系

実数値をとる関数のグループを考えて,それに属する関数の**規格化**や**直交性**について考える.これは量子力学に出てくる波動関数の性質を考えるときの基礎にもなる.関数グループのメンバーの二つを $g_m(x)$ と $g_n(x)$ とする.簡単のためにここでは1変数の関数としている.$m \neq n$ のとき,次のかたちの定積分

$$\int_a^b g_m{}^*(x)\, g_n(x)\, \mathrm{d}x \equiv \langle g_m(x) | g_n(x) \rangle \tag{4・25}$$

を $g_m(x)$ と $g_n(x)$ の「広義」の内積とよぶ.式(4・25)の被積分関数中の $g_m{}^*(x)$ は $g_m(x)$ の複素共役を意味するが,この関数はすべて実数値をとるとしているので,これは $g_m(x)$ である.ベクトル $\boldsymbol{a}$ と $\boldsymbol{b}$ の内積については高校で

$$(\boldsymbol{a}, \boldsymbol{b}) = |\boldsymbol{a}| \cdot |\boldsymbol{b}| \cos\theta \quad (\theta は \boldsymbol{a} と \boldsymbol{b} のなす角) \tag{4・26}$$

という公式を習ったと思うが,式(4・25)での広義の内積という言葉は,抽象的な関数空間を考え,そのなかでの関数一つひとつをいわば「ベクトル」とみなすことからきている.

この内積 $\langle g_m(x) | g_n(x) \rangle$ がゼロに等しいとき,$g_m(x)$ と $g_n(x)$ は区間 $a \leq x \leq b$ で直交しているという.次に $m = n$ のときに式(4・25)の正の平方根を考えて

$$\sqrt{\langle g_m(x) | g_m(x) \rangle} = \sqrt{\int_a^b g_m{}^2(x)\, \mathrm{d}x} \equiv \left\| g_m(x) \right\| \tag{4・27}$$

を $g_m(x)$ の**ノルム (norm)** という．ノルムが 1 である関数を**正規**，あるいは規格化されているとよぶ．関数を規格化するためには新たに

$$g_m(x) \implies \frac{g_m(x)}{\left\| g_m(x) \right\|} \tag{4・28}$$

とすればよい．以上をまとめて，規格化された関数のグループのメンバー $g_m(x)$ と $g_n(x)$ について

$$\langle g_m(x) | g_n(x) \rangle = \int_a^b g_m{}^*(x)\, g_n(x)\, \mathrm{d}x = \delta_{mn} \tag{4・29}$$

と表す．ここで δ_{mn} は**クロネッカー (Kronecker) のデルタ**とよび，$m = n$ のときに 1，$m \neq n$ のときに 0 の値をとることを意味する．式(4・29)を満たす関数のグループ $\{g_m(x)\}$ を**正規直交系**あるいは正規直交関数系という．

例題 4・4

$\{\sin mx\}$ $(m = 1, 2, 3, \cdots\cdots)$ なる関数グループ $\{g_m(x)\}$ を考えるとき，区間 $-\pi \leq x \leq \pi$ において正規直交系を構成するか調べよ．

解　答

(1) $m \neq n$ のとき，

$$\begin{aligned}
\langle g_m(x) | g_n(x) \rangle &= \int_{-\pi}^{\pi} \sin mx \sin nx\, \mathrm{d}x \\
&= -\frac{1}{2} \int_{-\pi}^{\pi} \cos(m+n)x\, \mathrm{d}x + \frac{1}{2} \int_{-\pi}^{\pi} \cos(m-n)x\, \mathrm{d}x \\
&= -\frac{1}{2} \left(\frac{1}{m+n} \sin(m+n)x \right) \Big|_{-\pi}^{\pi} + \frac{1}{2} \left(\frac{1}{m-n} \sin(m-n)x \right) \Big|_{-\pi}^{\pi} \\
&= 0
\end{aligned}$$

となって，この区間では直交している．

(2) $m = n$ のとき，

$$\langle g_m(x) | g_m(x) \rangle = \left\| g_m(x) \right\|^2 = \int_{-\pi}^{\pi} \sin^2 mx\, \mathrm{d}x = \int_{-\pi}^{\pi} \frac{1 - \cos 2mx}{2}\, \mathrm{d}x$$

$$= \frac{1}{2}\left(x - \frac{\sin 2mx}{2m}\right)\Big|_{-\pi}^{\pi} = \pi$$

が得られる．したがって，$\{\sin mx\}\,(m=1,2,3,\cdots\cdots)$ をこれらのノルム $\|g_m(x)\|$ $=\sqrt{\pi}$ ですべて割れば，

$$\left\{\frac{\sin x}{\sqrt{\pi}},\quad \frac{\sin 2x}{\sqrt{\pi}},\quad \frac{\sin 3x}{\sqrt{\pi}},\quad \cdots\cdots\right\}$$

という正規直交系が得られる．

自習問題 4・4

$\left\{\dfrac{\sin mx}{\sqrt{\pi}}\right\}\,(m=1,2,3,\cdots\cdots)$ と任意の定数関数は正規直交系をつくりうるか．

答 つくりうる

さらに関数グループ $\left\{\dfrac{\cos mx}{\sqrt{\pi}}\right\}\,(m=0,1,2,3,\cdots\cdots)$ も，区間 $-\pi \leq x \leq \pi$ において正規直交系を構成する．これについては，第 8 章で**フーリエ (Fourier) 級数**について学ぶときに現れる．

4・7 期待値の求め方

化学では期待値 (平均値) を求めるときにも積分が必要になることがある．特に次節で見るように量子力学では期待値を計算するときに重要である．本節では期待値についての整理をしておく．**確率変数** x がとびとびに変わるとき，つまり**離散的**であるときには，**確率分布** P についての期待値 (平均値) M は

$$M = \sum_{i=1}^{N} x_i P_i \tag{4・30}$$

として表される[4]．N は確率変数の総数を表す．確率分布 P は

$$\sum_{i=1}^{N} P_i = 1 \tag{4・31}$$

のようにすべての和が 1 になるように，つまり規格化をしておくことが多い．離散

---

[4] 確率変数とはその出現が偶然に左右されるもので，実数値をとる．確率分布関数とは一つひとつの確率変数が現れる確率のこと．簡単な例としては，サイコロを振って出る目が確率変数で，それぞれの目の出る確率が確率分布関数である．

的な平均値の計算は式(4・30)のように簡単な作業であるが，x の変わり方が連続的である場合，つまり確率変数が連続的に変化するときには確率分布 P も連続的であり，和記号から積分に移る必要が出てくる．このとき M は

$$M = \int x\, P(x)\, \mathrm{d}x \qquad (4\cdot32)$$

として求められる．このときの $P(x)$ を**確率分布関数**，あるいは**分布関数**とよぶ．もっと簡単に**分布**とよぶこともある．分布の規格化は式(4・31)の代わりに

$$\int P(x)\, \mathrm{d}x = 1 \qquad (4\cdot33)$$

という積分で表される．積分の上端下端は確率変数の存在する区間に応じるので，式(4・33)は実際には定積分になる．

4・8　量子力学と積分

　量子力学では本質的な意味で，期待値（平均値）の計算が重要である．それはシュレーディンガー方程式であれ，その近似的方法であれ，得られる波動関数が確率的な性格を帯びているからである．したがって原子や分子の電子状態の波動関数が ψ で表されるとすれば，そのときの何らかの物理量 A の期待値（平均値）である $\overline{A}$ を

$$\overline{A} = \int_{-\infty}^{\infty}\int_{-\infty}^{\infty}\int_{-\infty}^{\infty} \psi^* \hat{A} \psi\, \mathrm{d}x\, \mathrm{d}y\, \mathrm{d}z \qquad (4\cdot34)$$

という積分計算によって求めることができる．ここで ψ^* は4・6節で説明したのと同様に複素共役を表し，物理量 A は**演算子（オペレーター）** $\hat{A}$ として扱い（明示するために山形記号ハット ^ を付ける），それに続く右側の波動関数 ψ に対して何らかの演算を行うものとして扱われる．A が普通の変数であっても同じことである．特によく出てくる物理量 A としてはエネルギー E があるが，これに対する演算子はハミルトニアン $\hat{H}$ である．つまり E の期待値は

$$\overline{E} = \int_{-\infty}^{\infty}\int_{-\infty}^{\infty}\int_{-\infty}^{\infty} \psi^* \hat{H} \psi\, \mathrm{d}x\, \mathrm{d}y\, \mathrm{d}z \qquad (4\cdot35)$$

によって求められる．このかたちでは ψ は何らかの波動関数であり，分布 $\psi^*\psi$ に対する $\hat{H}$ の期待値 $\overline{E}$ が求まるだけである．もしも波動関数 ψ が，ハミルトニアン $\hat{H}$ に対する固有方程式の解，すなわちシュレーディンガー方程式の解になっていれば，

$$\hat{H}\psi = E\psi \qquad (4\cdot36)$$

が満たされるので，

$$\overline{E} = \int_{-\infty}^{\infty}\int_{-\infty}^{\infty}\int_{-\infty}^{\infty} \psi^*\hat{H}\psi \, dxdydz = \int_{-\infty}^{\infty}\int_{-\infty}^{\infty}\int_{-\infty}^{\infty} \psi^* E\psi \, dxdydz$$
$$= E\int_{-\infty}^{\infty}\int_{-\infty}^{\infty}\int_{-\infty}^{\infty} \psi^*\psi \, dxdydz = E \qquad (4 \cdot 37)$$

が成立して,エネルギーの期待値 $\overline{E}$ と厳密な解 E が一致することになる.

このように量子力学では,式(4・32)の確率分布 P は $\psi^*\psi=|\psi|^2$ によって与えられるものであり,確率変数は演算子として ψ^* と ψ の間に「割って」入っていることになる.なお,$|\psi|^2$ のことを**波動関数の密度(電子密度)**ともいう.

4・9 本章のまとめ

物理化学における熱力学,統計力学,量子力学で積分の計算が必要となる具体的な例や,関連して知っておくべき事項を取上げた.これらの積分は変数の数からして形式的には重積分になるが,実際には複数回の単積分に簡単化できる.その単積分における被積分関数は指数関数や三角関数がメインとなる.実際には指数関数に絡む積分公式はだいたい問題のなかに与えられていることが多いので,あまり困ることはないであろう.

そもそも積分は微分のように機械的に行うことが難しく,ある種の「直観」を必要とするところがある.それどころか,不定積分を求めることができない関数も多い.もちろん定積分であれば,計算ソフトを用いて数値的に求めることができるので,実際上は特に困ることはない.

参考文献

4・1 高木貞治 著,『定本 解析概論』,岩波書店 (2010).

演習問題

1. (1) $x\cos x$, (2) $x^n \ln x$ の不定積分を求めよ.
2. (1) xe^{-x^2}, (2) $\cos^4 x \sin^3 x$ の不定積分を求めよ.
3. $\{\cos mx\}$ $(m=1,2,3,\cdots\cdots)$ なる関数グループ $\{g_m(x)\}$ を考えるとき,区間 $-\pi \leq x \leq \pi$ において正規直交系を構成するか調べよ.

4. 3次元の箱の中にある電子が波動関数 ψ_{111} で記述されるとき，z 方向の運動量の期待値 $\langle \hat{p}_z \rangle$ を求めよ．
5. 水素原子の 1s AO 電子が $r=0$ から a までの距離内に存在する確率はいくらか．ここで r は原子核からの距離で，a は 1s 軌道の半径である．ただし，不定積分 $\int x^2 e^{bx} dx = e^{bx}\left(\dfrac{x^2}{b} - \dfrac{2x}{b^2} + \dfrac{2}{b^3}\right)$ の式を用いてもよい（$b \neq 0$ で正負いずれの値も可）．

解　答

1. 部分積分法を用いる．
   (1) $x \sin x - \int \sin x\, dx = x \sin x + \cos x + C$
   (2) $\dfrac{x^{n+1}}{n+1} \ln x - \int \dfrac{x^{n+1}}{n+1} \dfrac{1}{x} dx = \dfrac{x^{n+1}}{n+1} \ln x - \dfrac{x^n}{(n+1)^2} + C$

2. 置換積分法を用いる．
   (1) $-x^2 = t$ とおくと $-2x\, dx = dt$ であるから
   $$\int x e^{-x^2} dx = \int e^t \left(-\dfrac{dt}{2}\right) = -\dfrac{1}{2} \int e^t dt = -\dfrac{1}{2} e^t + C = -\dfrac{1}{2} e^{-x^2} + C$$
   (2) $\cos x = t$ とおくと $-\sin x\, dx = dt$ であるから
   $$\int \cos^4 x \sin^3 x\, dx = \int t^4 (1-t^2)(-dt) = -\int t^4 dt + \int t^6 dt = -\dfrac{t^5}{5} + \dfrac{t^7}{7} + C$$
   $$= -\dfrac{\cos^5 x}{5} + \dfrac{\cos^7 x}{7} + C$$

3. (1) $m \neq n$ のとき
$$\langle g_m(x) | g_n(x) \rangle = \int_{-\pi}^{\pi} \cos mx\, \cos nx\, dx = \dfrac{1}{2} \int_{-\pi}^{\pi} \cos(m+n)x\, dx + \dfrac{1}{2} \int_{-\pi}^{\pi} \cos(m-n)x\, dx$$
$$= \dfrac{1}{2} \left(\dfrac{1}{m+n} \sin(m+n)x\right)\bigg|_{-\pi}^{\pi} + \dfrac{1}{2} \left(\dfrac{1}{m-n} \sin(m-n)x\right)\bigg|_{-\pi}^{\pi} = 0$$
となって，この区間では直交している．

   (2) $m = n$ のとき
$$\langle g_m(x) | g_m(x) \rangle = \|g_m(x)\|^2 = \int_{-\pi}^{\pi} \cos^2 mx\, dx = \int_{-\pi}^{\pi} \dfrac{1 + \cos 2mx}{2} dx$$
$$= \dfrac{1}{2} \left(x + \dfrac{\sin 2mx}{2m}\right)\bigg|_{-\pi}^{\pi} = \pi$$

が得られる. したがって $\{\cos mx\}$ ($m = 1, 2, 3, \cdots\cdots$) をこれらのノルム $\|g_m(x)\| = \sqrt{\pi}$ ですべて割れば,

$$\left\{\frac{\cos x}{\sqrt{\pi}}, \quad \frac{\cos 2x}{\sqrt{\pi}}, \quad \frac{\cos 3x}{\sqrt{\pi}}, \quad \cdots\cdots\right\}$$

という正規直交系が得られる.

4. $\psi_{111} = \sqrt{\dfrac{8}{abc}} \sin\dfrac{\pi x}{a} \sin\dfrac{\pi y}{b} \sin\dfrac{\pi z}{c}$ のなかの z 方向の波動関数と, z 方向の運動量演算子 $-i\hbar\dfrac{\partial}{\partial z}$ を用いて $\langle \hat{p}_z \rangle$ を計算すると

$$
\begin{aligned}
\langle \hat{p}_z \rangle &= \int \sqrt{\frac{8}{abc}} \sin\frac{\pi x}{a} \sin\frac{\pi y}{b} \sin\frac{\pi z}{c} \left(-i\hbar\frac{\partial}{\partial z}\right) \sqrt{\frac{8}{abc}} \sin\frac{\pi x}{a} \sin\frac{\pi y}{b} \sin\frac{\pi z}{c} \, d\tau \\
&= \frac{8}{abc} \int_{-\frac{c}{2}}^{\frac{c}{2}} \sin\frac{\pi z}{c} \left(-i\hbar\frac{\partial}{\partial z}\right) \sin\frac{\pi z}{c} \, dz = \frac{8i\hbar}{abc} \frac{c}{\pi} \int_{-\frac{c}{2}}^{\frac{c}{2}} \sin\frac{\pi z}{c} \cos\frac{\pi z}{c} \, dz = 0
\end{aligned}
$$

となる. ここで最右辺の定積分の被積分関数が奇関数であることを利用した.

5. $r = 0$ から a までの球殻内における規格化定数を含めた 1s AO $\left(\dfrac{1}{\pi a^3}\right)^{\frac{1}{2}} e^{-\frac{r}{a}}$ についての電子密度 P を求めると,

$$
\begin{aligned}
P &= \left(\frac{1}{\pi a^3}\right) \int_0^{2a} e^{-\frac{2r}{a}} r^2 \, dr \int_0^{\pi} \sin\theta \, d\theta \int_0^{2\pi} d\varphi = 4\pi \left(\frac{1}{\pi a^3}\right) \int_0^{2a} e^{-\frac{2r}{a}} r^2 \, dr \\
&= \frac{4}{a^3} \left\{ -e^{-\frac{2r}{a}} \left(\frac{ar^2}{2} + \frac{a^2 r}{2} + \frac{a^3}{4}\right) \right\} \Bigg|_0^a = 1 - \frac{5}{e^2}
\end{aligned}
$$

と得られる.

5

行 列 と 行 列 式

5・1 は じ め に

　行列と行列式は数学における表記法の一つで，数値や文字変数をグループとして扱うときに利用できる．また，その代数的演算法にも便利な特徴がある．こうした理由から，物理化学のある分野にはときどき現れる．それも当然のごとく顔を出すので，こちらとしては面食らうことがあるかもしれない．本章では行列と行列式について慣れるために，まずその量子力学的な使い方の具体例をあげながら説明を行うことにする．次にその応用例として，分子の対称性の記述に用いるための説明を行う．

5・2　永年方程式と行列式

　行列はベクトルの成分表示（たとえば(a_1, a_2, a_3)）を拡張したものにあたり，このベクトルの例に対応させると

$$
\begin{pmatrix}
a_{11} & a_{12} & a_{13} \\
a_{21} & a_{22} & a_{23} \\
a_{31} & a_{32} & a_{33}
\end{pmatrix}
$$

のように，その各要素 a_{ij} を並べたものである．要素の下付き添え字の i は横の並びである「行」を示し，j は縦の並びである「列」を示す．したがって上記は，3 行 3 列の行列，あるいは 3×3 型の行列ともよばれる．a_{ij} は具体的には数字，変数，あるいは式などである．行列自体は全体として「数値」を示すものではない．その意味では上記のベクトルの成分表示と同様である．実際の役割としては，その行列に続く別の行列に掛け合わせてそれを変換するためなどに使われる．

　一方，行列式は行列と同様に，たとえば

$$
\begin{vmatrix}
a_{11} & a_{12} & a_{13} \\
a_{21} & a_{22} & a_{23} \\
a_{31} & a_{32} & a_{33}
\end{vmatrix}
$$

のように，その各要素 a_{ij} が並べられたものであるが，両端をまっすぐな線で囲う．この行列式は3次の行列式とよばれる．行列の要素と同様に，a_{ij} の下付き添え字の i は「行」を示し，j は「列」を示す．また行列と同様に，a_{ij} は具体的には数字，変数，あるいは式などであるが，行列式の場合には展開することによって行列式としての数値や式のかたちを求めることができる．すなわち行列式は全体として，具体的な数値や式を表すものである．2次と3次の行列式の展開法としては，図5・1に示すいわゆる「**たすき掛け**」の方法が使えるが，4次以上の行列式の展開には5・3節に示す余因子展開などを使う必要がある．行列や行列式については細かい規則があるが，それらは章末に紹介している文献5・1などに任せて，ここでは必要な事柄にだけふれることにする．

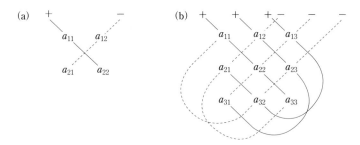

図5・1　(a) 2次，(b) 3次の行列式の展開法　いずれも左上から右下に向かう実線上の要素を掛けて＋の符号を付け，右上から左下に向かう破線上の要素を掛けて－の符号を付けて足し合わせる

　行列と行列式は水素原子について解くシュレーディンガー方程式では現れなかったが，多電子原子や分子のように複数の原子軌道 (atomic orbital＝AO) がある場合には，それらにかかわる表現法として現れる．たとえば分子軌道 (molecular orbital ＝MO) 法のなかには，1・10節で紹介した π MO だけを扱う**ヒュッケル近似法**というシンプルなものがあり，たいがいの物理化学の教科書に載っている．そこではたとえば

$$\begin{vmatrix} \alpha-\varepsilon & \beta & 0 & 0 \\ \beta & \alpha-\varepsilon & \beta & 0 \\ 0 & \beta & \alpha-\varepsilon & \beta \\ 0 & 0 & \beta & \alpha-\varepsilon \end{vmatrix} = 0 \qquad (5\cdot1)$$

のようなかたちをした行列式がしばしば現れる．式(5・1)は図5・2に示すブタジ

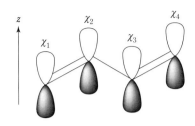

図5・2 ブタジエン分子のπMO
四つの炭素原子の $2p_z$ AO の線形結合からなる

エンの π MO を扱うためのものだが，なぜこのようなかたちの行列式が現れるのか．まずはこうした点について簡単に説明する．

ヒュッケル法のポイントは，分子の π MO を各炭素原子の $2p_z$ AO (χ_r と表し，合計 m 個あるとする) を用いた LCAO (1・10 節を参照)

$$\psi = \sum_{r=1}^{m} c_r \chi_r \tag{5・2}$$

で表すことと（ここで c は，それぞれの AO がどの程度寄与しているのか表す係数），分子全体のハミルトニアン $\hat{H}$ を **1 電子ハミルトニアン** $\hat{h}(\boldsymbol{r}_i)$ の和

$$\hat{H}(\boldsymbol{r}_1, \boldsymbol{r}_2, \boldsymbol{r}_3, \ldots, \boldsymbol{r}_n) = \hat{h}(\boldsymbol{r}_1) + \hat{h}(\boldsymbol{r}_2) + \hat{h}(\boldsymbol{r}_3) + \ldots + \hat{h}(\boldsymbol{r}_n) \tag{5・3}$$

で表すことにある．ここで n は分子の電子数で，$\boldsymbol{r}_i$ はベクトルで表した電子 i ($i = 1, 2, \ldots, n$) の座標変数である．

このスキームで得られる MO のエネルギー ε の期待値（量子力学における一般的なエネルギーの期待値 $\overline{E}$ については 4・8 節を参照）

$$\overline{\varepsilon} = \frac{\int \psi^* \hat{h} \psi \, d\tau}{\int \psi^* \psi \, d\tau} \tag{5・4}$$

が極小値をとるように，$\overline{\varepsilon}$ を LCAO の係数 c_r で偏微分してゼロとおき，c_r のセットである $\{c_r\}$ を決める方針で進む．ここで * は複素共役を示す．式(5・4)の分母は MO の波動関数 ψ を規格化するためのノルムとして入れてある．式(5・4)の分子と分母を展開すると，以下の積分

$$\int \psi^* \hat{h} \psi \, d\tau = \sum_{r}^{m} \sum_{s}^{m} c_r c_s \hat{h}_{rs} \tag{5・5}$$

$$\hat{h}_{rs} = \int \chi_r \hat{h} \chi_s \, d\tau = \hat{h}_{sr} \tag{5・6}$$

$$\int \psi^* \psi \, d\tau = \sum_{r}^{m} \sum_{s}^{m} c_r c_s S_{rs} \tag{5・7}$$

$$S_{rs} = \int \chi_r \chi_s \, d\tau = S_{sr} \tag{5・8}$$

が現れる．特に式(5・6)の $\hat{h}_{rs}$ は行列要素とよばれることがある．これは AO χ_r, χ_s に対する $\hat{h}$ の期待値を行列形式で表したときに，$\hat{h}_{rs}$ がその要素（成分）となるためである．式(5・5)～(5・8)まではヒュッケル法であるなしにかかわらず一般的なものである．ヒュッケル法ではこれらを簡単化して

$$\hat{h}_{rr} \equiv \alpha \tag{5・9}$$

$$\hat{h}_{rs} = \hat{h}_{sr} \equiv \beta \quad (\chi_r \, と \, \chi_s \, が隣接する原子の \, AO \, であるとき) \tag{5・10}$$

$$S_{rr} = 1 \tag{5・11}$$

$$S_{rs} = S_{sr} = 0 \quad (r \neq s \, のとき) \tag{5・12}$$

と設定する．1・10 節に出てきたように，α は**クーロン積分**，β は**共鳴積分**といわれる定数で，いずれも負の値をもつ．また S_{rs} は**重なり積分**といわれ，本来は-1 と 1 の間の値をとる．ヒュッケル近似ではこれらを用いる．

式(5・4)からわかるように，ε は期待値 $\bar{\varepsilon}$ として求められるが，量子力学的にはエネルギーを期待値として求めるのが普通なので，以後はバーを外して書く．式(5・4)の分母を払うと，

$$\varepsilon \int \psi^* \psi \, d\tau = \int \psi^* \hat{h} \psi \, d\tau \tag{5・13}$$

となるが，この左辺の積分に式(5・7)，右辺の積分に式(5・5)を代入すれば

$$\varepsilon \sum_r^m \sum_s^m c_r c_s S_{rs} = \sum_r^m \sum_s^m c_r c_s \hat{h}_{rs} \tag{5・14}$$

が得られる．この右辺から左辺を引くと

$$\sum_r^m \sum_s^m c_r c_s (\hat{h}_{rs} - \varepsilon S_{rs}) = 0 \tag{5・15}$$

が得られて，そこにエネルギーが極小値をもつための条件

$$\frac{\partial \varepsilon}{\partial c_t} = 0 \quad (t = 1, 2, \cdots\cdots, m) \tag{5・16}$$

を入れると

$$\sum_s^m c_s (\hat{h}_{ts} - \varepsilon S_{ts}) = 0 \quad (t = 1, 2, \cdots\cdots, m) \tag{5・17}$$

が成立する．これは $\{c_s\}$ についての連立1次方程式を構成する．以上では形式的に MO ψ の複素共役関数を含めて考えたが，MO 法ではそのような波動関数は現れないので，以下では波動関数を実関数として考える．

5・2 永年方程式と行列式

例題 5・1

式(5・14)を c_t $(t=1,2,\cdots\cdots,m)$ で偏微分して $\dfrac{\partial\varepsilon}{\partial c_t}=0$ とおいて整理すれば，式(5・17)が得られることを示せ．

解　答

実際に式(5・14)を c_t $(t=1,2,\cdots\cdots,m)$ で偏微分すれば

$$\frac{\partial\varepsilon}{\partial c_t}\sum_r^m\sum_s^m c_r c_s S_{rs}+\varepsilon\sum_s^m c_s S_{ts}=\sum_s^m c_s\hat{h}_{ts}$$

が得られる．左辺第1項はゼロとなるので，左辺第2項を右辺に移項して c_s でくくれば

$$\sum_s^m c_s(\hat{h}_{ts}-\varepsilon S_{ts})=0\qquad(t=1,2,\cdots\cdots,m)$$

が得られる．

自習問題 5・1

エチレンの2個の炭素原子について，それぞれの AO の番号を 1, 2 とし，式(5・17)にあたる連立方程式を記せ．

答 $\begin{cases}(\hat{h}_{11}-\varepsilon S_{11})c_1+(\hat{h}_{12}-\varepsilon S_{12})c_2=0\\(\hat{h}_{21}-\varepsilon S_{21})c_1+(\hat{h}_{22}-\varepsilon S_{22})c_2=0\end{cases}$

式(5・17)のかたちをもとに，図5・2のブタジエンの場合について具体的に書いてみると

$$\begin{cases}(h_{11}-\varepsilon S_{11})c_1+(h_{12}-\varepsilon S_{12})c_2+(h_{13}-\varepsilon S_{13})c_3+(h_{14}-\varepsilon S_{14})c_4=0\\(h_{21}-\varepsilon S_{21})c_1+(h_{22}-\varepsilon S_{22})c_2+(h_{23}-\varepsilon S_{23})c_3+(h_{24}-\varepsilon S_{24})c_4=0\\(h_{31}-\varepsilon S_{31})c_1+(h_{32}-\varepsilon S_{32})c_2+(h_{33}-\varepsilon S_{33})c_3+(h_{34}-\varepsilon S_{34})c_4=0\\(h_{41}-\varepsilon S_{41})c_1+(h_{42}-\varepsilon S_{42})c_2+(h_{43}-\varepsilon S_{43})c_3+(h_{44}-\varepsilon S_{44})c_4=0\end{cases}\tag{5・18}$$

という $\{c_s\}$（ここでは $c_s=c_1\sim c_4$）についての連立1次方程式が得られる．これを解いて m 個（ここでは4個）の $\{c_s\}$ を得て，次に未知数 ε を（これも m 個出てくる）得ればよいことになる．それぞれの ε に対して $\{c_s\}$ は m 個決まるので，全体として $\{c_s\}$ は $m\times m$ 個決まることになる（実際に式(5・35)の右辺では 16 個の c_s が出ている）．ここからは連立1次方程式についての数学的な議論になる．連立1次方程式

114   5. 行列と行列式

は，以下のように行列式を用いて「機械的」に解くことができる．たとえば未知数 x, y について

$$\begin{cases} ax + by = p \\ cx + dy = q \end{cases} \qquad (5 \cdot 19)$$

という連立 1 次方程式を考える．**クラメル (Cramer) の公式**を用いると x, y は

$$x = \frac{\begin{vmatrix} p & b \\ q & d \end{vmatrix}}{\begin{vmatrix} a & b \\ c & d \end{vmatrix}} \qquad y = \frac{\begin{vmatrix} a & p \\ c & q \end{vmatrix}}{\begin{vmatrix} a & b \\ c & d \end{vmatrix}} \qquad (5 \cdot 20)$$

を計算することによって求められる．ここでもしも $p = q = 0$ であれば，式 $(5 \cdot 20)$ で x, y を与える分子は

$$\begin{vmatrix} p & b \\ q & d \end{vmatrix} = \begin{vmatrix} 0 & b \\ 0 & d \end{vmatrix} = 0 \qquad \begin{vmatrix} a & p \\ c & q \end{vmatrix} = \begin{vmatrix} a & 0 \\ c & 0 \end{vmatrix} = 0 \qquad (5 \cdot 21)$$

のように行列式の性質から両方ゼロになり[1]，x, y はともにゼロになる．しかしこれはあまりに「おもしろくない」解（トリビアルな解という）なので除くことにする．というより，そのような解をとらせないことにする．そのためには，式 $(5 \cdot 20)$ の分母の行列式の値もゼロであればよい．

ここで式 $(5 \cdot 18)$ に戻ると右辺はすべてゼロとなっているので，式 $(5 \cdot 19)$ で $p = q = 0$ になった場合と同じく，$\{c_s\}$ すべてがゼロのとき（トリビアルな解）についても成り立ってしまう．ということで，やはりトリビアルな解をとらせないことにする．そのためには連立 1 次方程式 $(5 \cdot 18)$ の係数の行列式について

$$\begin{vmatrix} \hat{h}_{11} - \varepsilon S_{11} & \hat{h}_{12} - \varepsilon S_{12} & \hat{h}_{13} - \varepsilon S_{13} & \hat{h}_{14} - \varepsilon S_{14} \\ \hat{h}_{21} - \varepsilon S_{21} & \hat{h}_{22} - \varepsilon S_{22} & \hat{h}_{23} - \varepsilon S_{23} & \hat{h}_{24} - \varepsilon S_{24} \\ \hat{h}_{31} - \varepsilon S_{31} & \hat{h}_{32} - \varepsilon S_{32} & \hat{h}_{33} - \varepsilon S_{33} & \hat{h}_{34} - \varepsilon S_{34} \\ \hat{h}_{41} - \varepsilon S_{41} & \hat{h}_{42} - \varepsilon S_{42} & \hat{h}_{43} - \varepsilon S_{43} & \hat{h}_{44} - \varepsilon S_{44} \end{vmatrix} = 0 \qquad (5 \cdot 22)$$

が満たされればよい．この場合の式 $(5 \cdot 22)$ は 4 次の行列式であるが，一方では ε についての 4 次方程式の意味をもっており，**永年方程式**あるいは**永年行列式**とよばれる[2]．ここで式 $(5 \cdot 9) \sim (5 \cdot 12)$ のヒュッケル法による変数の決め方をすれば，ちょうど式 $(5 \cdot 1)$ の行列式が出てくる．これがヒュッケル法によるブタジエンの永年方

---

[1] 一つの行の要素がすべてゼロ，あるいは一つの列の要素がすべてゼロである行列式の値はゼロになる．

[2] もともと天体力学で用いられた同様の方程式のよび名からきている．

程式である. 以下ではこれを解いてみよう. 一般に永年方程式を手で解くのは必ずしも容易ではないが, 式(5・1)であれば行列式の余因子展開という方法によって解くことができる.

5・3 行列式の展開公式

証明は略するが, あるn次の行列式Dは以下のように展開できる(文献5・1参照).

$$D = \sum_{j=1}^{n} a_{ij}A_{ij} = a_{i1}A_{i1} + a_{i2}A_{i2} + \cdots\cdots a_{in}A_{in}$$
$$\text{(第i行による展開)} \tag{5・23}$$

$$D = \sum_{i=1}^{n} a_{ij}A_{ij} = a_{1j}A_{1j} + a_{2j}A_{2j} + \cdots\cdots a_{nj}A_{nj}$$
$$\text{(第j列による展開)} \tag{5・24}$$

ここでa_{ij}はDの(i,j)要素(あるいは成分)であり, A_{ij}はDのi行とj列を除いて次元を落とした行列式に$(-1)^{i+j}$を掛けたもので, **余因子**あるいは**余因数**とよばれる. 式(5・23)や(5・24)のような展開を**余因子展開**という.

例題 5・2

(1) 行列式

$$D = \begin{vmatrix} 1 & 1 & 2 \\ 3 & 2 & 0 \\ 4 & 1 & 3 \end{vmatrix}$$

の余因子A_{11}, A_{12}, A_{13}, A_{23}, A_{33}を求めよ.

(2) 第1行によるDの余因子展開を行ってDの値を求めよ.

(3) 第3列によるDの余因子展開を行ってDの値を求めよ.

(4) 通常の3次の行列式の展開(「たすき掛け」展開)によってDの値を求めよ.

解 答

(1) $A_{11} = (-1)^{1+1} \begin{vmatrix} 2 & 0 \\ 1 & 3 \end{vmatrix} = (-1)^2 \times \{(2\times3)-(1\times0)\} = 6$

$A_{12} = (-1)^{1+2} \begin{vmatrix} 3 & 0 \\ 4 & 3 \end{vmatrix} = (-1)^3 \times \{(3\times3)-(4\times0)\} = -9$

$A_{13} = (-1)^{1+3} \begin{vmatrix} 3 & 2 \\ 4 & 1 \end{vmatrix} = (-1)^4 \times \{(3\times1)-(4\times2)\} = -5$

$$A_{23} = (-1)^{2+3} \begin{vmatrix} 1 & 1 \\ 4 & 1 \end{vmatrix} = (-1)^5 \times \{(1 \times 1) - (4 \times 1)\} = 3$$

$$A_{33} = (-1)^{3+3} \begin{vmatrix} 1 & 1 \\ 3 & 2 \end{vmatrix} = (-1)^6 \times \{(1 \times 2) - (3 \times 1)\} = -1$$

(2) $D = (a_{11} \times A_{11}) + (a_{12} \times A_{12}) + (a_{13} \times A_{13})$

$\quad = (1 \times 6) + \{1 \times (-9)\} + \{2 \times (-5)\} = 6 - 9 - 10 = -13$

(3) $D = (a_{13} \times A_{13}) + (a_{23} \times A_{23}) + (a_{33} \times A_{33})$

$\quad = \{2 \times (-5)\} + (0 \times 3) + \{3 \times (-1)\} = -10 + 0 - 3 = -13$

(4) $D = (1 \times 2 \times 3) + (1 \times 0 \times 4) + (2 \times 3 \times 1) - (2 \times 2 \times 4) - (1 \times 0 \times 1)$

$\quad - (1 \times 3 \times 3) = 6 + 0 + 6 - 16 - 0 - 9 = -13$

自習問題 5・2

行列式 $\begin{vmatrix} a_{11} & a_{12} & a_{13} \\ a_{21} & a_{22} & a_{23} \\ a_{31} & a_{32} & a_{33} \end{vmatrix}$ について，第1行第3列にある成分の余因子（余因数）を求めよ．

答　$(+1) \begin{vmatrix} a_{21} & a_{22} \\ a_{31} & a_{32} \end{vmatrix} = \begin{vmatrix} a_{21} & a_{22} \\ a_{31} & a_{32} \end{vmatrix}$

式(5・22)の永年方程式を解くのは面倒そうに見えるが，式(5・9)〜(5・12)のヒュッケル近似を採用すれば，この永年方程式は式(5・1)のように簡単化される．そこでもう一度，式(5・1)

$$D = \begin{vmatrix} \alpha-\varepsilon & \beta & 0 & 0 \\ \beta & \alpha-\varepsilon & \beta & 0 \\ 0 & \beta & \alpha-\varepsilon & \beta \\ 0 & 0 & \beta & \alpha-\varepsilon \end{vmatrix} = 0 \qquad (5 \cdot 25)$$

（式(5・1)と同じ）

をよく見ると，$a_{13} = a_{14} = 0$ になっているので，たとえば第1行による余因子展開は簡単になる．必要な D の余因子 A_{11}, A_{12} は

$$A_{11} = (-1)^{1+1} \begin{vmatrix} \alpha-\varepsilon & \beta & 0 \\ \beta & \alpha-\varepsilon & \beta \\ 0 & \beta & \alpha-\varepsilon \end{vmatrix} = \begin{vmatrix} \alpha-\varepsilon & \beta & 0 \\ \beta & \alpha-\varepsilon & \beta \\ 0 & \beta & \alpha-\varepsilon \end{vmatrix} \qquad (5 \cdot 26)$$

5・3 行列式の展開公式   117

$$A_{12} = (-1)^{1+2} \begin{vmatrix} \beta & \beta & 0 \\ 0 & \alpha-\varepsilon & \beta \\ 0 & \beta & \alpha-\varepsilon \end{vmatrix} = - \begin{vmatrix} \beta & \beta & 0 \\ 0 & \alpha-\varepsilon & \beta \\ 0 & \beta & \alpha-\varepsilon \end{vmatrix} \qquad (5 \cdot 27)$$

のように与えられるが, $a_{13} = a_{14} = 0$ であるので永年方程式 D は式(5・23)に倣えば

$$D = (a_{11} \times A_{11}) + (a_{12} \times A_{12}) \qquad (5 \cdot 28)$$

によって計算できる. したがって

$$
\begin{aligned}
D &= a_{11} \times \begin{vmatrix} \alpha-\varepsilon & \beta & 0 \\ \beta & \alpha-\varepsilon & \beta \\ 0 & \beta & \alpha-\varepsilon \end{vmatrix} - a_{12} \times \begin{vmatrix} \beta & \beta & 0 \\ 0 & \alpha-\varepsilon & \beta \\ 0 & \beta & \alpha-\varepsilon \end{vmatrix} \\
&= (\alpha-\varepsilon) \begin{vmatrix} \alpha-\varepsilon & \beta & 0 \\ \beta & \alpha-\varepsilon & \beta \\ 0 & \beta & \alpha-\varepsilon \end{vmatrix} - \beta \begin{vmatrix} \beta & \beta & 0 \\ 0 & \alpha-\varepsilon & \beta \\ 0 & \beta & \alpha-\varepsilon \end{vmatrix} \\
&= (\alpha-\varepsilon)^4 - 3(\alpha-\varepsilon)^2 \beta^2 + \beta^4 = 0 \qquad (5 \cdot 29)
\end{aligned}
$$

となる. この式(5・29)は 4 次方程式であるが, 高校で習った複 2 次方程式という便利なかたちをしているので,

$$X \equiv (\alpha-\varepsilon)^2 \qquad (5 \cdot 30)$$

とおいて式(5・29)に代入すれば

$$D = X^2 - 3\beta^2 X + \beta^4 = 0 \qquad (5 \cdot 31)$$

が得られる. これを解くと

$$X = \frac{3 \pm \sqrt{5}}{2} \beta^2 \qquad (5 \cdot 32)$$

となるので, 結局, ブタジエンの π MO のエネルギーは低い準位から順番に

$$
\left.
\begin{aligned}
\varepsilon_1 &= \alpha + \sqrt{\frac{3+\sqrt{5}}{2}} \beta = \alpha + 1.6180\, \beta \\
\varepsilon_2 &= \alpha + \sqrt{\frac{3-\sqrt{5}}{2}} \beta = \alpha + 0.6180\, \beta \\
\varepsilon_3 &= \alpha - \sqrt{\frac{3-\sqrt{5}}{2}} \beta = \alpha - 0.6180\, \beta \\
\varepsilon_4 &= \alpha - \sqrt{\frac{3+\sqrt{5}}{2}} \beta = \alpha - 1.6180\, \beta
\end{aligned}
\right\} \qquad (5 \cdot 33)
$$

$$(\alpha < 0,\ \beta < 0 \text{ なので } \varepsilon_1 < \varepsilon_2 < \varepsilon_3 < \varepsilon_4)$$

と表される．根号で表された数値をわかりやすくするために，その近似値も示してある．

このように永年方程式を解くことによって，MO エネルギーが求められるので，次は各 MO エネルギーに対応する MO を求めることになる．そのためには式(5・17)の連立方程式に戻って ε_i にそれぞれの値を入れ，それらに対応する LCAO 係数 $\{c_s\}$ $(s=1\sim4)$ を得ればよい．ただし直接にこれを行っても，c_1, c_2, c_3, c_4 の比だけが求まって値そのものは不定になってしまうので，規格化条件

$$c_1{}^2 + c_2{}^2 + c_3{}^2 + c_4{}^2 \ = \ 1 \tag{5・34}$$

を用いて具体的な値を決める必要がある．このようにして得た $\psi_1 \sim \psi_4$ を以下に書いておく．

$$\left.\begin{aligned}
\psi_1 &= \ 0.3717\chi_1 + 0.6015\chi_2 + 0.6015\chi_3 + 0.3717\chi_4 \\
\psi_2 &= \ 0.6015\chi_1 + 0.3717\chi_2 - 0.3717\chi_3 - 0.6015\chi_4 \\
\psi_3 &= \ 0.6015\chi_1 - 0.3717\chi_2 - 0.3717\chi_3 + 0.6015\chi_4 \\
\psi_4 &= \ 0.3717\chi_1 - 0.6015\chi_2 + 0.6015\chi_3 - 0.3717\chi_4
\end{aligned}\right\} \tag{5・35}$$

以上で調べた ε は永年方程式の解，また $\{c_s\}$ はそのもとになる連立 1 次方程式の解であるが，次に少し違う角度から永年方程式のもとになる行列を眺めてみる．

5・4　行列の固有値と固有ベクトル

ここで少し見方を変えると，式(5・25)の永年方程式によって求められる解 ε とそれに対応する MO の LCAO 係数 $\{c_s\}$ は，以下の行列

$$A \ = \ \begin{pmatrix} \alpha & \beta & 0 & 0 \\ \beta & \alpha & \beta & 0 \\ 0 & \beta & \alpha & \beta \\ 0 & 0 & \beta & \alpha \end{pmatrix} \tag{5・36}$$

の**固有値と固有ベクトル**に等しい．一般に行列 A の固有値 k と固有ベクトル u には

$$Au \ = \ ku \tag{5・37}$$

の関係がある．式(5・36)のように A を 4 行 4 列の行列としておくと，固有ベクトル u は 4 行 1 列の列ベクトルのかたちをもち，k は実数である．この u の各成分が $\{c_s\}$，k が ε に相当する．行列 A の固有値はその**固有方程式**

$$|A - \varepsilon I| = D = \begin{vmatrix} \alpha-\varepsilon & \beta & 0 & 0 \\ \beta & \alpha-\varepsilon & \beta & 0 \\ 0 & \beta & \alpha-\varepsilon & \beta \\ 0 & 0 & \beta & \alpha-\varepsilon \end{vmatrix} = 0 \qquad (5 \cdot 38)$$

の解に等しく，これが永年方程式になる．ここで I は**単位行列**であり，上記の 4 次の行列に対しては

$$I = \begin{pmatrix} 1 & 0 & 0 & 0 \\ 0 & 1 & 0 & 0 \\ 0 & 0 & 1 & 0 \\ 0 & 0 & 0 & 1 \end{pmatrix} \qquad (5 \cdot 39)$$

のように与えられる．

　実際には，コンピュータで数百次以上の大きな永年方程式 $D=0$ を解いてその解を求めることはあまりなく，もとの行列 A の固有値と固有ベクトルを効率的に求めるアルゴリズムがよく採用される．これは行列式を解くよりも行列の固有値を求める（対角化するという）方がコンピュータにとってはラクなためである．最後に式 $(5 \cdot 36)$ の行列では，その各要素 a_{ij} について

$$a_{ij} = a_{ji} \qquad (5 \cdot 40)$$

が成立している．つまり，A は**対称行列**とよばれるものである．より一般的には，複素共役まで考えて

$$a_{ij} = a_{ji}{}^* \qquad (5 \cdot 41)$$

が成立するときの行列を**エルミート行列**という．対称行列はエルミート行列に含まれる．A がエルミート行列であるとき，簡単に

$$A = A^* \qquad (5 \cdot 42)$$

と書く．物理的に意味のある行列はすべてエルミート的であり，したがって式 $(5 \cdot 36)$ の A もエルミート行列である．ここでは証明を省略するが，エルミート行列の固有値は必ず実数になる．このことが A に対して物理的な意味をもたせていることになる．

5・5　分子の回転操作の例

　ここからは行列と行列式の幾何学方面への応用について説明する．分子のもつ**対称性**の取扱いに必要な**対称操作**の表現にはしばしば行列が用いられる．これは分子

に含まれる原子の座標変数が多くなると，特に行列による記述が便利なためである．対称操作とは座標変数を行列によって変換することにあたるが，変換の基本的な特性はその行列の要素からなる行列式が示すことになる．対称性についての説明も途中で行いながら，こうした点を見ていこう．まずは対称操作の具体的な例として回転操作から始めることにする．

平面上にあって座標 (x,y) をもつ点を，図 5・3 のように原点を中心として角度 θ だけ反時計まわりに回転させる操作を考えてみる．角度 θ の回転後の座標を (X, Y) とすると，これらの 2 点の間には高校で習ったように

$$\left. \begin{array}{l} X = x\cos\theta - y\sin\theta \\ Y = x\sin\theta + y\cos\theta \end{array} \right\} \tag{5・43}$$

という関係がある．これを行列表示で書くと

$$\begin{pmatrix} X \\ Y \end{pmatrix} = \begin{pmatrix} \cos\theta & -\sin\theta \\ \sin\theta & \cos\theta \end{pmatrix} \begin{pmatrix} x \\ y \end{pmatrix} \equiv A \begin{pmatrix} x \\ y \end{pmatrix} \tag{5・44}$$

となる．ここに現れた行列 A は，$(x, y) \longrightarrow (X, Y)$ への**回転変換**を形づける行列である．

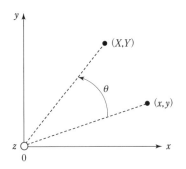

図 5・3　xy 平面内にある点の角度 θ の回転操作　この回転は z 軸まわりの対称操作の一つである

次に点 (X, Y) を逆まわりさせて (x, y) に戻すことを考えてみると，これを表す行列 B は角度 $(-\theta)$ だけ回転させる行列になるので

$$B \equiv \begin{pmatrix} \cos(-\theta) & -\sin(-\theta) \\ \sin(-\theta) & \cos(-\theta) \end{pmatrix} = \begin{pmatrix} \cos\theta & \sin\theta \\ -\sin\theta & \cos\theta \end{pmatrix} \tag{5・45}$$

となるはずである．つまり

5・5 分子の回転操作の例　　121

$$\begin{pmatrix} x \\ y \end{pmatrix} = \begin{pmatrix} \cos\theta & \sin\theta \\ -\sin\theta & \cos\theta \end{pmatrix}\begin{pmatrix} X \\ Y \end{pmatrix} \equiv \boldsymbol{B}\begin{pmatrix} X \\ Y \end{pmatrix} \tag{5・46}$$

と書ける．このとき行列 $\boldsymbol{A}$ と $\boldsymbol{B}$ は互いに**逆行列**の関係にある．逆行列とは，二つの行列どうしを掛け合わせると単位行列 $\boldsymbol{I}$ になるものである．つまり

$$\boldsymbol{AB} = \boldsymbol{BA} = \begin{pmatrix} 1 & 0 \\ 0 & 1 \end{pmatrix} = \boldsymbol{I} \tag{5・47}$$

が成立する．上記の回転変換で考えると，ある点を角度 θ だけ回転させたあとに $-\theta$ 回転させればもとの位置に戻るはずなので，このことが理解できるだろう．

例題 5・3

式(5・44)と(5・46)の行列 $\boldsymbol{A}, \boldsymbol{B}$ を用いて計算すれば，式(5・47)が成り立つことを示せ．

解　答

まず，

$$\boldsymbol{AB} = \begin{pmatrix} \cos\theta & -\sin\theta \\ \sin\theta & \cos\theta \end{pmatrix}\begin{pmatrix} \cos\theta & \sin\theta \\ -\sin\theta & \cos\theta \end{pmatrix}$$

$$= \begin{pmatrix} \cos^2\theta + \sin^2\theta & \cos\theta\sin\theta - \cos\theta\sin\theta \\ \sin\theta\cos\theta - \sin\theta\cos\theta & \sin^2\theta + \cos^2\theta \end{pmatrix} = \begin{pmatrix} 1 & 0 \\ 0 & 1 \end{pmatrix} = \boldsymbol{I}$$

が成立する．さらに

$$\boldsymbol{BA} = \begin{pmatrix} \cos\theta & \sin\theta \\ -\sin\theta & \cos\theta \end{pmatrix}\begin{pmatrix} \cos\theta & -\sin\theta \\ \sin\theta & \cos\theta \end{pmatrix}$$

$$= \begin{pmatrix} \cos^2\theta + \sin^2\theta & -\cos\theta\sin\theta + \cos\theta\sin\theta \\ -\sin\theta\cos\theta + \cos\theta\sin\theta & \sin^2\theta + \cos^2\theta \end{pmatrix} = \begin{pmatrix} 1 & 0 \\ 0 & 1 \end{pmatrix} = \boldsymbol{I}$$

も成立する．

自習問題 5・3

点 (x, y) を，原点を中心に反時計まわりに $30°$ 回転させた点の座標を求めよ．

$$答 \quad \left(\frac{\sqrt{3}}{2}x - \frac{1}{2}y, \quad \frac{1}{2}x + \frac{\sqrt{3}}{2}y \right)$$

A の逆行列を求める方法にはいくつかあるが、ここでは 5・3 節で説明した行列式の余因子を用いる方法を示す。行列 A の各要素 a_{ij} からなる行列式 $|A|$ の余因子を A_{ij} とすれば、A の逆行列 A^{-1} は

$$A^{-1} = \left(\frac{A_{ji}}{|A|} \right) \tag{5・48}$$

として求められる。少しややこしいが式 (5・48) は、A^{-1} が $\frac{A_{ji}}{|A|}$ を要素 a_{ij} としてもつ行列であることを示す。(A_{ji}) は (A_{ij}) の行と列を入替えてつくった行列を意味する[*3]。また $|A|$ は行列式の値を示すもので、その値はゼロであってはならない。ゼロであれば逆行列 A^{-1} は求められないからである。これだけでは少しわかりにくいかもしれないので、次の例題を通して考えてみよう。

例題 5・4

式 (5・48) の方法で、次の行列の逆行列を求めよ。

(1) $A = \begin{pmatrix} \cos\theta & -\sin\theta \\ \sin\theta & \cos\theta \end{pmatrix}$ (2) $A = \begin{pmatrix} 2 & 3 & 1 \\ 1 & 1 & 2 \\ 3 & -1 & -2 \end{pmatrix}$

解 答

(1) まず、$|A| = \cos^2\theta + \sin^2\theta = 1$ であり、$|A|$ の余因子はそれぞれ $A_{11} = (-1)^2\cos\theta = \cos\theta$, $A_{12} = (-1)^3\sin\theta = -\sin\theta$, $A_{21} = (-1)^3(-\sin\theta) = \sin\theta$, $A_{22} = (-1)^4\cos\theta = \cos\theta$ である。したがって A の逆行列 A^{-1} は、$|A|$ の値と転置された行列要素 A_{ji} を用いて

$$A^{-1} = \frac{1}{|A|} \begin{pmatrix} A_{11} & A_{21} \\ A_{12} & A_{22} \end{pmatrix} = \begin{pmatrix} \cos\theta & \sin\theta \\ -\sin\theta & \cos\theta \end{pmatrix}$$

と得られる。これは式 (5・45) で得られた行列 B と一致する。

(2) まず、$|A| = -4 + 18 + (-1) - 3 - (-6) - (-4) = -4 + 18 - 1 - 3 + 6 + 4 = 20$ であり、$|A|$ の余因子は

$A_{11} = (-1)^2(-2+2) = 0$, $A_{12} = (-1)^3(-2-6) = 8$, $A_{13} = (-1)^4(-1-3) = -4$,

---

[*3] このような行列を行列 A の**転置行列** $({}^tA)$ とよぶ。A の要素が複素数であるときには共役をとり、そのときには**共役転置行列** (A^*) とよぶ。したがって転置行列は共役転置行列に含まれる。

5·5 分子の回転操作の例

$A_{21} = (-1)^3(-6+1) = 5, \ A_{22} = (-1)^4(-4-3) = -7, \ A_{23} = (-1)^5(-2-9) = 11,$

$A_{31} = (-1)^4(6-1) = 5, \ A_{32} = (-1)^5(4-1) = -3, \ A_{33} = (-1)^6(2-3) = -1,$

である．したがって $\boldsymbol{A}$ の逆行列 $\boldsymbol{A}^{-1}$ は，行列式 $|\boldsymbol{A}|$ の値と転置された行列要素 A_{ji} を用いて

$$
\boldsymbol{A}^{-1} = \frac{1}{|\boldsymbol{A}|}\begin{pmatrix} A_{11} & A_{21} & A_{31} \\ A_{12} & A_{22} & A_{32} \\ A_{13} & A_{23} & A_{33} \end{pmatrix} = \frac{1}{20}\begin{pmatrix} 0 & 5 & 5 \\ 8 & -7 & -3 \\ -4 & 11 & -1 \end{pmatrix} = \begin{pmatrix} 0 & \dfrac{1}{4} & \dfrac{1}{4} \\[2mm] \dfrac{2}{5} & -\dfrac{7}{20} & -\dfrac{3}{20} \\[2mm] -\dfrac{1}{5} & \dfrac{11}{20} & -\dfrac{1}{20} \end{pmatrix}
$$

と得られる．検算として $\boldsymbol{A}\boldsymbol{A}^{-1}$ を計算してみると，

$$
\boldsymbol{A}\boldsymbol{A}^{-1} = \begin{pmatrix} 2 & 3 & 1 \\ 1 & 1 & 2 \\ 3 & -1 & -2 \end{pmatrix}\begin{pmatrix} 0 & \dfrac{1}{4} & \dfrac{1}{4} \\[2mm] \dfrac{2}{5} & -\dfrac{7}{20} & -\dfrac{3}{20} \\[2mm] -\dfrac{1}{5} & \dfrac{11}{20} & -\dfrac{1}{20} \end{pmatrix}
$$

$$
= \begin{pmatrix} \dfrac{6}{5}-\dfrac{1}{5} & \dfrac{2}{4}-\dfrac{21}{20}+\dfrac{11}{20} & \dfrac{2}{4}-\dfrac{9}{20}-\dfrac{1}{20} \\[2mm] \dfrac{2}{5}-\dfrac{2}{5} & \dfrac{1}{4}-\dfrac{7}{20}+\dfrac{22}{20} & \dfrac{1}{4}-\dfrac{3}{20}-\dfrac{2}{20} \\[2mm] -\dfrac{2}{5}+\dfrac{2}{5} & \dfrac{3}{4}+\dfrac{7}{20}-\dfrac{22}{20} & \dfrac{3}{4}+\dfrac{3}{20}+\dfrac{2}{20} \end{pmatrix} = \begin{pmatrix} 1 & 0 & 0 \\ 0 & 1 & 0 \\ 0 & 0 & 1 \end{pmatrix} = \boldsymbol{I}
$$

となることがわかる．$\boldsymbol{A}^{-1}\boldsymbol{A}$ の計算は省略するので，各自試みられたい．なお一般には，行列の積は交換できない（$\boldsymbol{A}\boldsymbol{B} \neq \boldsymbol{B}\boldsymbol{A}$）ことに注意が必要である．

自習問題 5·4

例題 5·4(1) における $\boldsymbol{A}^{-1}\boldsymbol{A}$ を求めよ．

答 実際に $\boldsymbol{I}$ となる

5・6 分子の対称操作

分子の構造を考えるとき，その対称性を考慮することは重要である．そして分子の対称性を記述するためには行列が現れる．本節では行列・行列式の応用として，分子の対称性を分類するための対称操作について考える．対称操作には以下の5種類があり，ある分子に対してどのような対称操作を行ったときに形が変わらないかを分類する．

a. 回転操作 C_n

ある**回転軸**のまわりに分子を一定の角度だけ回転したときに，最初の分子と回転後の分子が重なる場合がある．この回転角を $\frac{360°}{n}$ で表せば，$n=2$ のときの回転角は $180°$ であり，$n=3$ のときの回転角は $120°$ である．$n=2$ のときの回転軸を C_2 軸，$n=3$ のときの回転軸を C_3 軸などとよび，これら C_n が**対称要素**となる．回転軸を複数もつ分子もあり，このときには n が最も大きい回転軸を**主軸**とよぶ．主軸は鉛直方向にあるとして扱う（図 5・4）．

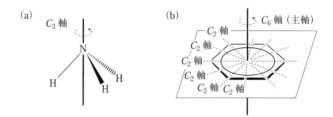

図 5・4　回転軸の例　(a) NH_3 分子の C_3 軸，(b) ベンゼン分子の C_6 軸と 6 本の C_2 軸

b. 鏡映操作 σ

鏡写しの操作の正式な名称であり，σ という文字で表す．対称要素となる**鏡面**も同じく σ と書く．鏡面が主軸を含む場合には主軸は鉛直線なので，鏡面も鉛直に立っている．この場合の鏡映操作および鏡面を σ_v (v=vertical) と表す．σ_v が複数あるときには σ_v, $\sigma_v{}'$, $\sigma_v{}''$ などのようにプライム記号を付けて区別する（図 5・5(a)）．主軸に直交する鏡面は水平面であるので，この場合の鏡映操作および鏡面は σ_h (h=horizontal) と表す（図 5・5(b)）．さらにもう一つ σ_d (d=dihedral) という鏡面がある．dihedral は二面角の意味である．これは主軸に直角な C_2 軸が 2 本あるときに，その 2 本の中央にある鉛直な鏡面のことである（図 5・5(c)）．

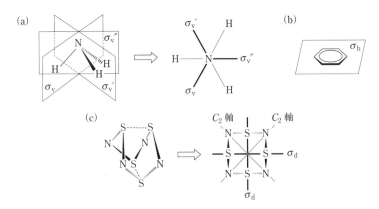

図 5・5 鏡面の例 (a) NH_3 分子の三つの σ_v 面, (b) ベンゼン分子の σ_h 面, (c) S_4N_4 分子の二つの σ_d 面

c. 反転操作 i (C_i とも書く)

反転は分子の中の一点について点対称操作をとることにあたる.この点を**反転中心**というが,これが対称要素となる.反転操作は反転中心 i を貫く C_2 軸についての 2 回回転＋回転軸に垂直な鏡面に対する鏡映という,連続した二つの操作(**複合操作**という)をとることと同じである(図 5・6(a)).

d. 回映操作 S_n

この操作は n 回回転＋鏡映という複合操作を表したものである.このときの回転軸が回映軸で S_n 軸ともよび,これが対称要素となる(図 5・6(b)).

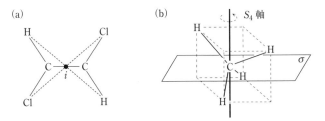

図 5・6 反転中心と回映軸の例 (a) *trans*-CHCl＝CHCl 分子の反転中心 i.この分子は i を通り紙面に垂直な方向の C_2 軸も同時にもつ.(b) CH_4 分子の回映軸 S_4.S_4 軸のまわりを 4 回回転 (90°回転) させて,C 原子を含む水平な面で鏡映操作をとることで S_4 対称をもつことがわかる

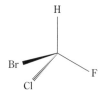

図5・7 恒等操作の例　この分子は、たとえば C−H 結合を通る C_1 軸だけをもつ

e. 恒等操作 E

これは何もしない操作で、対称要素をまったくもたない分子に対して形式上必要な対称操作である。あるいは1回回転 (360°) であるので C_1 対称ともいう。対称要素は特にはなく、C_1 対称性しかもたない分子の対称性は最も低いといわれる (図5・7)。

以上の対称操作の組合わせによって、表5・1に示すようないろいろな分子の対称性が現れる。

表5・1　分子のもつ対称性

対称性	対称要素と特徴
C_s	1枚の鏡面 (σ) のみ
C_i	反転中心 (i) のみ
C_n	n 回回転軸 (C_n) 1本のみ。C_1 対称性は恒等操作だけに従う
C_{nv}	C_n 軸1本と、n 枚の鉛直鏡面 (σ_v)。正 n 角錐がその典型。円錐なら $C_{\infty v}$ となる
C_{nh}	C_n 軸1本と1枚の水平鏡面 (σ_h)
D_n	C_n 軸1本とこの軸に垂直な C_2 軸が n 本
D_{nh}	C_n 軸1本とこの軸に垂直な C_2 軸が n 本、および水平鏡面 (σ_h) 1枚と σ_v n 枚。正 n 角柱がその典型。円柱なら $D_{\infty h}$ となる
D_{nd}	C_n 軸1本とこの軸に垂直な C_2 軸が n 本、および二等分鏡面 (σ_d) n 枚
S_n	回映軸 (S_n) 1本のみ
立体	主軸が2本以上あるもの。このなかに T_d (正四面体)、O_h (正八面体)、I_h (正二十面体) 対称性などがある

5・7　対称操作の数学的表現

対称操作を数学的に表すことは、分子を構成する全原子の座標に対する特定の演

5・7 対称操作の数学的表現   127

算に相当する. 分子を構成する原子の総数を N とすれば, それらの座標は $3N$ 個ある
ので座標変数は $3N$ 個の要素をもつ列ベクトルで表される. ある対称操作を行う
前の座標変数を $x_1, x_2, \cdots\cdots, x_{3N}$ とし, 操作後の変換された座標変数を $X_1, X_2, \cdots\cdots,$
X_{3N} とすると, これら二つの列ベクトルの間の関係は

$$
\begin{pmatrix} X_1 \\ X_2 \\ \vdots \\ X_{3N} \end{pmatrix} = \begin{pmatrix} a_{11} & a_{12} & \cdots & a_{13N} \\ a_{21} & a_{22} & \cdots & a_{23N} \\ \cdots & \cdots & \cdots & \cdots \\ a_{3N1} & a_{3N2} & \cdots & a_{3N3N} \end{pmatrix} \begin{pmatrix} x_1 \\ x_2 \\ \vdots \\ x_{3N} \end{pmatrix} \qquad (5・49)
$$

と表される. 右辺の $3N \times 3N$ 個の要素をもつ行列のことを, その対称操作を示す
表現行列とよぶ. 言うまでもなく, この対称操作において分子の形そのものが変形
してはならない. この要請を満たす表現行列は**ユニタリー行列**であり, 式(5・49)の
ような変換を**ユニタリー変換**という. ユニタリー変換は**等長変換**ともよび, この
変換ではもとの分子は伸縮したりねじれたりする変形を受けない. ユニタリー行列
は以下のような性質をもつ.

1 ユニタリー行列 A の要素がつくる行列式の値は±1である.
2 ユニタリー行列の共役転置行列 A^* は, A の逆行列 A^{-1} に等しい. すなわち
$$
A^* = A^{-1} \qquad (5・50)
$$

ユニタリー行列の要素は一般に複素数であるが, これらがすべて実数であるとき
には**直交行列**とよび, ユニタリー変換のことも**直交変換**とよぶ.

例題 5・5

点 A (x_A, y_A, z_A) が以下の対称操作によって点 B (X_B, Y_B, Z_B) に変換されると
きの表現行列を求めよ.
(1) xy 平面についての鏡映操作.
(2) z 軸まわりの C_3 回転操作.
(3) 原点についての反転操作.

解 答

(1) このときは, x と y 座標の値は変わらずに z 座標の符号の正負が変わる
だけなので, このことを式(5・49)に入れれば

$$\begin{pmatrix} X_A \\ Y_A \\ Z_A \end{pmatrix} = \begin{pmatrix} 1 & 0 & 0 \\ 0 & 1 & 0 \\ 0 & 0 & -1 \end{pmatrix} \begin{pmatrix} x_A \\ y_A \\ z_A \end{pmatrix}$$

となる. したがってこの操作の表現行列は

$$\begin{pmatrix} 1 & 0 & 0 \\ 0 & 1 & 0 \\ 0 & 0 & -1 \end{pmatrix}$$

である.

(2) C_3 回転での回転角は $\dfrac{360°}{n} = 120°$ であり, このときの回転は xy 平面上で行われて z 座標の値は変わらない. よって式(5・44)を用いて式(5・49)に入れれば

$$\begin{pmatrix} X_A \\ Y_A \\ Z_A \end{pmatrix} = \begin{pmatrix} \cos\theta & -\sin\theta & 0 \\ \sin\theta & \cos\theta & 0 \\ 0 & 0 & 1 \end{pmatrix} \begin{pmatrix} x_A \\ y_A \\ z_A \end{pmatrix} = \begin{pmatrix} \cos 120° & -\sin 120° & 0 \\ \sin 120° & \cos 120° & 0 \\ 0 & 0 & 1 \end{pmatrix} \begin{pmatrix} x_A \\ y_A \\ z_A \end{pmatrix}$$

となる. したがってこの操作の表現行列は

$$\begin{pmatrix} -\dfrac{1}{2} & -\dfrac{\sqrt{3}}{2} & 0 \\ \dfrac{\sqrt{3}}{2} & -\dfrac{1}{2} & 0 \\ 0 & 0 & 1 \end{pmatrix}$$

である.

(3) 原点についての反転操作では, x, y, z 座標の符号がすべて変わるので, このことを式(5・49)に入れれば

$$\begin{pmatrix} X_A \\ Y_A \\ Z_A \end{pmatrix} = \begin{pmatrix} -1 & 0 & 0 \\ 0 & -1 & 0 \\ 0 & 0 & -1 \end{pmatrix} \begin{pmatrix} x_A \\ y_A \\ z_A \end{pmatrix}$$

となる. したがってこの操作の表現行列は

$$\begin{pmatrix} -1 & 0 & 0 \\ 0 & -1 & 0 \\ 0 & 0 & -1 \end{pmatrix}$$

である.

5・7 対称操作の数学的表現　　129

自習問題 5・5

例題 5・5(2) の表現行列がユニタリー行列であることを確認せよ.

　　　答　行列式の値が 1 であるのでユニタリー行列である

　上記の例題 5・5 では，1 個の点 (原子) だけに対する対称操作の表現行列なので 3 行 3 列であった．しかし，たとえば D_{6h} の対称性をもつベンゼン分子であれば 6 個の炭素原子と 6 個の水素原子の合計 12 個の原子があり，$3N = 36$ であることから 一つの対称操作の表現行列の大きさは 36 行 36 列の行列となる．つまり，その行列 要素の総数は 1296 個とたいへんに多くなる．このように大きな表現行列を書くの は非常に面倒であるので，このようなときには表現行列の本質を以下のように抜き 出して単純化すれば便利である．

　ある表現行列を A とすれば，この A は同じサイズの行列 P とその逆行列 P^{-1} を

$$P^{-1}AP = B \qquad (5・51)$$

のように左右から掛け合わせることによって，異なる行列 B に変形できる．この B は左上からの対角線に沿っていくつかの小さな正方行列 $\Gamma_1, \Gamma_2, \cdots\cdots$ を含み，それら の行列要素のすべてがゼロになることはなく，その他の部分の要素はすべて 0 とな るようにできる．つまり

$$B = \begin{pmatrix} \Gamma_1 & 0 & 0 & 0 \\ 0 & \Gamma_2 & 0 & 0 \\ 0 & 0 & \Gamma_3 & 0 \\ 0 & 0 & 0 & \Gamma_4 \end{pmatrix} \qquad (5・52)$$

が成り立つようにできる．この作業を**ブロック対角化**というが，式(5・49)で説明し た対称操作の表現行列すべてに対してこのような行列 P や P^{-1} が存在することが わかっている．これらの P や P^{-1} もユニタリー行列である．

　行列 B の対角線に沿うブロック $\Gamma_1, \Gamma_2, \cdots\cdots$ は数字一つだけでできていることも あり，それは 1 行 1 列の行列と考える．式(5・52)の例では Γ の総数を 4 としてい るが，この総数は一般にはいろいろありうる．具体的な P の求め方は省略するが[*4]，

---

　*4　式(5・51)のように行列 A を B に変換することを**同値変換**あるいは**相似変換**という. 変換行列 P を求める簡単な公式は存在せず，数値的に求める必要がある.

130 5. 行列と行列式

表 5・2 C_{3v} 対称性の既約表現

既約表現行列	既約表現の名前	対称操作					
		E	C_3	C_3^2	σ_v	$\sigma_v{}'$	$\sigma_v{}''$
Γ_1	A_1	(1)	(1)	(1)	(1)	(1)	(1)
Γ_2	A_2	(1)	(1)	(1)	(-1)	(-1)	(-1)
Γ_3	E	$\begin{pmatrix} 1 & 0 \\ 0 & 1 \end{pmatrix}$	$\begin{pmatrix} -\dfrac{1}{2} & -\dfrac{\sqrt{3}}{2} \\ \dfrac{\sqrt{3}}{2} & -\dfrac{1}{2} \end{pmatrix}$	$\begin{pmatrix} -\dfrac{1}{2} & \dfrac{\sqrt{3}}{2} \\ -\dfrac{\sqrt{3}}{2} & -\dfrac{1}{2} \end{pmatrix}$	$\begin{pmatrix} -1 & 0 \\ 0 & 1 \end{pmatrix}$	$\begin{pmatrix} \dfrac{1}{2} & \dfrac{\sqrt{3}}{2} \\ \dfrac{\sqrt{3}}{2} & -\dfrac{1}{2} \end{pmatrix}$	$\begin{pmatrix} \dfrac{1}{2} & -\dfrac{\sqrt{3}}{2} \\ -\dfrac{\sqrt{3}}{2} & -\dfrac{1}{2} \end{pmatrix}$

ここで重要なのは，すべての対称性の表現行列について B のような行列が必ず得られることである．数学的には A と B は**同値（相似）な表現**とよばれ，A は B まで簡単化できるので**可約表現行列**，ブロック対角化して簡単化した B を**既約表現行列**という．小さな正方行列である $\Gamma_1, \Gamma_2, \cdots\cdots$ そのものも既約表現行列（あるいは簡単に**既約表現**）とよぶ．同じかたちの既約表現が，B のなかに複数回現れることもある．

例として C_{3v} 対称性がもつ 3 回回転 C_3 や鏡映 σ_v など，それぞれの対称操作に対して得られている既約表現を表 5・2 に示す．このときの既約表現には $\Gamma_1, \Gamma_2, \Gamma_3$ の 3 種類があってそれぞれ A_1, A_2, E という名前がついており，A_1, A_2 は 1 行 1 列，E は 2 行 2 列の行列である．ほかの対称性の既約表現もすべて調べられている．詳しくは文献 5・2 や 5・3 などを参照のこと．

5・8 既約表現の指標

実際に既約表現を用いるときは，その対角成分の和を考えることになる．この対角成分の和を各既約表現の**指標**とよび[*5]，これを並べた指標表がよく使われる．C_{3v} の指標表が示す内容について表 5・3 を使って考えてみる．たとえば恒等操作 E についての指標を見ると，上から順に $1, 1, 2$ である．このうちの 2 は既約表現 E についての 2 行 2 列の行列の対角成分の和である[*6]．回転操作の C_3 と，C_3 回転操作を

[*5] 数学的には，行列の対角成分の和を**跡**（せき：英語では Trace，ドイツ語では Spur）とよび，これが指標にあたる．指標のことを**単純指標**ということもある．

[*6] 既約表現 E と恒等操作 E を混同しないこと．

5・8 既約表現の指標

表5・3 C_{3v} 対称性の指標表

	E	$2C_3$	$3\sigma_v$
A_1	1	1	1
A_2	1	1	-1
E	2	-1	0

続けて2回行う C_3^2 についての指標は上から順に 1, 1, -1 であり，両操作について同じである．このような場合には C_3 と C_3^2 の二つは一つのグループ（**類**という）をつくるという．さらに鏡映操作 σ_v，$\sigma_v{}'$ および $\sigma_v{}''$ についての指標も上から順に 1, -1, 0 と同じであり，これら三つの鏡映操作もグループをつくっている．表5・3ではこれらをまとめて示している．つまり C_3 と C_3^2 を合わせて $2C_3$ と，σ_v，$\sigma_v{}'$ および $\sigma_v{}''$ を合わせて $3\sigma_v$ と表している．これは表5・2よりもかなり簡単化されている．指標表には以下のようにいくつかの決まりがある．

1. 恒等操作 E に対する指標は 1, 2, 3 などの値をとる可能性があるが，この値は同時に既約表現の次元数を表す．既約表現を表す記号として1次元既約表現に対しては A, B を，2次元既約表現に対しては E を，さらに3次元既約表現に対しては T を用いる．一般に分子の対称性についての議論ではこの記号を採用する．

2. 1次元既約表現では，主軸まわりの回転操作に対して指標が1になるものを A，-1 になるものを B と表す．

3. A, B が複数あるときは，A_1, A_2, …… や B_1, B_2, …… のように下付き添え字を用いる．たとえば C_{3v} では $2C_3$ 回転操作に対して指標が1になる既約表現 A が二つあるので，これらを A_1, A_2 と表している．この下付き添え字の 1, 2 は鏡映操作 σ_v に対する指標の違いからくる．水平鏡面を対称要素とする鏡映操作があって反転操作がない場合には，プライム記号を使って A′, A″ あるいは $A_1{}'$, $A_1{}''$ などと表す．

4. 対称操作のなかに反転操作がある場合，既約表現の反転操作に対する指標が正値であれば gerade（偶を意味するドイツ語）を表す g を記号の添え字として入れ，負値であれば ungerade（奇）を表す u を入れる．これによって既約表現の記号は A_{1g}, A_{2u}, B_{1u} …… などと表されるようになる．

5 1次元既約表現のなかには，どの対称操作についても指標がすべて1になるものがあり，これらを特に**全対称表現**という．全対称表現の既約表現の記号はA, A_1, A_{1g} などになる．C_{3v} では A_1 が全対称表現である．この全対称表現は MO の性質を調べるときに特に重要となる．

5・9 本章のまとめ

本章では物理化学に出てくる行列と行列式について，具体的な使い方を例にとりながら説明を行った．前半ではおもにヒュッケル近似に基づく π MO 法と関係づけて，行列と行列式の代数的側面について考えた．より高度な MO 法では全電子についての波動関数を考えるが，これを行列式のかたちで表す（**スレーター行列式**という．7・8 節参照）．

さらに後半では行列の幾何学的側面への応用として，分子の対称性の記述と関係づけながら考えた．特に行列の既約表現の指標を用いれば，分子中の原子座標やMO の分類・性質についての詳細な情報が得られるが，これらについては次章で扱うことにする．

参考文献

5・1 佐武一郎 著,『線形代数学（新装版）』, 裳華房 (2015).
5・2 P.W. アトキンス, J. de ポーラ著, 中野元裕ほか訳,『アトキンス物理化学（上）第 10 版』, 東京化学同人 (2017).
5・3 D.A. マッカーリ, J.D. サイモン 著, 千原秀昭ほか訳,『マッカーリ・サイモン物理化学（上）分子論的アプローチ』, 東京化学同人 (1999).

 演 習 問 題

1. ヒュッケル法に基づいてベンゼン分子の永年方程式を書け．
2. ヒュッケル法に基づいてシクロブタジエン分子の永年方程式をつくり，余因子展開によって永年方程式のエネルギー固有値を求めよ．
3. 行列 $\begin{pmatrix} 3 & 4 \\ 4 & -3 \end{pmatrix}$ の固有値と固有ベクトルを求めよ．

演 習 問 題　　　　　133

4. 式(5・44)の回転変換の行列 A について $A^n = \begin{pmatrix} \cos n\theta & -\sin n\theta \\ \sin n\theta & \cos n\theta \end{pmatrix}$ が成り立つことを示せ.

5. 行列 $\begin{pmatrix} \cos\theta & -\sin\theta & 0 \\ \sin\theta & \cos\theta & 0 \\ 0 & 0 & 1 \end{pmatrix} = A$ の共役転置行列 A^* を求め,これが A の逆行列 A^{-1} にあたることを示せ.

　　解　　答

1. $\begin{vmatrix} \alpha-\varepsilon & \beta & 0 & 0 & 0 & \beta \\ \beta & \alpha-\varepsilon & \beta & 0 & 0 & 0 \\ 0 & \beta & \alpha-\varepsilon & \beta & 0 & 0 \\ 0 & 0 & \beta & \alpha-\varepsilon & \beta & 0 \\ 0 & 0 & 0 & \beta & \alpha-\varepsilon & \beta \\ \beta & 0 & 0 & 0 & \beta & \alpha-\varepsilon \end{vmatrix} = 0$

2. 永年方程式は $\begin{vmatrix} \alpha-\varepsilon & \beta & 0 & \beta \\ \beta & \alpha-\varepsilon & \beta & 0 \\ 0 & \beta & \alpha-\varepsilon & \beta \\ \beta & 0 & \beta & \alpha-\varepsilon \end{vmatrix} = 0$ であり,左辺の行列式を D として第

1行による余因子展開を行うと

$$A_{11} = (-1)^{1+1}\begin{vmatrix} \alpha-\varepsilon & \beta & 0 \\ \beta & \alpha-\varepsilon & \beta \\ 0 & \beta & \alpha-\varepsilon \end{vmatrix} = (\alpha-\varepsilon)^3 - 2\beta^2(\alpha-\varepsilon)$$

$$A_{12} = (-1)^{1+2}\begin{vmatrix} \beta & \beta & 0 \\ 0 & \alpha-\varepsilon & \beta \\ \beta & \beta & \alpha-\varepsilon \end{vmatrix} = -\beta(\alpha-\varepsilon)^2$$

$$A_{13} = 0$$

$$A_{14} = (-1)^{1+4}\begin{vmatrix} \beta & \alpha-\varepsilon & \beta \\ 0 & \beta & \alpha-\varepsilon \\ \beta & 0 & \beta \end{vmatrix} = -\beta(\alpha-\varepsilon)^2$$

であるから

$D = (a_{11}\times A_{11}) + (a_{12}\times A_{12}) + (a_{14}\times A_{14}) = (\alpha-\varepsilon)^2(\alpha-\varepsilon+2\beta)(\alpha-\varepsilon-2\beta)$

となる. $D=0$ を解けばエネルギー固有値(πMO のエネルギー)として,$\varepsilon_1 = \alpha + 2\beta$,

134　　　　　　　　　　**5. 行列と行列式**

$\varepsilon_2 = \varepsilon_3 = \alpha$, $\varepsilon_4 = \alpha - 2\beta$ が得られる.

3. 固有値を求めるには $\begin{vmatrix} 3-\lambda & 4 \\ 4 & -3-\lambda \end{vmatrix} = 0$ を解いて λ の値を求めればよい. その値は

± 5 である. したがって固有値は ± 5 であり, それらに対応する固有ベクトルは

$$\begin{pmatrix} 3-\lambda & 4 \\ 4 & -3-\lambda \end{pmatrix} \begin{pmatrix} x_1 \\ x_2 \end{pmatrix} = 0$$

として x_1, x_2 を求めればよい. 今の場合には固有ベクトルとしては $\lambda = 5$ に対して $x_1 = 2x_2$, $\lambda = -5$ に対して $x_2 = -2x_1$ の関係が得られるのみで, それらの値は不定である. 例として $\lambda = 5$ に対応する x_1, x_2 はそれぞれ $2, 1$ で, $\lambda = -5$ に対応する x_1, x_2 はそれぞれ $1, -2$ であってもよい.

4. (I) $n = 1$ のとき $A^n = A = \begin{pmatrix} \cos\theta & -\sin\theta \\ \sin\theta & \cos\theta \end{pmatrix}$ であるので, これは式 (5・44) と同じで成立している.

(II) $n = k$ のとき $A^k = \begin{pmatrix} \cos k\theta & -\sin k\theta \\ \sin k\theta & \cos k\theta \end{pmatrix}$ が成立すると仮定すると

$$A^{k+1} = AA^k = \begin{pmatrix} \cos\theta & -\sin\theta \\ \sin\theta & \cos\theta \end{pmatrix} \begin{pmatrix} \cos k\theta & -\sin k\theta \\ \sin k\theta & \cos k\theta \end{pmatrix}$$

$$= \begin{pmatrix} \cos(k+1)\theta & -\sin(k+1)\theta \\ \sin(k+1)\theta & \cos(k+1)\theta \end{pmatrix}$$

となり, $n = k+1$ のときも成立している. よって数学的帰納法より題意は成立する.

5. $A^* = \begin{pmatrix} \cos\theta & \sin\theta & 0 \\ -\sin\theta & \cos\theta & 0 \\ 0 & 0 & 1 \end{pmatrix}$ であり, A^*A を計算すると

$$A^*A = \begin{pmatrix} \cos^2\theta + \sin^2\theta & \cos\theta\sin\theta - \sin\theta\cos\theta & 0 \\ \sin\theta\cos\theta - \sin\theta\cos\theta & \sin^2\theta + \cos^2\theta & 0 \\ 0 & 0 & 1 \end{pmatrix} = \begin{pmatrix} 1 & 0 & 0 \\ 0 & 1 & 0 \\ 0 & 0 & 1 \end{pmatrix}$$

となるので, A^* は A の逆行列である. すなわち $A^* = A^{-1}$ であるから, A はユニタリー行列であるともいえる.

6 対称性と群論

6・1 は じ め に

第5章では行列と行列式を幾何学に用いる例として，おもに分子の対称性と対称操作の表現とのかかわりについて説明を行った．本章ではさらに対称性の取扱いそのものについての議論を進める．分子の対称性は，数学的に見れば**群論**の分野に関係している．群論の考え方を用いると対称性についてすっきりした整理が可能になる．さらに指標という概念を利用した MO の分類などについても説明する．

6・2 対称操作と点群

分子の対称性に関連する対称操作は特に「**点群**」とよばれる一つのグループに属する．点群は**群**という概念の一つで，このような考え方を導入すれば対称性について整理ができ，見通しもよくなる．群とは数学用語で，いくつかのメンバーの集まり（集合）を意味する．ただし，群とよぶときには，以下の四つの条件に従っていることが必要である．

1. 集合を構成するメンバー（元という）a, b について，それらを結合させる何らかの手順（例として，足し算や掛け算など）が決まっており，結合した結果である ab ＝ c が一通りに定まって，c もこの集合の元であること．ある群に含まれる元の総数をその群の**位数**という．

2. **結合法則**である (ab)c ＝ a(bc) が成立すること．

3. **単位元**とよばれる e があり，ae ＝ ea ＝ a が成立すること．

4. 集合の任意の元 a に対して，ax ＝ xa ＝ e となる元 x がただ一つ存在すること．この元 x を a の**逆元**という．

すべての分子の回転軸や鏡面などの対称要素は 1 点で交わるため，その対称操作

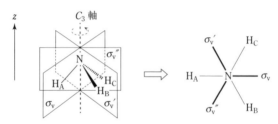

図6・1　NH₃ 分子の対称要素である C_3 軸と三つの鏡面　C_3 軸は z 軸に平行であり，C_3 回転は C_3 軸を中心に反時計まわりに 120° 回す操作，C_3^2 回転は同じく 240° 回す操作を意味する

が属する群は特に点群とよばれる[*1]．群に対する上記の 1～4 の条件について，前章の図5・5に出てきた NH₃ 分子を例にとって説明しよう．この分子は C_{3v} 対称性をもつ．図6・1を参考にすると，C_{3v} に伴う対称操作には $E, C_3, C_3^2, \sigma_v, \sigma_v', \sigma_v''$ があり，これら六つの対称操作が C_{3v} 点群の元である．

C_3^2 は C_3 対称操作を2回行うこと，すなわち 120° 回転が2回ということで 240° 回転させることを意味するものであった．このような対称操作の集まりは，上記の 1～4 を満たす．このことを以下で順に確認していく．

まず，NH₃ 分子に上記の対称操作を連続的に2回行った複合操作の結果を表6・1にまとめておく．この表から，たとえば第1回目の操作が σ_v，それに続く第2回目の操作が C_3 としたものを考えてみる．これらを合わせて書いた $C_3 \sigma_v$ 操作は，表6・

表6・1　C_{3v} 点群の複合操作表

第2操作	第1操作					
	E	C_3	C_3^2	σ_v	σ_v'	σ_v''
E	E	C_3	C_3^2	σ_v	σ_v'	σ_v''
C_3	C_3	C_3^2	E	σ_v''	σ_v	σ_v'
C_3^2	C_3^2	E	C_3	σ_v'	σ_v''	σ_v
σ_v	σ_v	σ_v'	σ_v''	E	C_3	C_3^2
σ_v'	σ_v'	σ_v''	σ_v	C_3^2	E	C_3
σ_v''	σ_v''	σ_v	σ_v'	C_3	C_3^2	E

[*1] 結晶についても群論は用いられるが，このときは空間群という．

6・2　対称操作と点群　　137

1からすれば σ_v'' という単独の操作と同じであることがわかる．σ_v'' も C_{3v} 点群の元であるから，上記の ① を満たしている．これと同様に，あらゆる操作の結合が C_{3v} 点群の元である単独の操作と同じになる．

次に $C_3(\sigma_v\sigma_v')$ という操作を考えてみる．まず $\sigma_v\sigma_v'$ 操作について表6・1を見れば，C_3 と同一の操作になっている．これにもう一度 C_3 操作を行うと，最終的には C_3^2 と同じになることがわかる．一方，$(C_3\sigma_v)\sigma_v'$ という操作では $C_3\sigma_v$ 操作が σ_v'' と同じなので，$\sigma_v''\sigma_v'$ は C_3^2 と同一の操作になることがわかる．つまり，$C_3(\sigma_v\sigma_v')$ と $(C_3\sigma_v)\sigma_v'$ はともに C_3^2 と同一の操作であり，このことから上記 ② の結合法則が満たされることがわかる．表6・1を用いてほかのいろいろな組合わせを調べると，同様にあらゆる操作の組合わせが ② の結合法則を満たしている．

さらに条件 ③ の単位元としては，恒等操作 E が対応する．最後に条件 ④ については，どの第1操作に対しても適当な第2操作を行えば，恒等操作 E と同じことになるような組合わせが存在することも表6・1から明らかである．つまり，この第2操作が第1操作の逆元に対応する．以上によって C_{3v} の対称操作は群を構成することがわかる．C_{3v} 以外の点群でも同様にこのことを示すことができる．

例題6・1

C_{2h} 点群は対称操作として，E, C_2, σ_h, i をもつ[*2]．この点群についての複合操作表を作成せよ．

解　答

上記の C_{3v} の複合操作表（表6・1）と同様に C_{2h} の複合操作表をつくると

第2操作	第1操作			
	E	C_2	σ_h	i
E	E	C_2	σ_h	i
C_2	C_2	E	i	σ_h
σ_h	σ_h	i	E	C_2
i	i	σ_h	C_2	E

[*2]　反転操作 i は C_{2h} の対称操作表に含めないことが多い．これは，C_2 と σ_h の複合操作により自動的に含まれているためである．

のように得られる。第1操作として C_2 回転操作を行い，第2操作として C_2 回転，鏡映 (σ_h)，反転 (i) の各対称操作を行った例を図に示す.

C_{2h} 対称分子についての複合操作の例　(a) 2 回連続する C_2 回転，(b) C_2 回転と鏡映操作，(c) C_2 回転と反転操作. わかりやすいように，塩素原子にマークしてある

自習問題 6・1

C_{3v} 点群における C_3 対称操作の逆元は何か.　　　　　　　答　C_3^2

6・3　対称操作と基底関数

5・8 節で，それぞれの対称性の各既約表現の対角成分の和（跡）を指標とよぶことにふれたが，これについてもう少し掘り下げてみる．そのために C_{2v} 点群を例として，その既約表現を表 6・2 に示しておく（C_2, σ_v, σ_v' 操作については図 6・2 参照）．C_{2v} 点群の既約表現行列はすべて 1 次元であり，その指標も括弧でくくったその行列の要素の値そのものになる．

表 6・2 の一番右の列には，x, y, z の座標変数や xy などその積が書かれている．これらは**基底関数**あるいは**基底**とよばれるが，MO 計算などで現れる基底関数とは少し違う意味をもっている．表 6・2 の基底関数と既約表現の関係を調べれば，対称操作のもとでの基底関数の「変化」を知ることができる．基底関数 x, y, z, xy などは

表6・2　C_{2v} 点群の既約表現[†]

既約表現 行列	既約表現 の名前	対称操作				基底関数
		E	C_2	σ_v	σ_v'	
Γ_1	A_1	(1)	(1)	(1)	(1)	z, x^2, y^2, z^2
Γ_2	A_2	(1)	(1)	(−1)	(−1)	xy, R_z
Γ_3	B_1	(1)	(−1)	(1)	(−1)	x, xz, R_y
Γ_4	B_2	(1)	(−1)	(−1)	(1)	y, yz, R_x

[†] この表の既約表現はすべて1次元なので，行列の要素の値が自動的に指標となる

それぞれ p_x, p_y, p_z, d_{xy} AO の振舞いと同じで[*3]，たとえば分子中の原子の AO が対称操作によって受ける影響もわかることになる．

ひきつづき C_{2v} 点群を例にとって，対称操作における基底関数の動きを考えてみる．表6・2を参照すれば，C_{2v} の表現行列はすべて1次元で一つの数であり，それが指標となっている．たとえば基底関数 z は，図6・2をもとに考えれば恒等操作 E，回転操作 C_2，鏡映操作 σ_v，σ_v' のどれによってもその符号は変わらない．これは z に対する既約表現では，これらの対称操作の表現行列の指標がすべて1であることを意味する．よって z は既約表現 A_1 の基底関数になる．

次に基底関数 x については，鏡映操作 σ_v では符号が変わらないが，回転操作 C_2 と鏡映操作 σ_v' のもとでは符号が変わる．これは C_2 および σ_v' 操作によって x の向きが変わるためである．このような状況に合う指標をもつ既約表現は B_1 であり，したがって x はその基底関数になる．同様に y については C_2 と σ_v 操作によって y の

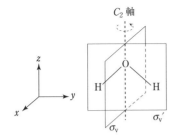

図6・2　H_2O 分子の対称要素である C_2 軸と二つの鏡面　C_2 軸は z 軸に平行で，σ_v は xz 平面内，σ_v' は yz 平面内にあるとしている

[*3] たとえば p_x, p_y, p_z の各 AO はそれぞれ $xf(r), yf(r), zf(r)$ と表される．ここで $f(r)$ は原子核からの距離 r だけを変数とする球対称的な関数である．

向きが変わるためにその符号が変わる．このようなyの符号変化に合う指標をもつのは既約表現B_2なので，yはその基底関数になる．

さらに2次であるz^2やxyなども表6・2で基底関数として現れている．z^2についてはzが2回掛けられているので，当然どの対称操作における指標も1となり，既約表現A_1の基底関数となる．xyについての指標はそれぞれの対称操作におけるxとyに対応する指標の積となるので，その結果，既約表現A_2の基底関数となる．上記の「向きが変わる」という意味は，下記の例題6・2のようにx, y, zをp_x, p_y, p_z AOに置き換えて考えれば，可視的に理解できよう．

例題6・2

(x, y, z)を座標変数とする3次元空間中におけるp_x, p_y, p_z AOがC_{2v}点群の対称操作を受けるとき，その形の変化を図示して示せ．

解　答

空間内に(a) p_x，(b) p_y，(c) p_z AOをおき，それぞれ回転操作C_2，鏡映操作σ_v，σ_v'を受けるときの形の変化を図示すれば下のようになる．なお恒等操作については変化がないので，省略している．

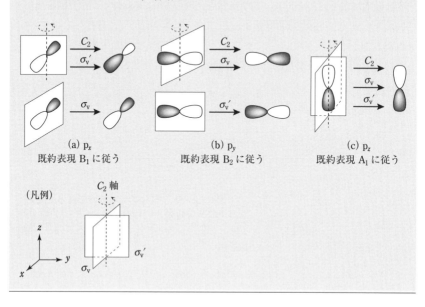

(a) p_x　既約表現B_1に従う
(b) p_y　既約表現B_2に従う
(c) p_z　既約表現A_1に従う

(凡例)

6・3　対称操作と基底関数　　　141

自習問題 6・2

　d_{xy} AO が C_{2v} 点群における対称操作を受けるとき，どのような既約表現に従うか．　　　　　　　　　　　　　　　　　　　　　　　答　A_2

　自習問題 6・2 と関連するが，基底関数 z^2 や xy などは，d_{z^2} や d_{xy} AO と同様の振舞いをする．一方，基底関数 R_x, R_y, R_z は少し特殊で，それぞれ x, y, z 軸まわりの回転運動を示す．ある対称操作についての既約表現の指標が -1 のときには，その対称操作によって回転運動がもとの回転と反対向きになることを意味する．C_{2v} 点群での基底 R_z を例にとって示そう．上述のように R_z は z 軸まわりの回転運動（上方から見て反時計まわり）を示すが，恒等操作 E や z 軸まわりの C_2 回転操作ではこの回転の向きは変化しない．一方，z 軸を含む鏡面 σ_v や $\sigma_v{}'$ についての鏡映操作では，回転の向きが反対になる．したがって，これら 4 種の対称操作についての指標は順に $1, 1, -1, -1$ になるべきであり，表 6・2 から C_{2v} 点群では既約表現 A_2 がこの指標をもつ．つまり C_{2v} 点群では，R_z は既約表現 A_2 の基底関数である．このような回転特性の変換は角運動量に関係するもので，ここではこれ以上ふれない．

　C_{2v} 点群の既約表現行列はすべて 1 次元で行列の要素の値は指標の値に等しかったが，表 6・3 に示す C_{3v} 点群の場合は，Γ_3 のように 2 次元のものがあり，その基

表 6・3　C_{3v} 点群の既約表現

既約表現行列	既約表現の名前	対称操作						基底関数
		E	C_3	$C_3{}^2$	σ_v	$\sigma_v{}'$	$\sigma_v{}''$	
Γ_1	A_1	(1)	(1)	(1)	(1)	(1)	(1)	$z, x^2,$ y^2, z^2
Γ_2	A_2	(1)	(1)	(1)	(-1)	(-1)	(-1)	R_z
Γ_3	$E^\dagger$	$\begin{pmatrix} 1 & 0 \\ 0 & 1 \end{pmatrix}$	$\begin{pmatrix} -\frac{1}{2} & -\frac{\sqrt{3}}{2} \\ \frac{\sqrt{3}}{2} & -\frac{1}{2} \end{pmatrix}$	$\begin{pmatrix} -\frac{1}{2} & \frac{\sqrt{3}}{2} \\ -\frac{\sqrt{3}}{2} & -\frac{1}{2} \end{pmatrix}$	$\begin{pmatrix} -1 & 0 \\ 0 & 1 \end{pmatrix}$	$\begin{pmatrix} \frac{1}{2} & \frac{\sqrt{3}}{2} \\ \frac{\sqrt{3}}{2} & -\frac{1}{2} \end{pmatrix}$	$\begin{pmatrix} \frac{1}{2} & -\frac{\sqrt{3}}{2} \\ -\frac{\sqrt{3}}{2} & -\frac{1}{2} \end{pmatrix}$	(x, y) (R_x, R_y) (x^2-y^2, xy) (xz, yz)
		(2)	(-1)	(-1)	(0)	(0)	(0)	

†　既約表現 E の下部の数値は，E に対するそれぞれの対称操作の指標を示す

底関数には(x, y)のようなかたちが含まれている．これはΓ_3の対称操作ではx, yがまとまったかたちで変換されることを意味している．このような2次元の基底関数についても考えてみよう．

C_{3v}点群の既約表現行列Γ_3，すなわち既約表現Eの各対称操作による基底関数x, y（列ベクトルで表す）の動きは次のようになる．まずE（恒等）対称操作では

$$\begin{pmatrix} 1 & 0 \\ 0 & 1 \end{pmatrix} \begin{pmatrix} x \\ y \end{pmatrix} = \begin{pmatrix} x \\ y \end{pmatrix} \tag{6・1}$$

である．C_3回転操作では回転角が$120°$なので

$$\begin{pmatrix} \cos 120° & -\sin 120° \\ \sin 120° & \cos 120° \end{pmatrix} \begin{pmatrix} x \\ y \end{pmatrix} = \begin{pmatrix} -\dfrac{1}{2}x - \dfrac{\sqrt{3}}{2}y \\ \dfrac{\sqrt{3}}{2}x - \dfrac{1}{2}y \end{pmatrix} \tag{6・2}$$

となる．さらに$C_3{}^2$回転操作では回転角が$240°$なので

$$\begin{pmatrix} \cos 240° & -\sin 240° \\ \sin 240° & \cos 240° \end{pmatrix} \begin{pmatrix} x \\ y \end{pmatrix} = \begin{pmatrix} -\dfrac{1}{2}x + \dfrac{\sqrt{3}}{2}y \\ -\dfrac{\sqrt{3}}{2}x - \dfrac{1}{2}y \end{pmatrix} \tag{6・3}$$

である．σ_v鏡映操作では

$$\begin{pmatrix} -1 & 0 \\ 0 & 1 \end{pmatrix} \begin{pmatrix} x \\ y \end{pmatrix} = \begin{pmatrix} -x \\ y \end{pmatrix} \tag{6・4}$$

である．

次に$\sigma_v{}'$鏡映操作は$C_3{}^2\,\sigma_v$の複合操作に等しいこと（表6・1参照）を使うと

$$\begin{pmatrix} \cos 240° & -\sin 240° \\ \sin 240° & \cos 240° \end{pmatrix} \begin{pmatrix} -1 & 0 \\ 0 & 1 \end{pmatrix} \begin{pmatrix} x \\ y \end{pmatrix} = \begin{pmatrix} -\dfrac{1}{2} & \dfrac{\sqrt{3}}{2} \\ -\dfrac{\sqrt{3}}{2} & -\dfrac{1}{2} \end{pmatrix} \begin{pmatrix} -x \\ y \end{pmatrix}$$

$$= \begin{pmatrix} \dfrac{1}{2}x + \dfrac{\sqrt{3}}{2}y \\ \dfrac{\sqrt{3}}{2}x - \dfrac{1}{2}y \end{pmatrix} \tag{6・5}$$

となり，結局 $\sigma_v{}'$ 鏡映操作では

$$
\begin{pmatrix} \dfrac{1}{2} & \dfrac{\sqrt{3}}{2} \\[2mm] \dfrac{\sqrt{3}}{2} & -\dfrac{1}{2} \end{pmatrix} \begin{pmatrix} x \\ y \end{pmatrix} = \begin{pmatrix} \dfrac{1}{2}x + \dfrac{\sqrt{3}}{2}y \\[2mm] \dfrac{\sqrt{3}}{2}x - \dfrac{1}{2}y \end{pmatrix} \tag{6・6}
$$

である．$\sigma_v{}''$ 鏡映操作は $C_3\sigma_v$ の複合操作に等しい（表6・1参照）ので

$$
\begin{pmatrix} \cos 120° & -\sin 120° \\ \sin 120° & \cos 120° \end{pmatrix} \begin{pmatrix} -1 & 0 \\ 0 & 1 \end{pmatrix} \begin{pmatrix} x \\ y \end{pmatrix} = \begin{pmatrix} -\dfrac{1}{2} & -\dfrac{\sqrt{3}}{2} \\[2mm] \dfrac{\sqrt{3}}{2} & -\dfrac{1}{2} \end{pmatrix} \begin{pmatrix} -x \\ y \end{pmatrix}
$$

$$
= \begin{pmatrix} \dfrac{1}{2}x - \dfrac{\sqrt{3}}{2}y \\[2mm] -\dfrac{\sqrt{3}}{2}x - \dfrac{1}{2}y \end{pmatrix} \tag{6・7}
$$

となり，結局 $\sigma_v{}''$ 鏡映操作では

$$
\begin{pmatrix} \dfrac{1}{2} & -\dfrac{\sqrt{3}}{2} \\[2mm] -\dfrac{\sqrt{3}}{2} & -\dfrac{1}{2} \end{pmatrix} \begin{pmatrix} x \\ y \end{pmatrix} = \begin{pmatrix} \dfrac{1}{2}x - \dfrac{\sqrt{3}}{2}y \\[2mm] -\dfrac{\sqrt{3}}{2}x - \dfrac{1}{2}y \end{pmatrix} \tag{6・8}
$$

である．このように基底関数 (x, y) は x 座標と y 座標が一対で変化することを意味しており，対応する既約表現は2次元となる．同様に p_x AO と p_y AO も一対で変化する．

6・4 MOと既約表現

　ここでは LCAO による MO について考える．MO は AO の無制限な線形結合によってつくられるのではなく，実は分子の対称性，つまり分子を分類する点群のいずれかの既約表現に属するように現れる．このことは LCAO の係数がゼロになるかどうかということや，その正負の符号に対する制限などを与える．計算化学ソフトで出力される MO は数値計算によって得られるものであるが，自動的にこの対称性

を満たしていてそれぞれの MO が属する既約表現も一緒に与えられていることが多い．しかしそれだけでは，なぜその既約表現に帰属されるかの理由がわからない．そこで MO の属する既約表現を理解する筋道についても説明しておく．

具体例として C_{2v} 点群に属する H_2O 分子について調べてみよう．まず H_2O 分子の座標軸と対称要素を決める必要があるが，これには図 6・2 に示されたものを用いることにする．そして図 6・3 のように得られた 3 種の MO が属する C_{2v} の既約表現を考える．たとえば図 6・3(a) の HOMO-2 の特徴を調べると

1 C_2 回転操作では MO の符号が逆転するので反対称的であり，指標は -1 になる．
2 σ_v 鏡映操作でも反対称的であり，指標は -1 になる．
3 σ_v' 鏡映操作では MO の符号は変わらない．つまり対称的で指標は 1 になる．
4 恒等操作 E は何もしないことだから，対応する指標は 1 である．

である．表 6・2 の C_{2v} 点群の既約表現を見ると，上記の 1～4 を満たす既約表現は B_2 である．つまり，HOMO-2 は既約表現 B_2 に属している．通常 MO に対する記号としては小文字を使うので b_2 型と書く．同様に調べると，図 6・3(b) の HOMO-1 は既約表現 A_1 に属するので a_1 型となる．また図 6・3(c) の HOMO は既約表現 B_1 に属して b_1 型となる．以上のように，どのような分子の MO についても対称性によって分類することができる．これらの型は図 6・3 のそれぞれの MO の下にも示してある．

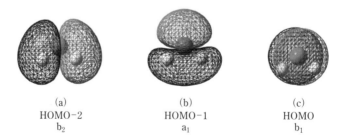

(a) HOMO-2 b_2
(b) HOMO-1 a_1
(c) HOMO b_1

図 6・3 H_2O 分子のいくつかの MO パターンと座標軸 (a) O の $2p_x$ AO と H の 1s AO が混ざってできた HOMO-2 (b_2 型)，(b) O の $2p_y$ AO と H の 1s AO が混ざってできた HOMO-1 (a_1 型)，および (c) O の $2p_z$ AO だけからできた HOMO (b_1 型)．計算は 3-21G 基底関数を用いたハートリー–フォック（HF＝Hartree-Fock）法による．計算に用いた座標軸と対称要素は図 6・2 と同じ（計算には Gaussian 16, Rev. C. 1 を使用）

6・5 指標の規格直交性   145

例題 6・3

図 6・3(b), (c) にある H_2O 分子の, (1)HOMO-1 と, (2)HOMO についての既約表現が上記のようにそれぞれ a_1 型と b_1 型になることを示せ.

解 答

(1) HOMO-1 については

(ⅰ) C_2 回転操作では MO の符号が逆転しないので対称的であり, 指標は 1 になる.

(ⅱ) σ_v 鏡映操作では対称的であり, 指標は 1 になる.

(ⅲ) $\sigma_v{}'$ 鏡映操作でも対称的であり, 指標は 1 になる.

(ⅳ) 恒等操作 E は何もしないことだから, 対応する指標は 1 である.

以上を満たす既約表現は A_1 なので, HOMO-1 については a_1 型である.

(2) HOMO については

(ⅰ) C_2 回転操作では MO の符号が逆転するので反対称的であり, 指標は -1 になる.

(ⅱ) σ_v 鏡映操作では MO の符号が逆転しないので対称的であり, 指標は 1 になる.

(ⅲ) $\sigma_v{}'$ 鏡映操作では符号が逆転して反対称的であり, 指標は -1 になる.

(ⅳ) 恒等操作 E は何もしないことだから, 対応する指標は 1 である.

以上を満たす既約表現は B_1 なので, HOMO については b_1 型である.

自習問題 6・3

C_{2v} 点群に属する分子の s AO だけから構成される MO を考えたとき, その既約表現は何か.　　　　　　　　　　　　　　　　　**答**　a_1 型

6・5 指標の規格直交性

さらに指標の性質を詳しく調べる. ある既約表現 k, 対称操作 R が示す指標を $\chi_k(R)$ と表すことにする. たとえば表 6・2 の C_{2v} 点群では $\chi_{A_1}(E)=1$, $\chi_{A_1}(C_2)=1$, $\chi_{A_1}(\sigma_v)=1$, $\chi_{A_1}(\sigma_v{}')=1$ である. 異なる既約表現 i の指標との間には規格直交性が

あり，位数 h（C_{2v} 点群では 4）を用いると

$$\frac{1}{h} \sum_R \chi_k(R)\, \chi_i(R) = \delta_{ki} \tag{6・9}$$

の関係が成り立つ．δ_{ki} はデルタ関数である．つまり異なる既約表現どうし（$k \neq i$）の指標の積の和は 0 になり，同じ既約表現どうし（$k = i$）であれば積の和を位数 h（$=4$）で割ると 1 に等しくなる．以下で C_{2v} 点群の指標を例にとって，規格直交性を具体的に調べてみよう．

表 6・2 の C_{2v} 点群の既約表現を用いて，異なる既約表現 A_1 と A_2 の指標の積の和を考えると

$$\frac{1}{4} \sum_R \chi_{A_1}(R)\, \chi_{A_2}(R)$$

$$= \frac{1}{4} \{\chi_{A_1}(E)\, \chi_{A_2}(E) + \chi_{A_1}(C_2)\, \chi_{A_2}(C_2) + \chi_{A_1}(\sigma_v)\, \chi_{A_2}(\sigma_v) + \chi_{A_1}(\sigma_{v'})\, \chi_{A_2}(\sigma_{v'})\}$$

$$= \frac{1}{4} [(1 \times 1) + (1 \times 1) + \{1 \times (-1)\} + \{1 \times (-1)\}] = 0 \tag{6・10}$$

となる．さらに異なる既約表現どうしの組合わせによる

$$\frac{1}{4} \sum_R \chi_{A_1}(R)\, \chi_{B_1}(R), \quad \frac{1}{4} \sum_R \chi_{A_1}(R)\, \chi_{B_2}(R), \quad \frac{1}{4} \sum_R \chi_{A_2}(R)\, \chi_{B_1}(R),$$

$$\frac{1}{4} \sum_R \chi_{A_2}(R)\, \chi_{B_2}(R), \quad \frac{1}{4} \sum_R \chi_{B_1}(R)\, \chi_{B_2}(R)$$

について計算しても，同様にゼロとなって直交していることがわかる．一方，同じ既約表現に属する指標についてはすべて 1 となって，規格化されている．

5・7 節で説明したように，点群の表現行列を A とすると，ユニタリー行列 P とその逆行列 P^{-1} を用いてこれを**ブロック対角化**して

$$B = P^{-1}AP \tag{6・11}$$

（式 (5・51) の再掲）

とすれば，ブロック対角化された行列 B の対角線上に既約表現 $\Gamma_1, \Gamma_2, \cdots\cdots$ が現れる．この B のことを既約表現行列，A のことを可約表現行列ともよぶことも 5・7 節で紹介した．既約表現行列 B のなかの既約表現 Γ_j が B の対角線上に現れる回数を a_j とすると，もとの可約表現行列 A の指標 $\chi(R)$ と既約表現 Γ_j の指標 $\chi_j(R)$ との間には

$$\chi(R) = \sum_j a_j \chi_j(R) \tag{6・12}$$

6・5　指標の規格直交性　　147

が成立する．和記号はあらゆる既約表現 Γ_j についての和をとることを表す．すなわち，A と B の指標は同じになる．式(6・12)は，式(6・9)の可約表現行列 A と既約表現行列 B での対角成分の和は同じであるという性質に由来する[*4]．a_j の値は式(6・9)の規格直交性と式(6・12)を利用すれば

$$\frac{1}{h} \sum_R \chi(R)\, \chi_i(R) \;=\; \frac{1}{h} \sum_R \left(\sum_k a_k \chi_k(R) \right) \chi_i(R) \;=\; a_i \qquad (6・13)$$

として算出できる．これを使うと式(6・11)で A を変換するための行列 P や P^{-1} の具体的なかたちがわからなくても，直接に A から既約表現へ分解できる．

例として図6・1に示された C_{3v} 点群に属する NH_3 分子中の3個の H 原子だけに着目し，上記の関係を確認してみよう．C_{3v} 点群の3種類の対称操作 $(E, 2C_3, 3\sigma_v)$ を含む可約表現行列 A と，その跡(対角成分の和)すなわち指標 $\chi(R)$ はそれぞれ以下のようになる．

$$E \quad \begin{pmatrix} H_A \\ H_B \\ H_C \end{pmatrix} = \begin{pmatrix} 1 & 0 & 0 \\ 0 & 1 & 0 \\ 0 & 0 & 1 \end{pmatrix} \begin{pmatrix} H_A \\ H_B \\ H_C \end{pmatrix} \qquad \chi(E) = 3$$

$$C_3 \quad \begin{pmatrix} H_B \\ H_C \\ H_A \end{pmatrix} = \begin{pmatrix} 0 & 1 & 0 \\ 0 & 0 & 1 \\ 1 & 0 & 0 \end{pmatrix} \begin{pmatrix} H_A \\ H_B \\ H_C \end{pmatrix} \qquad \chi(C_3) = 0$$

$$C_3{}^2 \quad \begin{pmatrix} H_C \\ H_A \\ H_B \end{pmatrix} = \begin{pmatrix} 0 & 0 & 1 \\ 1 & 0 & 0 \\ 0 & 1 & 0 \end{pmatrix} \begin{pmatrix} H_A \\ H_B \\ H_C \end{pmatrix} \qquad \chi(C_3{}^2) = 0$$

$$\sigma_v \quad \begin{pmatrix} H_A \\ H_C \\ H_B \end{pmatrix} = \begin{pmatrix} 1 & 0 & 0 \\ 0 & 0 & 1 \\ 0 & 1 & 0 \end{pmatrix} \begin{pmatrix} H_A \\ H_B \\ H_C \end{pmatrix} \qquad \chi(\sigma_v) = 1$$

$$\sigma_v{}' \quad \begin{pmatrix} H_C \\ H_B \\ H_A \end{pmatrix} = \begin{pmatrix} 0 & 0 & 1 \\ 0 & 1 & 0 \\ 1 & 0 & 0 \end{pmatrix} \begin{pmatrix} H_A \\ H_B \\ H_C \end{pmatrix} \qquad \chi(\sigma_v{}') = 1$$

$$\sigma_v{}'' \quad \begin{pmatrix} H_B \\ H_A \\ H_C \end{pmatrix} = \begin{pmatrix} 0 & 1 & 0 \\ 1 & 0 & 0 \\ 0 & 0 & 1 \end{pmatrix} \begin{pmatrix} H_A \\ H_B \\ H_C \end{pmatrix} \qquad \chi(\sigma_v{}'') = 1$$

[*4]　同値な行列どうし(ここでは可約表現行列 A と既約表現行列 B)の対角成分の和(跡)，すなわち指標は等しいという数学上の定理による．

148　　　　　　　　**6. 対称性と群論**

以上をまとめて簡単に書くと

対称操作	E	$2C_3$	$3\sigma_v$
A の指標 $\chi(R)$	3	0	1

となる（上記の対称操作での $2C_3$ は C_3 と $C_3{}^2$ の回転操作，$3\sigma_v$ は σ_v, $\sigma_v{}'$ および $\sigma_v{}''$ の鏡映操作のグループをまとめて書いている．このようにグループとしてまとめたものを「類」とよんだ）．求めたそれぞれの可約表現行列 A の指標 $\chi(R)$ と，表6・3にある C_{3v} 点群のそれぞれの既約表現 i の指標 $\chi_i(R)$ を式(6・13)の最左辺に代入すると

$$
\left.
\begin{aligned}
i = \mathrm{A_1}:\ a_{\mathrm{A_1}} &= \frac{1}{6}\{(3\times1\times1)+(0\times1\times2)+(1\times1\times3)\} = 1 \\[4pt]
i = \mathrm{A_2}:\ a_{\mathrm{A_2}} &= \frac{1}{6}\{(3\times1\times1)+(0\times1\times2)+(1\times(-1)\times3)\} = 0 \\[4pt]
i = \mathrm{E}:\ a_{\mathrm{E}} &= \frac{1}{6}\{(3\times2\times1)+(0\times(-1)\times2)+(1\times0\times3)\} = 1
\end{aligned}
\right\}\ (6\cdot14)
$$

と計算できる．

例題 6・4

　C_{3v} 点群に属する NH_3 分子の3個の H 原子については，式(6・14)によってそれぞれの既約表現の出現回数 a_i が求められることを示せ．

解　答

　式(6・13)が基本となる．まず，今の場合の位数 h は C_{3v} 点群の対称操作 E, $C_3, C_3{}^2, \sigma_v, \sigma_v{}', \sigma_v{}''$ の個数なので，$h=6$ となる．これはすべての既約表現 i について共通である．和記号 $\displaystyle\sum_R$ は，これら6種の対称操作の和をとることを意味する．$\chi(R)$ は可約表現行列 A（$\mathrm{A_1, A_2}$ および E）の対称操作 R についての指標 3, 0, 1 のいずれかであり，$\chi_i(R)$ は表6・3から得られる各既約表現のさらに各対称操作についての指標であることに注意して進める．

　（ i ）まず $a_{\mathrm{A_1}}$ についての $R=E$ では，$\chi(E)=3$, $\chi_{\mathrm{A_1}}(E)=1$ と，E の現れる回数は1回であることから $(3\times1\times1)$ と考える．次に $R=C_3$ と $C_3{}^2$ ではともに $\chi(C_3)=0$, $\chi_{\mathrm{A_1}}(C_3)=1$ であり，C_3 と $C_3{}^2$ をまとめて $(0\times1\times2)$ と考える．さ

らに $R = \sigma_v, \sigma_v', \sigma_v''$ ではすべて $\chi(\sigma_v) = 1$, $\chi_{A_1}(\sigma_v) = 1$ であり, $\sigma_v, \sigma_v', \sigma_v''$ を まとめて $(1 \times 1 \times 3)$ と考える. 以上を用いて a_{A_1} を求めると

$$a_{A_1} = \frac{1}{h}\{(3 \times 1 \times 1) + (0 \times 1 \times 2) + (1 \times 1 \times 3)\} = \frac{1}{6}(3 + 0 + 3) = 1$$

が得られる.

（ⅱ）次に a_{A_2} についての $R = E$ では, $\chi(E) = 3$, $\chi_{A_2}(E) = 1$ であり, E の現 れる回数は1回であることから $(3 \times 1 \times 1)$ を考える. 次に $R = C_3$ と $C_3{}^2$ ではと もに, $\chi(C_3) = 0$, $\chi_{A_2}(C_3) = 1$ であり, C_3 と $C_3{}^2$ をまとめて $(0 \times 1 \times 2)$ と考え る. さらに $R = \sigma_v, \sigma_v', \sigma_v''$ ではすべて $\chi(\sigma_v) = 1$, $\chi_{A_2}(\sigma_v) = -1$ であり, σ_v, σ_v', σ_v'' をまとめて $\{1 \times (-1) \times 3\}$ を考える. 以上を用いて a_{A_2} を求めると

$$a_{A_2} = \frac{1}{h}\{(3 \times 1 \times 1) + (0 \times 1 \times 2) + (1 \times (-1) \times 3)\} = \frac{1}{6}(3 + 0 - 3) = 0$$

が得られる.

（ⅲ）最後に a_E についての $R = E$ では, $\chi(E) = 3$, $\chi_E(E) = 2$ であり, E の 現れる回数は1回であることから $(3 \times 2 \times 1)$ と考える. 次に $R = C_3$ と $C_3{}^2$ では ともに, $\chi(C_3) = \chi(C_3{}^2) = 0$, $\chi_E(C_3) = -1$ であり, C_3 と $C_3{}^2$ をまとめて $\{0 \times (-1) \times 2\}$ と考える. さらに $R = \sigma_v, \sigma_v', \sigma_v''$ ではすべて, $\chi(\sigma_v) = \chi(\sigma_v') = \chi(\sigma_v'') = 1$, $\chi_E(\sigma_v) = 0$ であり, $\sigma_v, \sigma_v', \sigma_v''$ をまとめて $(1 \times 0 \times 3)$ と考える. 以上を用いて a_E を求めると

$$a_E = \frac{1}{h}\{(3 \times 2 \times 1) + (0 \times (-1) \times 2) + (1 \times 0 \times 3)\} = \frac{1}{6}(6 + 0 + 0) = 1$$

が得られる.

このように式(6・14)によって，それぞれの a_i が求められる.

自習問題6・4

C_{2h} 点群の位相と類の数を求めよ.

答 位相は4，類の数は0

例題6・4の結果から，C_{3v} の可約表現行列 A のなかには既約表現 A_1 が1回と E が1回現れることがわかるので，これで NH_3 分子のなかの3個の H 原子について

既約表現への分解ができたことになる．表し方としては

$$A = A_1 + E \tag{6・15}$$

のように書く．式(6・15)の右辺を**既約表現の直和**というが，＋の記号の代わりに⊕を用いることもある．指標の利用に慣れると，既約表現行列を得るための式(6・11)による正式で面倒な手続きをとらなくても，ある可約表現行列 A を対応する既約表現の直和に分解することができる．

このような直和分解は計算化学用のソフトが発達した現在ではほとんど使われない．だが以前，MO を求めるために高次方程式をマニュアルで解いていたときには，方程式の次数を下げる因数分解を行う際，その見通しをよくするという利点があった．

6・6 積分への応用

群論は化学において頻繁に登場するものではないが，分子内の原子や原子グループがもつ AO や，MO を表す波動関数が属する既約表現を知ることは，その波動関数を用いた積分の値を推測するときに役立つ．このような積分には，原子や原子団間の**重なり積分**や分子の**遷移双極子モーメント**などがあり，後者は分子の光励起による電子遷移の基本的な理解にとって重要である．

これらの場合においては

$$I = \int_{-\infty}^{\infty} \chi_1 \chi_2 \, \mathrm{d}\tau \tag{6・16}$$

$$J = \int_{-\infty}^{\infty} \psi_1 \psi_2 \psi_3 \, \mathrm{d}\tau \tag{6・17}$$

という積分を求める必要が出てくる．$\chi_i (i=1,2)$ が分子を構成する原子，あるいは原子団を表す AO やその組合わせであれば，I は波動関数の重なり積分になる．また $\psi_i (i=1,3)$ が分子の MO で，$\psi_i (i=2)$ が位置変数 x, y あるいは z であれば[*5]，J は分子の遷移双極子モーメントになる．位置変数 x, y あるいは z は，それぞれ x, y, z 偏光に対応する．また $J=0$ のときには**禁制遷移**，$J \neq 0$ のときには**許容遷移**という．

[*5] ここでの位置変数は位置演算子の意味をもつ (演算子を示すハット ^ は省略している)．この位置変数に $-e$ (e は電気素量) を掛けたものが，励起や発光の電磁放射演算子となる．

6・7　本章のまとめ　　　151

　実際の定積分IやJの値を求めるにはもちろん計算を必要とするが，対称性が働けば積分値が厳密にゼロになることがある．あらかじめこのことがわかっていれば，詳細な計算をしないでよい可能性もあるので便利であろう．これらの積分値が厳密にゼロになるのは，被積分関数の属する対称種がA, A_1, A_{1g}などのように，指標がすべて1である**全対称的**な既約表現に属さないときである．この条件は，定積分IやJがゼロ以外の値をもちうるのは分子の回転や鏡映などの対称操作によっても積分の結果が不変であること，すなわちIやJを求めるときの被積分関数の属する対称性が全対称的であるときに限られている．表6・4や表6・5にこのことを示す例をあげておく．

表6・4　C_{3v} 点群に属する二つの関数 χ_1, χ_2 の積の対称性

関　数	対称操作			既約表現の名前	基底関数
	E	$2C_3$	$3\sigma_v$		
χ_1	(1)	(1)	(1)	A_1	z, x^2, y^2, z^2
χ_2	(2)	(−1)	(0)	E	$(x, y)\,(R_x, R_y)\,(x^2-y^2, xy)\,(xz, yz)$
$\chi_1 \chi_2$	(2)	(−1)	(0)	E	（全対称性ではない）

表6・5　C_{2v} 点群に属する三つの関数 ψ_1, ψ_2, ψ_3 の積の対称性

関　数	対称操作				既約表現の名前	基底関数
	E	C_2	σ_v	σ_v' [†1]		
ψ_1	(1)	(1)	(1)	(1)	A_1	z, x^2, y^2, z^2
$\psi_2(=x)$ [†2]	(1)	(−1)	(1)	(−1)	B_1	x, xz, R_y
ψ_3	(1)	(−1)	(−1)	(1)	B_2	y, yz, R_x
$\psi_1 \psi_2 \psi_3$	(1)	(1)	(−1)	(−1)	A_2	（全対称性ではない）

†1　C_{2v} 点群の σ_v と σ_v' は類をつくらない
†2　ψ_2 は位置演算子 x としている

6・7　本章のまとめ

　本章では第5章の後半に現れた分子の対称性の取扱いを延長して，分子の対称性を群論のなかの点群と関連づけた説明を行った．内容は少し複雑に見えたかもしれ

ないが，一通り読んで「耐性」をつけておけば，必要なことが出てくれば改めて拾い読みしてもらうだけで十分だと思う．うまく活用していただきたい．

参考文献

6・1 P. W. アトキンス，J. de ポーラ著，中野元裕ほか訳，『アトキンス物理化学（上）第10版』，東京化学同人 (2017).

6・2 D. A. マッカーリ，J. D. サイモン著，千原秀昭ほか訳，『マッカーリ・サイモン物理化学（上）分子論的アプローチ』，東京化学同人 (1999).

 演習問題

1. 例題6・1のC_{2h}点群の複合操作で第1操作と第2操作の順を逆にしたときと，表6・1のC_{3v}点群の複合操作で同様のことを行ったときの結果を比較せよ．これらの結果から点群における対称操作でいえることは何か．
2. 参考文献やWeb上にある点群の表を参考にして，以下の点群の位数と類の数を求めよ．
   (1) C_i, (2) C_{4v}, (3) D_{3h}, (4) T_d
3. C_{2v}点群の既約表現を用いて，次の既約表現の指標の積の和

   (1) $\dfrac{1}{4}\sum_R \chi_{A_1}(R)\,\chi_{A_1}(R)$

   (2) $\dfrac{1}{4}\sum_R \chi_{A_1}(R)\,\chi_{B_1}(R)$

   (3) $\dfrac{1}{4}\sum_R \chi_{A_2}(R)\,\chi_{B_1}(R)$

   を求めて，規格化されるか直交するか調べよ．和記号の前にある1/4は，1/h（hはC_{2v}点群の位数）である．
4. C_{3v}点群の可約表現行列Aが

対称操作	E	$2C_3$	$3\sigma_v$
可約表現Aの指標	4	1	0

   であるとき，既約表現に直和分解せよ．

5. 図 6・3 に示した H_2O 分子の HOMO から LUMO への遷移双極子モーメントは対称性の見地からすればゼロか否かについて調べよ．なお，LUMO は既約表現 A_1 に属するものとする．

   解　答

1. たとえば C_{2h} 点群の複合操作では第 1 操作を C_2，第 2 操作を i としたときの結果は σ_h である．この操作の順を逆にすれば σ_h となり，点群操作の順を逆にしても結果は同じである．しかし C_{3v} 点群の複合操作では第 1 操作を C_3，第 2 操作を σ_v としたときの結果は $\sigma_v{'}$ であり，この操作の順を逆にすれば $\sigma_v{''}$ となるので，点群操作の順を逆にすれば結果は異なる．つまり，点群操作の順を逆にすると必ずしも同じ結果にはならない．このことについて，数学的には「点群では交換法則 ab = ba は成り立たないので，可換ではない」という．

2. (1) C_i　　位数は 2，類の数は 2
   (2) C_{4v}　　位数は 8，類の数は 5
   (3) D_{3h}　　位数は 12，類の数は 6
   (4) T_d　　位数は 24，類の数は 5

3. (1) $\dfrac{1}{4} \sum_R \chi_{A_1}(R)\, \chi_{A_1}(R)$

   $= \dfrac{1}{4} \{ \chi_{A_1}(E)\, \chi_{A_1}(E) + \chi_{A_1}(C_2)\, \chi_{A_1}(C_2) + \chi_{A_1}(\sigma_v)\, \chi_{A_1}(\sigma_v) + \chi_{A_1}(\sigma_{v'})\, \chi_{A_1}(\sigma_{v'}) \}$

   $= \dfrac{1}{4} [(1 \times 1) + (1 \times 1) + (1 \times 1) + (1 \times 1)] = 1$　である（規格化）．

   (2) $\dfrac{1}{4} \sum_R \chi_{A_1}(R)\, \chi_{B_1}(R)$

   $= \dfrac{1}{4} \{ \chi_{A_1}(E)\, \chi_{B_1}(E) + \chi_{A_1}(C_2)\, \chi_{B_1}(C_2) + \chi_{A_1}(\sigma_v)\, \chi_{B_1}(\sigma_v) + \chi_{A_1}(\sigma_{v'})\, \chi_{B_1}(\sigma_{v'}) \}$

   $= \dfrac{1}{4} [(1 \times 1) + \{1 \times (-1)\} + (1 \times 1) + \{1 \times (-1)\}] = 0$　である（直交）．

   (3) $\dfrac{1}{4} \sum_R \chi_{A_2}(R)\, \chi_{B_1}(R)$

   $= \dfrac{1}{4} \{ \chi_{A_2}(E)\, \chi_{B_1}(E) + \chi_{A_2}(C_2)\, \chi_{B_1}(C_2) + \chi_{A_2}(\sigma_v)\, \chi_{B_1}(\sigma_v) + \chi_{A_2}(\sigma_{v'})\, \chi_{B_1}(\sigma_{v'}) \}$

$$= \frac{1}{4}\left[(1\times 1) + \{1\times(-1)\} + \{(-1)\times 1\} + \{(-1)\times(-1)\}\right] = 0 \quad \text{である(直交)}.$$

4. 式(6・13)と表6・3の C_{3v} 点群の既約表現の指標を用いれば

$$a_{A_1} = \frac{1}{6}\{(4\times 1\times 1) + (1\times 1\times 2) + (0\times 1\times 3)\} = 1$$

$$a_{A_2} = \frac{1}{6}\{(4\times 1\times 1) + (1\times 1\times 2) + (0\times(-1)\times 3)\} = 1$$

$$a_{E} = \frac{1}{6}\{(4\times 2\times 1) + (1\times(-1)\times 2) + (0\times 0\times 3)\} = 1$$

になるので,可約表現行列 A は $A = A_1 + A_2 + E$ と分解される.

5. 以下の3通りについて調べる必要がある.

(1) 位置演算子が x であるとき

関 数	対 称 操 作				既約表現の名 前
	E	C_2	σ_v	σ_v'	
ψ_1(HOMO)	(1)	(-1)	(1)	(-1)	B_1
x	(1)	(-1)	(1)	(-1)	B_1
ψ_3(LUMO)	(1)	(1)	(1)	(1)	A_1
$\psi_3\, x\, \psi_1$	(1)	(1)	(1)	(1)	A_1

であり,被積分関数 $\psi_3 x \psi_1$ は全対称的であるので,x 偏光に対する遷移双極子モーメントを与える積分はゼロにはならず許容遷移となる.

(2) 位置演算子が y であるとき

関 数	対 称 操 作				既約表現の名 前
	E	C_2	σ_v	σ_v'	
ψ_1(HOMO)	(1)	(-1)	(1)	(-1)	B_1
y	(1)	(-1)	(-1)	(1)	B_2
ψ_3(LUMO)	(1)	(1)	(1)	(1)	A_1
$\psi_3\, y\, \psi_1$	(1)	(1)	(-1)	(-1)	A_2

であり,被積分関数 $\psi_3 y \psi_1$ は全対称的ではないので,y 偏光に対する遷移双極子モーメントを与える積分はゼロになり禁制遷移となる.

演 習 問 題　　　　　155

(3) 位置演算子が z であるとき

関　数	対 称 操 作				既約表現の名 前
	E	C_2	σ_v	$\sigma_\mathrm{v}{}'$	
ψ_1(HOMO)	(1)	(−1)	(1)	(−1)	B_1
z	(1)	(1)	(1)	(1)	A_1
ψ_3(LUMO)	(1)	(1)	(1)	(1)	A_1
$\psi_3\, z\, \psi_1$	(1)	(−1)	(1)	(−1)	B_1

であり，被積分関数 $\psi_3 z \psi_1$ は全対称的ではないので，z 偏光に対する遷移双極子モーメントを与える積分はゼロになり，禁制遷移となる．

　以上をまとめると，x 偏光による光励起の遷移双極子モーメントはゼロではないので，電子遷移としては許容となる．

column　　　　　　　　　　　　　　　　　空 間 群 と 準 結 晶

　本章では分子の対称性を記述する点群を扱ったが，そこで現れなかった群として空間群がある．結晶をつくるためには，分子の対称要素を扱う点群による分類だけではなく，空間における並進対称性（繰返しの対称性）も含める必要がある．この並進対称性を加えたものが**空間群**である．たとえばこの並進対称性が，空間内にある3本の直交する空間軸に沿ってのものであれば，生成する結晶を斜方晶（直方晶）という．これらの空間軸は特に直交していなくてもよく，そのときに生成する結晶は三斜晶とよばれ，最も対称性の低い結晶となる．

　このように並進対称性をもつ結晶は，内部に3回，4回あるいは6回の回転対称性をもつことができる．簡単な例で考えれば，これは正三角形，正方形あるいは正六角形の3種類のみのタイルによって，互いに隙間がなく重なりもないように二次元平面を敷き詰められることを意味する．

　ところで，結晶の並進対称性をもたないが，高い秩序性の配列をもつ**準結晶**とよばれる物質が存在する．これらは5回，8回，10回，12回の回転対称性をもつ．このうち有名なものは5回対称性をもつ準結晶である．つまり正五角形のタイルで二次元平面を敷き詰めることはできないが秩序性は高い．1970年代にこういう話を提唱したペンローズ (R. Penrose) の名前をとって，このようにしてできた模様をペンローズタイルとよぶ．1984年にシェヒトマン (D. Shechtman) によって急冷したAl-Mn合金が5回回転対称性をもちうることが発見され，これが準結晶の実際の発見となっている．

　さらに準結晶は同じ元素による結晶や合金とは異なる性質をもつことも知られている．たとえば電気伝導性では半導体のような性質を示すなど，対称性の違いは構造だけではなく物性にも影響する．準結晶の開発にはそういう意味でも興味深いものがある．

7

基本的な関数の性質

7·1 はじめに

　物理化学によく出てくる関数は，指数関数，対数関数，三角関数などの初等関数（＝高校で習う関数と考えてよい），あるいはそれらを組合わせたものが多い．本章では物理化学に現れる基本的な関数，特に統計力学で用いられる分布関数や分配関数，および量子力学に現れる波動関数の性質・特徴に加え，これらが物理的意味をもつための要請などについて説明を行う．これら関数のほとんどすべては実数値をとる実関数で，複素関数は量子力学で扱う波動関数にわずかに現れる程度である．さらに本章では，関数のテイラー級数展開についてもふれる．

7·2 ボルツマン分布関数

　ボルツマン (**Boltzmann**) 分布とは，いろいろなエネルギー状態にある粒子の分布を与えるものであり，統計力学に登場する．ボルツマン分布 ρ_i は

$$\rho_i = A e^{-\beta \varepsilon_i} \tag{7·1}$$

というかたちの指数関数によって与えられ，その特徴は，ある粒子集団においてエネルギーの高い状態の粒子数が，低い状態のそれに比べて指数関数的に減少することである．

　ρ_i は図 7·1(a) のようにエネルギー準位 $\varepsilon_i \, (i = 1, 2, \cdots\cdots, M)$ に収容される粒子数 n_i とその総数 N の比である**相対度数** n_i/N を表し，統計力学的に最も確からしい値を求めたものである．式(7·1)に含まれる定数 β は**未定乗数**とよばれるもので，後述するように物理的に一定の意味をもつ．また A はボルツマン分布の規格化定数であり，この場合は

$$\sum_{i=1}^{M} n_i = N \quad (N \text{ は粒子の総数}) \tag{7·2}$$

を満たすために必要なものである．相対度数（つまりボルツマン分布）ρ_i については

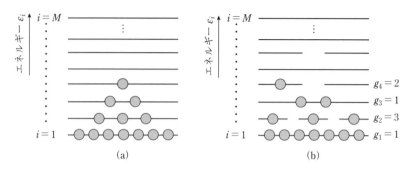

図7・1 エネルギー準位 ε_i への粒子の詰まり方を表す概略図 (a)ボルツマン分布では低いエネルギー準位に詰まる粒子が多い．(b) 同じエネルギー準位が複数ある場合(これを**縮退**という．g_i は縮退度)

$$\sum_{i=1}^{M} \rho_i = \sum_{i=1}^{M} A e^{-\beta \varepsilon_i} = \sum_{i=1}^{M} \frac{n_i}{N} = 1 \tag{7・3}$$

が成り立ち，規格化定数 A は

$$A = \frac{1}{\sum_{i=1}^{M} e^{-\beta \varepsilon_i}} \equiv \frac{1}{z} \tag{7・4}$$

と与えられる．この分母をいちいち書くのは面倒なので，z という文字で表し，粒子の**分配関数**(partition function．独語では Zustandsumme)という名前でよぶことにする．未定乗数 β は $1/k_\mathrm{B} T$ の意味をもつことがわかっている．k_B はボルツマン定数，T は絶対温度であり，$e^{-\beta \varepsilon_i}$ は**ボルツマン因子**という．

例題7・1

理想気体を例にとって，$\beta = \dfrac{1}{k_\mathrm{B} T}$ となることを示せ．

解 答

理想気体では，質量 m の構成分子(i と番号を付けておく)のもつエネルギーは，運動エネルギー $\dfrac{1}{2} m v_i^2 = \dfrac{\boldsymbol{p}_i^2}{2m}$ だけである．1次元的な運動だけを考えると，分子 i のエネルギーは $\varepsilon_i = \dfrac{p_{xi}^2}{2m}$ と表される．また $n_i = e^{-\dfrac{\beta p_{xi}^2}{2m}}$ である．N

を構成分子の総数としてエネルギーの平均値 $\bar{\varepsilon}$ を求めるため，この ε_i と n_i を $\bar{\varepsilon}$ $=\sum\limits_{i=1}^{M}\dfrac{\varepsilon_i n_i}{N}$ に代入すると，

$$\bar{\varepsilon} = \frac{\sum\limits_{i=1}^{M}\dfrac{p_{xi}^2}{2m}\,\mathrm{e}^{-\frac{\beta p_{xi}^2}{2m}}}{\sum\limits_{i=1}^{M}\mathrm{e}^{-\frac{\beta p_{xi}^2}{2m}}}$$

となる．古典力学的な運動を考えると運動量 p_{xi} は量子化されておらず連続的に変化するから，連続変数 p_x と書き直したうえで，定積分

$$\bar{\varepsilon} = \frac{\displaystyle\int_{-\infty}^{\infty}\frac{p_x^2}{2m}\,\mathrm{e}^{-\frac{\beta p_x^2}{2m}}\,\mathrm{d}p_x}{\displaystyle\int_{-\infty}^{\infty}\mathrm{e}^{-\frac{\beta p_x^2}{2m}}\,\mathrm{d}p_x}$$

に直すことができる．第 4 章で説明した積分公式 $\displaystyle\int_{0}^{\infty}\mathrm{e}^{-ax^2}\mathrm{d}x=\frac{1}{2}\sqrt{\frac{\pi}{a}}$ および $\displaystyle\int_{0}^{\infty}x^2\mathrm{e}^{-ax^2}\mathrm{d}x=\frac{1}{4}\sqrt{\frac{\pi}{a^3}}\,(a>0)$ などを用いると，$\bar{\varepsilon}$ の値は $\dfrac{1}{2\beta}$ となる．一方，例題 7・3 とも関連するが，**気体分子運動論**から理想気体の運動エネルギーの 1 次元自由度の成分は $\bar{\varepsilon}=\dfrac{k_{\mathrm{B}}T}{2}$ とわかっている．したがって $\beta=\dfrac{1}{k_{\mathrm{B}}T}$ と書ける．

　この関係は，相互作用をしない粒子の集合（ここでは理想気体を例にとった）については一般的に成り立つ．

自習問題 7・1

　上記の気体が非理想気体であるとき，得られるエネルギーはどのようになるか．　　**答**　運動エネルギーだけではなく，気体分子間の相互作用を与えるポテンシャルエネルギーが加わる

　統計力学で興味があるのは，n_i そのものよりも相対度数 n_i/N である．これは分配関数 z を用いて

$$\rho_i = \frac{n_i}{N} = \frac{\mathrm{e}^{-\frac{\varepsilon_i}{k_{\mathrm{B}}T}}}{\sum\limits_{i=1}^{M}\mathrm{e}^{-\frac{\varepsilon_i}{k_{\mathrm{B}}T}}} = \frac{\mathrm{e}^{-\frac{\varepsilon_i}{k_{\mathrm{B}}T}}}{z} \tag{7・5}$$

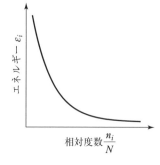

図7・2 ボルツマン分布関数の形状 粒子のエネルギーが大きくなると，粒子の相対度数は指数関数的に減少する．横軸は粒子の相対度数としている

と表され，これがボルツマン分布の基本型である．そのグラフを図7・2に示すが，ε_i が大きくなるほど相対度数の分布 n_i/N は指数関数的に減少するのが特徴である．エネルギー状態 ε_i は連続的でも離散的（すなわち量子論的）であってもよい．

例題7・2

運動量空間中の微小体積 $dp_x dp_y dp_z$ の中にある気体分子の数を dn とすると，全体の粒子数 N に対する比率は，式(7・5)のボルツマン分布を参考にすると

$$\frac{dn}{N} = \frac{e^{-\frac{p_x^2 + p_y^2 + p_z^2}{2mk_B T}} dp_x dp_y dp_z}{z}$$

と書ける．運動量 p_x, p_y, p_z が連続的な値をとるとして，分配関数 z の具体的なかたちを求めよ．ただし第4章で求めた積分公式を用いてよい．

解 答

積分を用いて分配関数を計算すると

$$z = \int_{-\infty}^{\infty} \int_{-\infty}^{\infty} \int_{-\infty}^{\infty} e^{-\frac{p_x^2 + p_y^2 + p_z^2}{2mk_B T}} dp_x dp_y dp_z$$

$$= \left\{ \int_{-\infty}^{\infty} e^{-\frac{p_x^2}{2mk_B T}} dp_x \right\} \left\{ \int_{-\infty}^{\infty} e^{-\frac{p_y^2}{2mk_B T}} dp_y \right\} \left\{ \int_{-\infty}^{\infty} e^{-\frac{p_z^2}{2mk_B T}} dp_z \right\}$$

$$= \left\{ \int_{-\infty}^{\infty} e^{-\frac{p_x^2}{2mk_B T}} dp_x \right\}^3 = (\sqrt{2\pi m k_B T})^3$$

7・3 マクスウェルの速度分布関数　　161

自習問題 7・2

　区別ができない N 個の気体分子についての分配関数は，どのように表されるか．

　　　　　　　　　　　　　　　　　　　　　答　$\dfrac{z^N}{N!}$ となる

　ボルツマン分布の中のエネルギー準位 ε_i に図7・1(b)のように縮退がある場合には，さらに各準位の縮退度 g_i 用いて，

$$\rho_i = \frac{g_i \mathrm{e}^{-\frac{\varepsilon_i}{k_\mathrm{B}T}}}{\displaystyle\sum_{i=1}^{m} g_i \mathrm{e}^{-\frac{\varepsilon_i}{k_\mathrm{B}T}}} = \frac{g_i \mathrm{e}^{-\frac{\varepsilon_i}{k_\mathrm{B}T}}}{z} \tag{7・6}$$

と一般化できる．

7・3　マクスウェルの速度分布関数

　このボルツマン分布を，図7・3(a)のような**1次元並進運動**をしている気体分子のエネルギーに当てはめてみる．古典論によって考えると，質量 m の理想気体分子の x 軸方向のエネルギーは連続的に変化するので，エネルギー準位 ε_i に収容される分子数 n_i に当たるものを $\mathrm{d}n$ とし，速度が $v_x \sim v_x + \mathrm{d}v_x$ の間にある分子の個数がこの $\mathrm{d}n$ に相当すると考える．すると，この気体分子の1次元方向の運動の平均速度は

$$\frac{\mathrm{d}n}{N} = A\mathrm{e}^{-\frac{mv_x^2}{2k_\mathrm{B}T}} \, \mathrm{d}v_x \tag{7・7}$$

と表すことができる．A はやはり規格化定数であって，ここではエネルギー変数 v_x が連続的に変化するので定積分を考えることにより，

$$A \int_{-\infty}^{\infty} \mathrm{e}^{-\frac{mv_x^2}{2k_\mathrm{B}T}} \, \mathrm{d}v_x = 1 \tag{7・8}$$

が成り立つものである．例題7・1にも現れた定積分値

$$\int_{-\infty}^{\infty} \mathrm{e}^{-ax^2} \, \mathrm{d}x = \sqrt{\frac{\pi}{a}} \quad (a > 0) \tag{7・9}$$

を用いると，A は

$$A = \sqrt{\frac{m}{2\pi k_\mathrm{B}T}} \tag{7・10}$$

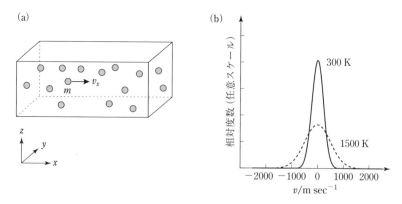

図7・3 (a) 箱の中で x 方向に速度 v_x で並進している質量 m の理想気体分子，(b) N_2 分子の1次元方向の速度分布

と得られる．このようにして得られた1次元方向の運動の平均速度分布は，図7・3(b) のようになる．このグラフは N_2 分子に対するもので，式(7・7)の関数形から正規分布型の形状をもっている．温度が高くなると，より広い範囲の速度にわたって粒子数が分布することになる．

同様に3次元的な運動の平均速度は，式(7・7)と(7・10)の単純な延長である

$$\frac{dn}{N} = \left(\sqrt{\frac{m}{2\pi k_B T}}\right)^3 e^{-\frac{m(v_x^2+v_y^2+v_z^2)}{2k_B T}} dv_x\, dv_y\, dv_z$$

$$= \left(\sqrt{\frac{m}{2\pi k_B T}}\right)^3 e^{-\frac{mv^2}{2k_B T}} dv \quad (7・11)$$

によって表される．ただし

$$v^2 = v_x^2 + v_y^2 + v_z^2 \quad (7・12)$$

としている．スカラー量として考えた平均速さ $v(>0)$ をもつ分子の分布は，図7・4(a) のように分子の速さが v_x, v_y, v_z を座標軸とする3次元空間の，半径 $v \sim v+dv$ の間の球殻にある個数として与えられる．したがってこれは，式(7・11)の右辺に半径 v の球の表面積 $4\pi v^2$ を掛けて求めることになる．

以上から，3次元的な運動の平均速さの分布は

$$\frac{dn}{N} = 4\pi v^2 \left(\sqrt{\frac{m}{2\pi k_B T}}\right)^3 e^{-\frac{mv^2}{2k_B T}} dv \quad (7・13)$$

7・3 マクスウェルの速度分布関数

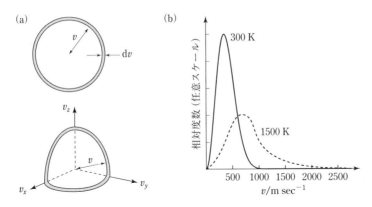

図 7・4 分子の 3 次元並進運動 (a) 速さを表す空間内の球殻，(b) N_2 分子の 3 次元並進運動の速さの分布を示すマクスウェル分布

と与えられ，これは**マクスウェルの分布則**[*1]とよばれる．またその N_2 分子に対するグラフは，図 7・4 (b) のようになる．この分布関数は極大値 v^* をもち，v^* は**確率速さ**あるいは**最確速さ**とよばれる．図 7・4 (b) も図 7・3 (b) と同様に温度が高くなるとより広い範囲の速さをもつことを表している．式 (7・13) で dv を外した

$$P(v) = 4\pi v^2 \left(\sqrt{\frac{m}{2\pi k_B T}}\right)^3 e^{-\frac{mv^2}{2k_B T}} \qquad (7・14)$$

は，理想気体分子の並進運動を扱うときによく現れる分布関数である．$k_B T$ の代わりにモル当たりとして RT と書かれていることもある（R は気体定数）．気体の絶対温度 T が決まっているとき，その気体の速さや運動エネルギーの平均値（期待値）を求めるためには速さについての積分を必要とする．

例題 7・3

式 (7・14) で与えられるマクスウェルの速度分布に従う理想気体分子の並進運動について，以下の問いに答えよ．
(1) 分子の平均の速さ $\bar{v}$ を求めよ．ただし積分公式

[*1] **マクスウェル-ボルツマンの分布則**ともいう．

164   7. 基本的な関数の性質

$$\int_0^\infty x^3 \, e^{-ax^2} \, dx = \frac{1}{2a^2} \quad (a>0)$$

を用いてよい.

(2) 分子の平均の運動エネルギーを求めよ. ただし積分公式

$$\int_0^\infty x^4 \, e^{-ax^2} \, dx = \frac{3\pi^{\frac{1}{2}}}{8a^{\frac{5}{2}}} \quad (a>0)$$

を用いてよい.

| 解 答 |

(1) 分子の平均の速さは, 式(7・14)をもとに v の平均値 (期待値) を計算すればよいので, 式(4・32)の考え方に従って

$$\bar{v} = \int_0^\infty v \left\{ 4\pi v^2 \left(\frac{m}{2\pi k_B T}\right)^{\frac{3}{2}} e^{-\frac{mv^2}{2k_B T}} \right\} dv = \sqrt{\frac{8k_B T}{\pi m}}$$

と求められる. 速さの場合は正値だけをとることに注意せよ.

(2) 分子の平均運動エネルギーは $\frac{1}{2}mv^2$ の平均値を計算することによって

$$\overline{\frac{1}{2}mv^2} = \frac{m}{2} \int_0^\infty v^2 \left\{ 4\pi v^2 \left(\frac{m}{2\pi k_B T}\right)^{\frac{3}{2}} e^{-\frac{mv^2}{2k_B T}} \right\} dv$$

$$= 2\pi m \left(\frac{m}{2\pi k_B T}\right)^{\frac{3}{2}} \int_0^\infty v^4 \, e^{-\frac{mv^2}{2k_B T}} dv = \frac{3}{2} k_B T$$

と求められる. この最右辺にある $\frac{3}{2}k_B T$ は, 理想気体分子の x, y, z 方向の三つの自由度に由来するエネルギーとして, 熱力学によく出てくる. 以上で用いた積分公式の導出は第4章で行っている.

| 自習問題7・3 |

図7・4(b)のマクスウェル分布のグラフの極大値 v^* (確率速さ) を求めよ.

答 $v_{\text{max}} = \sqrt{\dfrac{2k_B T}{m}}$

7・4 量子力学の波動関数

シュレーディンガー方程式から得られる波動関数 $\psi(x,y,z)$ は,実関数であることも複素関数であることもある.たとえば,自由電子の波動関数は複素関数である.しかし,化学にとって重要である原子・分子の中にある電子の波動関数は実関数であり,また複素関数であってもその組合わせによって実関数に変換できるものである.波動関数 $\psi(x,y,z)$ が必ず満たすべき条件として,その定義域においては

[1] 有限であること
[2] 1価であること(空間の一つの点に対して関数の値が一つだけ決まること)
[3] 連続であること
[4] 滑らかであること(尖らないこと)

がある.これは波動関数が電子の運動に伴われていることからくる物理的要請である.この[1]～[4]の条件に従わない"不適切な"波動関数の例を図 7・5 に示しておく.

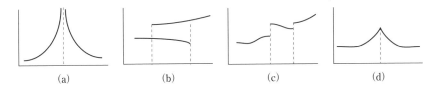

図7・5 波動関数として不適切なものの例 (a) 有限でなく発散している部分がある,(b) 1価でない部分がある,(c) 不連続な部分がある,(d) 尖り点があって滑らかではない

量子力学的には,波動関数の1次偏導関数が電子の運動量の意味をもつので,同様の物理的要請が必要となる.つまり,$\psi(x,y,z)$ の1次偏導関数も同じく有限・1価・連続でなければならない.これによって,もとの波動関数 $\psi(x,y,z)$ が滑らかになる.また,シュレーディンガー方程式は2階の偏微分方程式なので,波動関数の2次偏導関数も明確に定義できる必要がある.

7・5 ボルンの解釈と波動関数の規格化

波動関数は電子の実体とどのような関係があるのだろうか.ボルン(M. Born)は

166 **7. 基本的な関数の性質**

この疑問に答えるために，次式のような波動関数の絶対値の二乗を考えた．

$$\rho(x,y,z) = \psi^*(x,y,z)\,\psi(x,y,z) = |\psi(x,y,z)|^2 \qquad (7\cdot15)$$

ここで $\psi^*(x,y,z)$ は波動関数の複素共役を表す．そして，$\rho(x,y,z)$ が電子の存在確率に比例すると考えた．これは解釈であって，証明できるものではない．正確にいうと，$\rho(x,y,z)\,\mathrm{d}x\mathrm{d}y\mathrm{d}z$ は空間の中の点 (x,y,z) を中心とする微小な空間（その体積は $\mathrm{d}x\mathrm{d}y\mathrm{d}z$）内に電子が存在する確率を表す．これを**ボルンの解釈**という．

ボルンの解釈ではさらに，$\rho(x,y,z)$ の全空間にわたる積分値が 1 になるべきことを表す式

$$\int_{-\infty}^{\infty}\int_{-\infty}^{\infty}\int_{-\infty}^{\infty} \rho(x,y,z)\,\mathrm{d}x\,\mathrm{d}y\,\mathrm{d}z = 1 \qquad (7\cdot16)$$

が成り立つ必要がある．これは，全空間の中では電子が必ず 1 個あるということを表しており，確率論で全事象の確率の総和が 1 になることに対応する．波動関数には通常，式(7・16)を満たすための定数（規格化定数）が掛かっている．規格化定数が掛かっている波動関数は規格化されているということは，第3章ですでに述べた．

式(7・16)の三重積分は

$$\int_{-\infty}^{\infty} \rho(x,y,z)\,\mathrm{d}\tau = 1 \quad \text{あるいは} \quad \int \rho(x,y,z)\,\mathrm{d}\tau = 1 \quad (\mathrm{d}\tau \equiv \mathrm{d}x\mathrm{d}y\mathrm{d}z)$$

$$(7\cdot17)$$

のように略して書かれる．

式(7・16)や式(7・17)の積分の値が求まるためには，x,y,z が $\pm\infty$ になったとき，つまり無限遠の彼方では，波動関数 $\psi(x,y,z)$ がゼロになることが必要である．原子・分子のまわりを運動する電子の波動関数，すなわち AO でも MO でもこの条件を満たすようにつくられている．式(7・15)を考えてこの条件を**二乗積分可能条件**とよぶ．

もう一つ波動関数の重要な性質として，重ね合わせができるということがある．これは三角関数の合成ができるように，波を合成することが可能という意味である．これは電子の波動関数にもいえることで，たとえば $\psi(x,y,z)$ という波動関数と別の $\varphi(x,y,z)$ という波動関数を用いて，互いの定数倍を加えたり引いたりして，さらに別の波動関数をつくってもよい．このことを**波動関数の線形結合**とよぶが，この性質のおかげで，MO や**混成軌道**の概念も，ごく自然に導入することができる．

7・6　波動関数の規格化と直交性

$|\psi|^2$ の全空間における積分値の正の平方根を ψ のノルムということを 4・6 節で説明した. 変数 x, y, z をもつ波動関数は対応するノルム

$$\sqrt{\int_{-\infty}^{\infty}\int_{-\infty}^{\infty}\int_{-\infty}^{\infty}\psi^*\psi\,\mathrm{d}x\,\mathrm{d}y\,\mathrm{d}z} \equiv \|\psi\| \tag{7・18}$$

で割れば規格化ができる. つまり $\|\psi\|$ を求めて $\dfrac{\psi}{\|\psi\|}$ を計算すれば規格化完了となり, この $\dfrac{1}{\|\psi\|}$ が規格化定数になる. 実際の計算では変数である規格化定数を波動関数に掛けておき, 全体の二乗を全空間で積分して, その値を 1 とおくことから規格化定数を求めればよい. この規格化を用いると, ハミルトニアン $\hat{H}$ に対するエネルギー E の期待値として式(4・35)で表される $\bar{E}$ は, 規格化されていない波動関数 ψ に対しては

$$\bar{E} = \frac{\displaystyle\int_{-\infty}^{\infty}\int_{-\infty}^{\infty}\int_{-\infty}^{\infty}\psi^*\hat{H}\psi\,\mathrm{d}x\,\mathrm{d}y\,\mathrm{d}z}{\displaystyle\int_{-\infty}^{\infty}\int_{-\infty}^{\infty}\int_{-\infty}^{\infty}\psi^*\psi\,\mathrm{d}x\,\mathrm{d}y\,\mathrm{d}z}$$

$$= \frac{\displaystyle\int_{-\infty}^{\infty}\int_{-\infty}^{\infty}\int_{-\infty}^{\infty}\psi^*\hat{H}\psi\,\mathrm{d}x\,\mathrm{d}y\,\mathrm{d}z}{\|\psi\|^2} \tag{7・19}$$

として求めればよい.

例題 7・4

水素原子の AO を表す次の波動関数を規格化せよ.

(1) 1s AO を表す波動関数 $\chi_{1s}(r) = \mathrm{e}^{-\frac{r}{a}}$

(2) 2p$_z$ AO を表す波動関数 $\chi_{2p_z}(r) = \dfrac{r}{a}\,\mathrm{e}^{-\frac{r}{2a}}\cos\theta$

ここで a は 1s の軌道半径を意味し, ボーア半径にきわめて近い. ただし, 4・3 節で導出した積分公式 $\displaystyle\int_0^{\infty} x^n\mathrm{e}^{-ax}\,\mathrm{d}x = \dfrac{n!}{a^{n+1}}$ (n は 0 または自然数, $a>0$) を用いてよい.

解　答

波動関数に掛ける規格化定数を A として, この値がわかればよい.

(1) $A^2 \displaystyle\int_0^\infty \int_0^\pi \int_0^{2\pi} \mathrm{e}^{-\frac{2r}{a}} \, r^2 \sin\theta \, \mathrm{d}r \, \mathrm{d}\theta \, \mathrm{d}\varphi$

$= A^2 \times 2\pi \times \left(-\left[\cos\theta\right]_0^\pi\right) \times \displaystyle\int_0^\infty \mathrm{e}^{-\frac{2r}{a}} \, r^2 \, \mathrm{d}r$

$= A^2 \times 4\pi \times \dfrac{2!}{\left(\dfrac{2}{a}\right)^3} = A^2 \times a^3 \pi = 1$

となるべきことから，$A^2 = \dfrac{1}{\pi a^3}$ である．正値の規格化定数 $\left(\dfrac{1}{\pi a^3}\right)^{\frac{1}{2}}$ を採用すると，規格化された 1s AO は

$$\chi(r) = \left(\frac{1}{\pi a^3}\right)^{\frac{1}{2}} \mathrm{e}^{-\frac{r}{a}}$$

と得られる．$\mathrm{d}x\mathrm{d}y\mathrm{d}z = r^2 \sin\theta \, \mathrm{d}r\mathrm{d}\theta\mathrm{d}\varphi$ については第 3 章の脚注 8 や 4・2 節で紹介した．

(2) $A^2 \displaystyle\int_0^\infty \int_0^\pi \int_0^{2\pi} \dfrac{r^2}{a^2}\mathrm{e}^{-\frac{r}{a}} \, r^2 \cos^2\theta \sin\theta \, \mathrm{d}r \, \mathrm{d}\theta \, \mathrm{d}\varphi$

$= \dfrac{A^2}{a^2} \times 2\pi \times \displaystyle\int_0^\pi (1-\sin^2\theta)\sin\theta \, \mathrm{d}\theta \times \int_0^\infty \mathrm{e}^{-\frac{r}{a}} \, r^4 \, \mathrm{d}r$

$= \dfrac{A^2}{a^2} \times 2\pi \times \displaystyle\int_0^\pi (\sin\theta - \sin^3\theta)\mathrm{d}\theta \times (a^5 \times 4!)$

$= A^2 \times 48\pi a^3 \times \displaystyle\int_0^\pi \left(\dfrac{1}{4}\sin\theta + \dfrac{1}{4}\sin3\theta\right)\mathrm{d}\theta$

$= A^2 \times 48\pi a^3 \times \dfrac{2}{3} = A^2 \times 32\pi a^3 = 1$

となるべきことから，$A^2 = \dfrac{1}{32\pi a^3}$ である．正値の規格化定数 $\left(\dfrac{1}{32\pi a^3}\right)^{\frac{1}{2}}$ を採用すると，規格化された 2p$_z$ AO は

$$\chi_{2\mathrm{p}_z}(r) = \frac{\sqrt{2}}{8}\left(\frac{1}{\pi a^3}\right)^{\frac{1}{2}} \frac{r}{a} \, \mathrm{e}^{-\frac{r}{2a}} \cos\theta$$

と得られる．

7・6 波動関数の規格化と直交性　　169

自習問題7・4

AO を表す式の規格化定数のなかに $\left(\dfrac{1}{a^3}\right)^{\frac{1}{2}}$ が入っている理由は何か.

　　答　原子軌道, すなわち波動関数の二乗は電子密度を表すが, 電子
　　　　密度の単位は体積$^{-1}$であるため, これを表すために必要である

　次に波動関数 ψ_1 と ψ_2 の**直交性**については, 4・6節で説明した波動関数の広義の内積がゼロになるかならないかによって判定できる. つまり

$$\int_{-\infty}^{\infty}\int_{-\infty}^{\infty}\int_{-\infty}^{\infty} \psi_1{}^* \psi_2 \, \mathrm{d}x \, \mathrm{d}y \, \mathrm{d}z = 0 \tag{7・20}$$

となっていれば, 二つの波動関数は直交している.

例題7・5

　長さ a の x 軸方向の1次元の箱の中の電子の波動関数のうち, 量子数 n が1, 2, 3 となるものは, 2・5節で以下のように求められている.

$$\psi_1 = \sqrt{\dfrac{2}{a}}\sin\left(\dfrac{\pi}{a}x\right), \quad \psi_2 = \sqrt{\dfrac{2}{a}}\sin\left(\dfrac{2\pi}{a}x\right), \quad \psi_3 = \sqrt{\dfrac{2}{a}}\sin\left(\dfrac{3\pi}{a}x\right)$$

ψ_1 と ψ_2, ψ_1 と ψ_3, および ψ_2 と ψ_3 が直交していることを示せ.

解　答

ψ_1 と ψ_2 については

$$\begin{aligned}
\int_0^a \psi_1(x)^* \psi_2(x) \, \mathrm{d}x &= \dfrac{2}{a}\int_0^a \sin\left(\dfrac{\pi}{a}x\right)\sin\left(\dfrac{2\pi}{a}x\right)\mathrm{d}x \\
&= \dfrac{2}{a}\int_0^a \left\{-\dfrac{1}{2}\left(\cos\dfrac{3\pi}{a}x - \cos\dfrac{\pi}{a}x\right)\right\}\mathrm{d}x \\
&= -\dfrac{1}{a}\left\{\dfrac{a}{3\pi}\left[\sin\dfrac{3\pi}{a}x\right]_0^a - \dfrac{a}{\pi}\left[\sin\dfrac{\pi}{a}x\right]_0^a\right\} \\
&= -\dfrac{1}{a}\left\{\dfrac{a}{3\pi}(0-0) - \dfrac{a}{\pi}(0-0)\right\} = 0
\end{aligned}$$

になり, 直交している. 次に ψ_1 と ψ_3 については

$$\int_0^a \psi_1(x)^* \psi_3(x) \, \mathrm{d}x = \dfrac{2}{a}\int_0^a \sin\left(\dfrac{\pi}{a}x\right)\sin\left(\dfrac{3\pi}{a}x\right)\mathrm{d}x$$

$$= \frac{2}{a} \int_0^a \left\{ -\frac{1}{2} \left(\cos \frac{4\pi}{a} x - \cos \frac{2\pi}{a} x \right) \right\} dx$$

$$= -\frac{1}{a} \left\{ \frac{a}{4\pi} \left[\sin \frac{4\pi}{a} x \right]_0^a - \frac{a}{2\pi} \left[\sin \frac{2\pi}{a} x \right]_0^a \right\}$$

$$= -\frac{1}{a} \left\{ \frac{a}{4\pi} (0 - 0) - \frac{a}{2\pi} (0 - 0) \right\} = 0$$

になり，やはり直交している．最後に ψ_2 と ψ_3 については

$$\int_0^a \psi_2(x)^* \psi_3(x) \, dx = \frac{2}{a} \int_0^a \sin\left(\frac{2\pi}{a} x \right) \sin\left(\frac{3\pi}{a} x \right) dx$$

$$= \frac{2}{a} \int_0^a \left\{ -\frac{1}{2} \left(\cos \frac{5\pi}{a} x - \cos \frac{\pi}{a} x \right) \right\} dx$$

$$= -\frac{1}{a} \left\{ \frac{a}{5\pi} \left[\sin \frac{5\pi}{a} x \right]_0^a - \frac{a}{\pi} \left[\sin \frac{\pi}{a} x \right]_0^a \right\}$$

$$= -\frac{1}{a} \left\{ \frac{a}{5\pi} (0 - 0) - \frac{a}{\pi} (0 - 0) \right\} = 0$$

になり，これらも直交している．以上の計算のなかでは，三角関数の積を和に変える式を用いた．

自習問題 7・5

1 次元の箱の中の電子の波動関数を $\psi_n(x)$ とするとき，$\int \psi_n{}^*(x) \, \psi_m(x) \, dx$ の値はどのようになるか．　　　　　　　　　　　　　　　　　　　　答　δ_{nm}

もう一つ，水素原子の AO を表す波動関数の直交性について調べておこう．

例題 7・6

一つの水素原子の，(1) 1s AO と 2p$_x$ AO，(2) 1s AO と 2p$_z$ AO，および (3) 2p$_x$ AO と 2p$_z$ AO が直交していることを確認せよ．これらの AO を表す波動関数は以下のように与えられている．

$$\chi_{1s} = A e^{-\frac{r}{a}}, \quad \chi_{2p_x} = B \frac{r}{a} e^{-\frac{r}{2a}} \sin\theta \cos\varphi, \quad \chi_{2p_z} = C \frac{r}{a} e^{-\frac{r}{2a}} \cos\theta$$

7·6 波動関数の規格化と直交性 171

ただし，この例題では規格化定数は無関係なので A, B, C と簡略化している.

解 答

(1) χ_{1s} と χ_{2p_x} の積をとって積分すると

$$AB \int_0^\infty \int_0^\pi \int_0^{2\pi} \mathrm{e}^{-\frac{r}{a}} \left(\frac{r}{a} \mathrm{e}^{-\frac{r}{2a}} \sin\theta \cos\varphi \right) r^2 \sin\theta \, \mathrm{d}r \mathrm{d}\theta \mathrm{d}\varphi$$

$$= AB \int_0^\infty \frac{r^3}{a} \mathrm{e}^{-\frac{3r}{2a}} \mathrm{d}r \int_0^\pi \sin^2\theta \, \mathrm{d}\theta \int_0^{2\pi} \cos\varphi \, \mathrm{d}\varphi$$

となるが，最後の $\int_0^{2\pi} \cos\varphi \, \mathrm{d}\varphi$ の部分がゼロになることは明らかなので，これらの軌道は直交している.

(2) χ_{1s} と χ_{2p_z} の積をとって積分すると

$$AC \int_0^\infty \int_0^\pi \int_0^{2\pi} \mathrm{e}^{-\frac{r}{a}} \left(\frac{r}{a} \mathrm{e}^{-\frac{r}{2a}} \cos\theta \right) r^2 \sin\theta \, \mathrm{d}r \mathrm{d}\theta \mathrm{d}\varphi$$

$$= 2\pi AC \int_0^\infty \frac{r^3}{a} \mathrm{e}^{-\frac{3r}{2a}} \mathrm{d}r \int_0^\pi \left(\frac{1}{2} \sin 2\theta \right) \mathrm{d}\theta$$

となるが，最後の $\int_0^\pi \left(\frac{1}{2} \sin 2\theta \right) \mathrm{d}\theta$ の部分がゼロになることは明らかなので，これらの軌道は直交している.

(3) χ_{2p_x} と χ_{2p_z} の積をとって積分すると

$$BC \int_0^\infty \int_0^\pi \int_0^{2\pi} \left(\frac{r^2}{a^2} \mathrm{e}^{-\frac{r}{a}} \sin\theta \cos\theta \right) r^2 \sin\theta \cos\varphi \, \mathrm{d}r \mathrm{d}\theta \mathrm{d}\varphi$$

$$= BC \int_0^\infty \frac{r^4}{a^2} \mathrm{e}^{-\frac{r}{a}} \mathrm{d}r \int_0^\pi \sin^2\theta \cos\theta \, \mathrm{d}\theta \int_0^{2\pi} \cos\varphi \, \mathrm{d}\varphi$$

となるが，最後の $\int_0^{2\pi} \cos\varphi \, \mathrm{d}\varphi$ の部分がゼロになることは明らかなので，これらの軌道は直交している.

自習問題 7·6

水素原子の中の χ_{1s} と $\chi_{3d_{z^2}}$ が直交する理由は何か.

答 $\chi_{3d_{z^2}}$ には φ 部分はないが θ 部分があり，これによる積分がゼロになるため

172   7. 基本的な関数の性質

結局これらの軌道の直交性は角度部分 (θ, φ) の積分がゼロになることで決まっている．ただし，必ずしもそうでないこともある．

7・7 自由電子の波動関数

最も簡単なシュレーディンガー方程式は，ポテンシャルエネルギー（位置エネルギー）がゼロの電子に対するものである．このときのハミルトニアンは運動エネルギー演算子だけをもつ．そのハミルトニアンを含むシュレーディンガー方程式が**自由電子**の方程式で，真空中を走り続ける電子の量子力学的な方程式である．具体的な方程式のかたちは

$$-\frac{\hbar^2}{2m}\nabla^2\,\psi(x,y,z) \;=\; E\psi(x,y,z) \tag{7・21}$$

で簡単な2階微分方程式となる．これを1次元的なかたちに簡略化しよう．

$$-\frac{\hbar^2}{2m}\frac{\mathrm{d}^2}{\mathrm{d}x^2}\,\psi(x) \;=\; E\psi(x) \tag{7・22}$$

これは x 軸に沿って，マイナス無限大から飛んできて，プラス無限大方向に飛び去る（あるいはその反対方向に進む）電子を表す．

この方程式は $y''+ay=0$ のかたちをしており，これを解くと

$$\psi(x) \;=\; A\mathrm{e}^{ikx} + B\mathrm{e}^{-ikx} \tag{7・23}$$

という一般解が得られる．この式に現れる k は定数をまとめて

$$k \;=\; \sqrt{\frac{2mE}{\hbar^2}} \tag{7・24}$$

と書いたものである．根号のなかの E はエネルギーを表すが，その中身は運動エネルギーだけなので，正の値をもつと考えてよい．したがって，k は実数である．式 (7・24) を二乗して整理し直すと，

$$E \;=\; \frac{\hbar^2 k^2}{2m} \tag{7・25}$$

が得られる．k は波数とよばれる量で，自由電子のエネルギーを与えるパラメータである．また式のかたちからわかるように，$\hbar k$ は自由電子の運動量 p を表している．

式 (7・23) の右辺第1項は x 軸を右向きに飛んでゆく電子の波動関数を，また第2項は左向きに飛んでゆく電子の波動関数を意味している．自由電子の波動関数はこ

のように複素関数のかたちをしており，さらに 7・5 節で説明したような規格化ができないといういっぷう変わった特徴をもっている．つまり，式(7・23)の規格化定数である A や B をうまく定めることができない．しかし，化学ではあまり積極的にこの波動関数を用いることは少ないので，そのことはあまり気にしなくてもよい．一方，金属などのなかにある**伝導電子**はこの自由電子によってモデル化されるために，固体物理学ではよく用いられる．

7・8 波動関数の軌道近似

2 個以上の電子をもつ多電子原子や分子の波動関数を表すには**軌道近似**が用いられる．「軌道」は 1 電子を収容する波動関数に対する名前であり，英語ではこれを orbital（軌道 orbit ＋「〜のようなもの」という意味の接尾語 al）という言葉で表す．そのままオービタルと音訳している教科書もあるが，ここでは軌道とよんでいる．このように軌道は 1 電子を収容するものを意味するが，スピンの差異まで考えると2 電子まで入れることに注意してほしい．この考え方は**パウリ (Pauli) の排他原理**のなかに自動的に含まれている．

軌道近似の式をもう一度書いておこう．

$$\psi(\boldsymbol{r}_1, \boldsymbol{r}_2, \boldsymbol{r}_3, \cdots\cdots) = \varphi_1(\boldsymbol{r}_1)\, \varphi_2(\boldsymbol{r}_2)\, \varphi_3(\boldsymbol{r}_3)\cdots\cdots \qquad (7\cdot26)$$

多電子原子における $\varphi_1, \varphi_2, \varphi_3, \cdots\cdots$ としては水素型原子[*2] の AO χ_r と似たかたちのものを採用するが，分子では MO φ_i を考えることになる．たとえば図 7・6 (a) では，$1s\,\sigma$ と $1s\,\sigma^*$ 軌道を水素分子の電子状態を考える基礎としている．

式(7・26)のように 1 電子軌道の積で波動関数を正式に表すときには，少し注意が必要である．それはスピンを含めることと，個々の電子が交換可能という性質を含めて考えるということである．

例として，He の波動関数 ψ_{He} は具体的にはどのように書くか考えてみる．He 原子の基底状態も図 7・6 (b) のように 1s AO に 2 個の電子が詰まったものである．このときは AO χ_{1s} にスピン量子数 $m_s = \pm\frac{1}{2}$ の電子，すなわち α スピンと β スピンをもつ電子が 1 個ずつ入るので，式(7・26)に従うと，

$$\psi_{\text{He}} = \chi_{1s}(\boldsymbol{r}_1)\, \alpha(1) \times \chi_{1s}(\boldsymbol{r}_2)\, \beta(2) \qquad (7\cdot27)$$

と書くのがよさそうに見える．ここで $\boldsymbol{r}_1$ と $\boldsymbol{r}_2$ は 2 個の電子の空間的な座標を意味

[*2]　核電荷が大きくても，電子 1 個だけをもつ原子のことを水素型原子とよぶ．

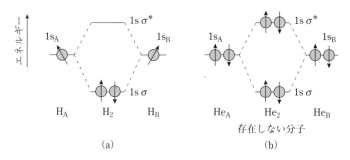

図7・6 MO エネルギー準位の略図 (a)水素原子 H_A と H_B からなる水素分子，(b)ヘリウム原子 He_A と He_B の AO からなるとした仮想的なヘリウム分子．水素原子 H_A, H_B の AO 内のスピンの向きは問題とならないので，斜め向きの矢印で表している

し，$\alpha(1)$ と $\beta(2)$ は，電子 1 が α スピンの状態にあり，電子 2 が β スピンの状態にあることを表す．ところで電子 1 と 2 は双方を交換して考えても差し支えがない．したがって式(7・27)には

$$\psi_{He} = \chi_{1s}(\boldsymbol{r}_1)\alpha(1)\chi_{1s}(\boldsymbol{r}_2)\beta(2) + \chi_{1s}(\boldsymbol{r}_2)\alpha(2)\chi_{1s}(\boldsymbol{r}_1)\beta(1) \quad (7・28)$$

のように電子を交換した項を含めるべきである．

しかし，一つ注意することがある．電子は**フェルミ (Fermi) 粒子**という粒子グループに属するが，このグループの粒子は互いに交換したときに，

$$\psi(\boldsymbol{r}_1, \boldsymbol{r}_2) = -\psi(\boldsymbol{r}_2, \boldsymbol{r}_1) \quad (7・29)$$

のように波動関数の符号が逆転するという性質がある．これは不思議な性質だが，**反交換関係**あるいは**反対称性**といって量子力学の詳しい議論からわかっていることであり，ここではその結果だけを用いる．

反交換関係からすると式(7・28)は正しくなく，

$$\psi_{He} = \chi_{1s}(\boldsymbol{r}_1)\alpha(1)\chi_{1s}(\boldsymbol{r}_2)\beta(2) - \chi_{1s}(\boldsymbol{r}_2)\alpha(2)\chi_{1s}(\boldsymbol{r}_1)\beta(1) \quad (7・30)$$

のように反対称的なかたちで書くべきである．さらにこのような2項式で表される ψ_{He} の規格化のために $\frac{1}{\sqrt{2!}}$ を掛け，最終的には

$$\psi_{He} = \frac{1}{\sqrt{2!}}\{\chi_{1s}(\boldsymbol{r}_1)\alpha(1)\chi_{1s}(\boldsymbol{r}_2)\beta(2) - \chi_{1s}(\boldsymbol{r}_2)\alpha(2)\chi_{1s}(\boldsymbol{r}_1)\beta(1)\} \quad (7・31)$$

と表すのがよい．これが軌道近似のもとに書き表した He の波動関数になる．この

7・8 波動関数の軌道近似

波動関数のことを**反対称化全波動関数**とよぶ.

ところで, 電子数が $2n$ 個ある多電子原子の反対称化全波動関数の項数は, 簡単な順列の考察から $(2n)!$ 個あることがわかる. たとえば 10 個の電子が五つの軌道に収容されているときの項数は $10!$ もあって, とても普通には書き切れない. このようなときには以下の例題 7・7 のように, 行列式による表し方を用いると便利である.

例題 7・7

反対称性を満たす He 原子の波動関数 (式(7・29)) は

$$\psi(1,2) = \frac{1}{\sqrt{2!}} \begin{vmatrix} \chi_{1s}(\boldsymbol{r}_1)\,\alpha(1) & \chi_{1s}(\boldsymbol{r}_1)\,\beta(1) \\ \chi_{1s}(\boldsymbol{r}_2)\,\alpha(2) & \chi_{1s}(\boldsymbol{r}_2)\,\beta(2) \end{vmatrix}$$

のように書き表してもよいことを示せ.

解 答

上式は 2 行 2 列の行列式であり, これは

$$\psi(1,2) = \frac{1}{\sqrt{2!}} \{\chi_{1s}(\boldsymbol{r}_1)\,\alpha(1)\,\chi_{1s}(\boldsymbol{r}_2)\,\beta(2) - \chi_{1s}(\boldsymbol{r}_2)\,\alpha(2)\,\chi_{1s}(\boldsymbol{r}_1)\,\beta(1)\}$$

のように書けるから, 式(7・31)の ψ_{He} と同じになる.

行列式のかたちは波動関数の反対称性を表すのに適しており, もっと多くの電子があるときにも使うことができる. これを**スレーター (Slater) 行列式**という.

自習問題 7・7

基底状態の Li のスレーター行列式を書け. 最外殻の電子は α スピンをもつとする.

$$\text{答} \quad \frac{1}{\sqrt{3!}} \begin{vmatrix} \chi_{1s}(\boldsymbol{r}_1)\,\alpha(1) & \chi_{1s}(\boldsymbol{r}_1)\,\beta(1) & \chi_{2s}(\boldsymbol{r}_1)\,\alpha(1) \\ \chi_{1s}(\boldsymbol{r}_2)\,\alpha(2) & \chi_{1s}(\boldsymbol{r}_2)\,\beta(2) & \chi_{2s}(\boldsymbol{r}_2)\,\alpha(2) \\ \chi_{1s}(\boldsymbol{r}_3)\,\alpha(3) & \chi_{1s}(\boldsymbol{r}_3)\,\beta(3) & \chi_{2s}(\boldsymbol{r}_3)\,\alpha(3) \end{vmatrix}$$

以上のような考え方をすると(例題 7・7 と同様にして), $\varphi_1 \sim \varphi_n$ からなる MO に $2n$ 個の電子が詰まったときの反対称化全波動関数 (スレーター行列式) は,

$\psi(1, 2, 3, \cdots\cdots, 2n)$

$$= \frac{1}{\sqrt{(2n)!}} \begin{vmatrix} \varphi_1(\boldsymbol{r}_1)\,\alpha(1) & \varphi_1(\boldsymbol{r}_1)\,\beta(1) & \varphi_2(\boldsymbol{r}_1)\,\alpha(1) & \cdots\cdots & \varphi_n(\boldsymbol{r}_1)\,\beta(1) \\ \varphi_1(\boldsymbol{r}_2)\,\alpha(2) & \varphi_1(\boldsymbol{r}_2)\,\beta(2) & \varphi_2(\boldsymbol{r}_2)\,\alpha(2) & \cdots\cdots & \varphi_n(\boldsymbol{r}_2)\,\beta(2) \\ \varphi_1(\boldsymbol{r}_3)\,\alpha(3) & \varphi_1(\boldsymbol{r}_3)\,\beta(3) & \varphi_2(\boldsymbol{r}_3)\,\alpha(3) & \cdots\cdots & \varphi_n(\boldsymbol{r}_3)\,\beta(3) \\ \cdots & \cdots & \cdots & \cdots\cdots & \cdots \\ \cdots & \cdots & \cdots & \cdots\cdots & \cdots \\ \varphi_1(\boldsymbol{r}_{2n})\,\alpha(2n) & \varphi_1(\boldsymbol{r}_{2n})\,\beta(2n) & \varphi_2(\boldsymbol{r}_{2n})\,\alpha(2n) & \cdots\cdots & \varphi_n(\boldsymbol{r}_{2n})\,\beta(2n) \end{vmatrix}$$

$$(7\cdot32)$$

と書けばよいことがわかる. この波動関数を用いて分子の電子状態を考えるのが, 正式な MO 法のアプローチである.

このように表したスレーター行列式は, **ハートリー–フォック(Hartree–Fock＝ HF)法**に現れる標準的なものである. しかし, スレーター行列式を用いてもそれに続く計算を紙と鉛筆だけで実行するのは困難なので, コンピュータに頼ることになる. これを**計算化学**とよぶが, そのための多くの計算ソフトが開発されている.

7・9 テイラー展開

2・6 節では変数係数をもつ微分方程式を解くために, べき級数解法を導入した. ここでは関数の級数展開について追加の説明をしておく. よく用いられる方法は関数 $f(x)$ を $(x-a)^n$ で展開するもので, **テイラー (Taylor) 展開**あるいは**テイラー級数展開**とよばれる. これは関数 $f(x)$ を

$$f(x) = f(a) + \frac{f'(a)}{1!}(x-a) + \frac{f''(a)}{2!}(x-a)^2 + \cdots + \frac{f^{(n)}(a)}{n!}(x-a)^n \quad (7\cdot33)$$

と展開するもので, a のことを**展開の中心**とよぶ. $f^{(n)}(x)$ は $f(x)$ の第 n 次導関数の意味である. 特に a が 0 のときの展開は x^n で展開することになり, これを**マクローリン (Maclaurin) 展開**とよぶ. いくつかの関数についてマクローリン展開を行った例を以下に示す.

$$e^x = 1 + \frac{x}{1!} + \frac{x^2}{2!} + \frac{x^3}{3!} + \frac{x^4}{4!} + \cdots\cdots \quad (7\cdot34)$$

$$\cos x = 1 - \frac{x^2}{2!} + \frac{x^4}{4!} - \frac{x^6}{6!} + \cdots\cdots \quad (7\cdot35)$$

$$\sin x = \frac{x}{1!} - \frac{x^3}{3!} + \frac{x^5}{5!} - \cdots\cdots \quad (7\cdot36)$$

これらの展開はよく現れるもので, もとの関数 $f(x)$ の微分や積分を各項ごとに行うこともできるので便利である.

7・9 テイラー展開　　177

例題 7・8

(1) 関数 $y = e^x$ についてマクローリン展開を行えば，式(7・34)が得られることを示せ.

(2) **オイラーの公式** $e^{ix} = \cos x + i \sin x$ を用いて，式(7・35)と式(7・36)を導け.

解　答

(1) $y = f(x)$ として $f(x) = e^x$ のマクローリン展開を行うと

$$f(x) = f(0) + \frac{f'(0)}{1!}x + \frac{f''(0)}{2!}x^2 + \cdots\cdots + \frac{f^{(n)}(0)}{n!}x^n$$

であるから，ここに

$$f(0) = e^0 = 1$$
$$f'(0) = e^0 = 1$$
$$f''(0) = e^0 = 1$$
$$\vdots$$

などを代入すれば

$$f(x) = 1 + \frac{1}{1!}x + \frac{1}{2!}x^2 + \cdots + \frac{1}{n!}x^n + \cdots = 1 + x + \frac{x^2}{2!} + \frac{x^3}{3!} + \frac{x^4}{4!} + \cdots$$

が得られる.

(2) 式(7・34)とオイラーの公式を用いると

$$e^{ix} = 1 + (ix) + \frac{(ix)^2}{2!} + \frac{(ix)^3}{3!} + \frac{(ix)^4}{4!} + \frac{(ix)^5}{5!} + \cdots\cdots$$

$$= \left(1 - \frac{x^2}{2!} + \frac{x^4}{4!} + \cdots\right) + i\left\{x - \frac{x^3}{3!} + \frac{x^5}{5!} + \cdots\right\} = \cos x + i \sin x$$

が得られる.　したがって式(7・35)と式(7・36)が得られる.

自習問題 7・8

$e^{i\pi}$ の値を求めよ.　　　　　　　　　　　　　　　　　　　　　　答　-1

7・10 本章のまとめ

本章では，物理化学における基礎的で重要な関数の性質を掘り下げた．これらの関数のもつ性質や特徴は物理化学のなかでも重要な位置を占めるが，これまでまとまったかたちで集中的に取上げる機会は少なかったと思う．しかし，物理化学のもつ「個性」の一端を決める「役者」でもあるので，興味をもってもらえれば幸いである．

参考文献

7・1 森口繁一, 宇田川銈久, 一松 信 著,『岩波 数学公式 I 微分積分・平面曲線』, 岩波書店 (1987).

 演習問題

1. 質量 m の理想気体分子の x 方向の運動エネルギーについて，ボルツマン分布に基づくエネルギーの平均値を求めよ．ただし

$$\int_{-\infty}^{\infty} e^{-ax^2} dx = \sqrt{\frac{\pi}{a}} \quad (a>0) \quad \text{と} \quad \int_{-\infty}^{\infty} x^2 e^{-ax^2} dx = \frac{1}{2}\sqrt{\frac{\pi}{a^3}} \quad (a>0)$$

を用いてもよい．

2. 理想気体分子の3次元的な運動の速さ $v(>0)$ の二乗平均平方根 v_{rms} を求めよ (rms は root mean square を意味する)．ただし，

$$\int_0^{\infty} x^{2n} e^{-ax^2} dx = \frac{(2n-1)(2n-3)\cdots 3\cdot 1}{2^{n+1}}\sqrt{\frac{\pi}{a^{2n+1}}} \quad (n \text{ は自然数}, a>0)$$

を用いてもよい．

3. 水素原子の AO である χ_{1s} と χ_{2s} が直交することを示せ．またこれら球対称の AO が直交する理由を考察せよ．ただし，演習問題3と4では，

$$\int_0^{\infty} x^n e^{-kx} dx = \frac{n!}{k^{n+1}} \quad (n \text{ は0または自然数}, k>0)$$

を用いてよい．

4. 水素原子の AO を表す次の波動関数を規格化せよ．

(1) 2s AO を表す $\chi_{2s}(r) = \left(2-\dfrac{r}{a}\right) e^{-\frac{r}{2a}}$

(2) 2p$_x$ AO を表す $\chi_{2p_x}(r, \theta, \varphi) = \dfrac{r}{a} e^{-\frac{r}{2a}} \sin\theta \cos\varphi$

演 習 問 題   179

(3) $3d_{x^2-y^2}$ AO を表す $\chi_{3d_{x^2-y^2}}(r,\theta,\varphi) = \left(\dfrac{r}{a}\right)^2 e^{-\frac{r}{3a}} \sin^2\theta \cos 2\varphi$

5. x が小さいとき,$\ln(1+x)$ は $x - \dfrac{x^2}{2} + \dfrac{x^3}{3} - \cdots\cdots$ と近似できることを示せ.

　解　答

1. x 方向の運動量を p_x と書くと,運動エネルギーは $\dfrac{p_x^2}{2m}$ であるから,ボルツマン分布に基づくエネルギーの平均値は

$$\bar{\varepsilon} = \dfrac{\displaystyle\int_{-\infty}^{\infty} \dfrac{p_x^2}{2m} e^{-\frac{p_x^2}{2mk_BT}} dp_x}{\displaystyle\int_{-\infty}^{\infty} e^{-\frac{p_x^2}{2mk_BT}} dp_x}$$

を計算すればよい.簡単のために $\dfrac{1}{2mk_BT} = a\,(a>0)$ とおくと,上式は

$$\bar{\varepsilon} = \dfrac{\displaystyle\int_{-\infty}^{\infty} \dfrac{p^2}{2m} e^{-ap^2} dp}{\displaystyle\int_{-\infty}^{\infty} e^{-ap^2} dp}$$

と書き直すことができる.ここでは p_x のことを p とさらに簡単化している.ここの積分には,与えられた積分公式を使うことができる.これらを用いて計算すると,積分の値は

$$\bar{\varepsilon} = \dfrac{\dfrac{1}{2m}\dfrac{1}{2}\sqrt{\dfrac{\pi}{a^3}}}{\sqrt{\dfrac{\pi}{a}}} = \dfrac{1}{4ma} = \dfrac{k_BT}{2}$$

と得られる.

2. 式(7・14)から $P(v) = 4\pi v^2 \left(\sqrt{\dfrac{m}{2\pi k_BT}}\right)^3 e^{-\frac{mv^2}{2k_BT}}$ であるから

$$\langle v^2 \rangle = \int_0^{\infty} v^2 P(v)\,dv = 4\pi \left(\sqrt{\dfrac{m}{2\pi k_BT}}\right)^3 \int_0^{\infty} v^4 e^{-\frac{mv^2}{2k_BT}} dv = \dfrac{3k_BT}{m}$$

となり,

$$v_{\text{rms}} = \sqrt{\dfrac{3k_BT}{m}}$$

が得られる.

3. 両 AO の重なり積分を計算すると

$$\chi_{1s}\chi_{2s} = AB\int_0^{\infty}\left(2-\dfrac{r}{a}\right)e^{-\frac{3r}{2a}} r^2\,dr \int_0^{\pi}\sin\theta\,d\theta \int_0^{2\pi} d\varphi = AB\left(\dfrac{32-32}{3^3}\right)a^3\cdot 4\pi = 0$$

180   **7. 基本的な関数の性質**

となり，直交していることがわかる．ここで a はボーア半径 a_0 に近い値，A, B はそれぞれの AO の規格化定数であり，被積分関数のなかにヤコビアンとして $r^2 \sin\theta$ が入っている．角度部分に関係なく重なり積分がゼロになるのは，χ_{2s} の内側に負の部分を含むためにそれが寄与している．

4. それぞれの波動関数に掛ける規格化定数を A として，この値がわかればよい．

(1) $A^2 \displaystyle\int_0^\infty \left(2-\frac{r}{a}\right)^2 \mathrm{e}^{-\frac{r}{a}} r^2 \, \mathrm{d}r \int_0^\pi \sin\theta \, \mathrm{d}\theta \int_0^{2\pi} \mathrm{d}\varphi$

$= A^2 \times 2\pi \times (-[\cos\theta]_0^\pi) \times \displaystyle\int_0^\infty \left(4-\frac{4r}{a}+\frac{r^2}{a^2}\right)\mathrm{e}^{-\frac{r}{a}} r^2 \, \mathrm{d}r$

$= 4\pi A^2 \times \displaystyle\int_0^\infty \left(4r^2-\frac{4r^3}{a}+\frac{r^4}{a^2}\right)\mathrm{e}^{-\frac{r}{a}} \, \mathrm{d}r$

$= 4\pi A^2 \times \left(4a^3 3! - 4a^4 \dfrac{1}{a} 4! + \dfrac{a^5}{a^2} 5!\right) = 32\pi a^3 A^2 = 1$

となるべきことから $A^2=\dfrac{1}{32\pi a^3}$ である．正値の規格化定数 $\left(\dfrac{1}{32\pi a^3}\right)^{\frac{1}{2}}$ を採用すると，規格化された 2s AO は

$$\chi_{2s}(r) = \frac{\sqrt{2}}{8}\left(\frac{1}{\pi a^3}\right)^{\frac{1}{2}}\left(2-\frac{r}{a}\right)\mathrm{e}^{-\frac{r}{2a}}$$

と得られる．

(2) $A^2 \displaystyle\int_0^\infty \frac{r^2}{a^2}\mathrm{e}^{-\frac{r}{a}} r^2 \, \mathrm{d}r \int_0^\pi \sin^2\theta \, \sin\theta \, \mathrm{d}\theta \int_0^{2\pi} \cos^2\varphi \, \mathrm{d}\varphi$

$= A^2 \displaystyle\int_0^\infty \frac{r^4}{a^2}\mathrm{e}^{-\frac{r}{a}} \, \mathrm{d}r \int_0^\pi \sin^3\theta \, \mathrm{d}\theta \int_0^{2\pi} \cos^2\varphi \, \mathrm{d}\varphi$

$= A^2 \times \left(\dfrac{1}{a^2}a^5 4!\right)\left(\dfrac{4}{3}\right)(\pi) = 32\pi a^3 A^2 = 1$

となるべきことから $A^2=\dfrac{1}{32\pi a^3}$ である．正値の規格化定数 $\left(\dfrac{1}{32\pi a^3}\right)^{\frac{1}{2}}$ を採用すると，規格化された $2p_x$ AO は

$$\chi_{2p_x}(r, \theta, \varphi) = \frac{\sqrt{2}}{8}\left(\frac{1}{\pi a^3}\right)^{\frac{1}{2}} \frac{r}{a}\,\mathrm{e}^{-\frac{r}{2a}} \sin\theta \cos\varphi$$

と得られる．

(3) $A^2 \displaystyle\int_0^\infty \left(\frac{r^2}{a^2}\mathrm{e}^{-\frac{r}{3a}}\right)^2 r^2 \, \mathrm{d}r \int_0^\pi \sin^4\theta \, \sin\theta \, \mathrm{d}\theta \int_0^{2\pi} \cos^2 2\varphi \, \mathrm{d}\varphi$

$= A^2 \displaystyle\int_0^\infty \frac{r^6}{a^4}\mathrm{e}^{-\frac{2r}{3a}} \, \mathrm{d}r \int_0^\pi \sin^5\theta \, \mathrm{d}\theta \int_0^{2\pi} \cos^2 2\varphi \, \mathrm{d}\varphi$

$= A^2 \times \left(\dfrac{3^7 \, a^7 6!}{2^7 \, a^4}\right)\left(\dfrac{16}{15}\right)(\pi) = 2 \times 3^8 \, \pi a^3 A^2 = 1$

となるべきことから $A^2 = \dfrac{1}{2 \times 3^8 \pi a^3}$ である．正値の規格化定数 $\dfrac{1}{81\sqrt{2}}\left(\dfrac{1}{\pi a^3}\right)^{\frac{1}{2}}$ を採用すると，規格化された $3\mathrm{d}_{x^2-y^2}$ AO は

$$\chi_{3\mathrm{d}_{x^2-y^2}}(r, \theta, \varphi) = \frac{1}{81\sqrt{2}}\left(\frac{1}{\pi a^3}\right)^{\frac{1}{2}}\left(\frac{r}{a}\right)^2 \mathrm{e}^{-\frac{r}{3a}} \sin^2\theta \cos 2\varphi$$

と得られる．三角関数の積分については，文献 7・1 を参照してもよい．

5. $y = f(x)$ として $f(x) = \ln(1+x)$ とおくと，各階の導関数は

$$f'(x) = \frac{1}{(1+x)} = (1+x)^{-1}$$

$$f''(x) = -1(1+x)^{-2}$$
$$f^{(3)}(x) = (-1)(-2)(1+x)^{-3} = 2(1+x)^{-3}$$
$$f^{(4)}(x) = (-1)(-2)(-3)(1+x)^{-4} = -6(1+x)^{-4}$$
$$\vdots$$

と得られる．したがって $f'(0) = 1,\ f''(0) = -1,\ f^{(3)}(0) = 2, f^{(4)}(0) = -6, \cdots\cdots$ となる．よって $f(x) = \ln(1+x)$ のマクローリン展開を行うと，x が小さいときは

$$f(x) = f(0) + f'(0)(x-0) + \frac{f''(0)}{2!}(x-0)^2 + \frac{f^{(3)}(0)}{3!}(x-0)^3 + \frac{f^{(4)}(0)}{4!}(x-0)^4 + \cdots\cdots$$

$$= \ln 1 + 1(x) - \frac{1}{2!}x^2 + \frac{2}{3!}x^3 - \frac{2\times 3}{4!}x^4 + \cdots\cdots = x - \frac{x^2}{2} + \frac{x^3}{3} - \frac{x^4}{4} + \cdots\cdots$$

と近似できる．

column　　　　　　　　　　　　　　　　　　　　　　和　　算

　江戸時代前期の和算（日本の数学）の大家である関 孝和（？～ 1708）の名前については，数学というよりも日本史の勉強のなかで認識されているのではないだろうか．西洋に比べて日本の江戸時代の和算などは見劣りがするものと思われているかもしれない．しかし彼は「発微算法」なる数学書を 1674 年に出版しており，後述するように世界水準から見ても堂々たる数学者であった．　もともと関は甲府の徳川家の勘定を専門とする家臣であり，その活動時期は元禄時代にあたる．したがって赤穂浪士の吉良邸討ち入りも同時代であり，ニュースとして聞いていたかもしれない．同時代の人としては近松門左衛門や松尾芭蕉がいる．彼が出仕していた甲府徳川家の藩主は六代将軍家宣となったので，彼の身分も小普請役の幕臣となった．

　彼は宋・元時代に発展した未知数 1 個のみの代数方程式を扱う天元術を展開させて，文字係数をもつ多元連立代数方程式から変数を消去する方法を確立した．このために行列式の概念も導入している．この関の方法の確立は，ヨーロッパの数学者よりも 70 年早く行われた．ちなみに，天元術は中国から朝鮮に伝わっていて，豊臣秀吉の朝鮮出兵の折に日本にもたらされたものである．ところで「発微算法」の内容は難解で理解しにくく，そのわかりやすい解説が関の一番弟子の建部賢弘などによって行われてから，ほかの和算学者たちにも初めて理解されるようになった．

　また，関数のテイラー展開の係数をベルヌーイ数とよぶが，それらをスイスのベルヌーイ（J. Bernoulli）と独立してほぼ同時期に，ある漸化式を用いることにより導入した．ベルヌーイ数は数論において重要な係数を与える級数である．さらに関は，発想は異なるが同時代のニュートン（I. Newton）やライプニッツ（G. W. Leibniz）が創始した微積分の公式に近い概念を得ていたとされる．

8

フーリエ解析

8・1 はじめに

一般に関数を級数展開すると便利になることが多い．その展開法の一つが**フーリエ級数**を用いる**フーリエ展開**である．これはべき級数展開やテイラー展開とは異なり，三角関数によって周期関数を展開する方法であり，実用上の応用が広いものである．もとの関数が非周期関数である場合には，**フーリエ変換**が用いられる．本章ではフーリエ級数とフーリエ変換を合わせたフーリエ解析について説明する．

8・2 周期関数とフーリエ展開

関数 $f(x)$ があらゆる x について

$$f(x + T) = f(x) \tag{8・1}$$

のように表されるとき，$f(x)$ を周期関数，定数 $T\ (>0)$ を周期とよぶ．この式は同時に

$$f(x + nT) = f(x) \tag{8・2}$$

が成り立つことも意味している．ここで n は整数である．$f(x)$ のグラフの例を図8・1に示す．

あらゆる周期関数は次のようなかたちの級数展開

$$f(x) = \frac{a_0}{2} + a_1 \cos x + b_1 \sin x + a_2 \cos 2x + b_2 \sin 2x + \cdots\cdots \tag{8・3}$$

が可能で，これを行えばもとの関数 $f(x)$ を項別に扱うことができ便利な場合がある．そのためには

$$f(x) = \frac{a_0}{2} + \sum_{n=1}^{\infty} a_n \cos nx + \sum_{n=1}^{\infty} b_n \sin nx \tag{8・4}$$

のように展開したときの係数を求めればよい．この右辺を $f(x)$ のフーリエ展開とよぶ．$\frac{a_0}{2}$ は定数関数を表すが，定数関数もすべての T に対して式(8・1)を満たして展

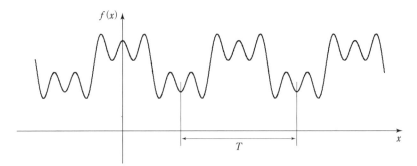

図 8・1　周期関数の例（周期 T）

開項としての資格があるので，フーリエ級数に加えている．ここで定数関数を $\dfrac{a_0}{2}$ として表したのは，形式上の便利さのためにすぎない．また，フーリエ展開の各項を表す三角関数のグループが正規直交系を構成することは，4・6 節で少しふれた．

ここで式 (8・4) におけるフーリエ級数の係数である a_0, a_n および b_n を求めてみよう[*1]．まず式 (8・4) の両辺を $-\pi$ から π まで積分すると

$$\begin{aligned}
\int_{-\pi}^{\pi} f(x)\,dx &= \int_{-\pi}^{\pi}\left\{\frac{a_0}{2} + \sum_{n=1}^{\infty} a_n \cos nx + \sum_{n=1}^{\infty} b_n \sin nx\right\}dx \\
&= \frac{a_0}{2}\int_{-\pi}^{\pi}dx + \sum_{n=1}^{\infty}\left(a_n\int_{-\pi}^{\pi}\cos nx\,dx + b_n\int_{-\pi}^{\pi}\sin nx\,dx\right) \\
&= \pi a_0 + \sum_{n=1}^{\infty}(a_n \times 0 + b_n \times 0) = \pi a_0 \quad\quad (8\cdot 5)
\end{aligned}$$

となることから，定数関数に含まれる a_0 として

$$a_0 = \frac{1}{\pi}\int_{-\pi}^{\pi} f(x)\,dx \quad\quad (8\cdot 6)$$

が得られる．次に式 (8・4) に $\cos mx$（m は何らかの自然数）を掛けて $-\pi$ から π まで積分すると

$$\int_{-\pi}^{\pi} f(x)\cos mx\,dx$$

$$= \int_{-\pi}^{\pi}\left[\frac{a_0}{2} + \sum_{n=1}^{\infty}\left(a_n\int_{-\pi}^{\pi}\cos nx\,dx + b_n\int_{-\pi}^{\pi}\sin nx\,dx\right)\right]\cos mx\,dx$$

[*1]　これらの係数は**フーリエ係数**とよばれる．

8・2 周期関数とフーリエ展開

$$= \frac{a_0}{2}\int_{-\pi}^{\pi}\cos mx\,\mathrm{d}x + \sum_{n=1}^{\infty}\left[a_n\int_{-\pi}^{\pi}\cos nx\cos mx\,\mathrm{d}x + b_n\int_{-\pi}^{\pi}\sin nx\cos mx\,\mathrm{d}x\right] \quad (8\cdot7)$$

となり，最右辺の第1項はゼロとなる．また第2項の定積分は

$$\int_{-\pi}^{\pi}\cos nx\cos mx\,\mathrm{d}x = \frac{1}{2}\int_{-\pi}^{\pi}\{\cos(n+m)x + \cos(n-m)x\}\,\mathrm{d}x \qquad (8\cdot8)$$

で，これは $n=m$ のときだけ

$$\frac{1}{2}\int_{-\pi}^{\pi}\cos 0\,\mathrm{d}x = \pi \qquad (8\cdot9)$$

となり，それ以外のときはすべてゼロである．また第3項の定積分は，被積分関数が

$$\sin nx\cos mx = \frac{1}{2}\{\sin(n+m)x + \sin(n-m)x\} \qquad (8\cdot10)$$

であることからすべてゼロである．これらから

$$\int_{-\pi}^{\pi}f(x)\cos mx\,\mathrm{d}x = a_m\pi \qquad (8\cdot11)$$

となるので，最終的に

$$a_m = \frac{1}{\pi}\int_{-\pi}^{\pi}f(x)\cos mx\,\mathrm{d}x \qquad (8\cdot12)$$

が得られる．式(8・6)と合わせて考えるとこれは形式的に a_0 も含む.

次に式(8・4)に $\sin mx$（m は何らかの自然数）を掛けて $-\pi$ から π まで積分すると

$$\int_{-\pi}^{\pi}f(x)\sin mx\,\mathrm{d}x$$

$$= \int_{-\pi}^{\pi}\left[\frac{a_0}{2} + \sum_{n=1}^{\infty}\left(a_n\int_{-\pi}^{\pi}\cos nx\,\mathrm{d}x + b_n\int_{-\pi}^{\pi}\sin nx\,\mathrm{d}x\right)\right]\sin mx\,\mathrm{d}x$$

$$= \frac{a_0}{2}\int_{-\pi}^{\pi}\sin mx\,\mathrm{d}x + \sum_{n=1}^{\infty}\left[a_n\int_{-\pi}^{\pi}\cos nx\sin mx\,\mathrm{d}x + b_n\int_{-\pi}^{\pi}\sin nx\sin mx\,\mathrm{d}x\right] \quad (8\cdot13)$$

となり，最右辺の第1項はゼロとなる．また第2項の定積分は被積分関数が

$$\cos nx\sin mx = \frac{1}{2}\{\sin(m+n)x + \sin(m-n)x\} \qquad (8\cdot14)$$

であることからすべてゼロである．また第3項の定積分は

$$\int_{-\pi}^{\pi}\sin nx\sin mx\,\mathrm{d}x = -\frac{1}{2}\int_{-\pi}^{\pi}\{\cos(n+m)x - \cos(n-m)x\}\,\mathrm{d}x \qquad (8\cdot15)$$

で，これは $n=m$ のときだけ式(8・9)と同様に

$$-\frac{1}{2}\int_{-\pi}^{\pi}(-\cos 0)\,dx \;=\; \pi \tag{8・16}$$

となり，それ以外のときはすべてゼロである．これらから

$$\int_{-\pi}^{\pi}f(x)\cos mx\,dx \;=\; b_m\pi \tag{8・17}$$

となるので，今度は最終的に

$$b_m \;=\; \frac{1}{\pi}\int_{-\pi}^{\pi}f(x)\,\sin mx\,dx \tag{8・18}$$

が得られる．式(8・12)と式(8・18)の両方で m を n と書き直すと

$$a_n \;=\; \frac{1}{\pi}\int_{-\pi}^{\pi}f(x)\cos nx\,dx \qquad (n=0,1,2,3,\cdots\cdots) \tag{8・19}$$

$$b_n \;=\; \frac{1}{\pi}\int_{-\pi}^{\pi}f(x)\sin nx\,dx \qquad (n=1,2,3,\cdots\cdots) \tag{8・20}$$

となり，式(8・6)と合わせてフーリエ級数の係数 a_0, a_n および b_n がすべて得られた．また，ここで用いた積分区間は $0 \le x \le 2\pi$ としても本質的に同じである．

例題 8・1

次の周期関数 $f(x)$ のフーリエ級数を求めよ.
$-\pi < x < 0$ のとき $f(x) = -c$, $0 < x < \pi$ のとき $f(x) = c$. ただし $f(x+2\pi) = f(x)$

解 答

まず式(8・6)から

$$a_0 \;=\; \frac{1}{\pi}\int_{-\pi}^{\pi}f(x)\,dx \;=\; \frac{1}{\pi}\left\{\int_{-\pi}^{0}(-c)\,dx + \int_{0}^{\pi}c\,dx\right\} \;=\; \frac{1}{\pi}(-\pi+\pi) \;=\; 0$$

であるから $a_0 = 0$ となる．式(8・19)と式(8・20)から

$$a_n \;=\; \frac{1}{\pi}\left(\int_{-\pi}^{0}(-c)\cos nx\,dx + \int_{0}^{\pi}c\cos nx\,dx\right)$$

$$=\; \frac{1}{\pi}\left\{\left(-\frac{c}{n}\right)\sin nx\,\Big|_{-\pi}^{0} + \left(\frac{c}{n}\right)\sin nx\,\Big|_{0}^{\pi}\right\} \;=\; 0$$

$$b_n \;=\; \frac{1}{\pi}\left(\int_{-\pi}^{0}(-c)\sin nx\,dx + \int_{0}^{\pi}c\sin nx\,dx\right)$$

$$= \frac{1}{\pi} \left\{ \left(\frac{c}{n} \right) \cos nx \Big|_{-\pi}^{0} - \left(\frac{c}{n} \right) \cos nx \Big|_{0}^{\pi} \right\}$$

$$= \frac{2c}{n\pi} (1 - \cos n\pi)$$

となり，n が奇数のときは $b_n = \frac{4c}{n\pi}$ で，偶数のときは $b_n = 0$ となるので

$$b_1 = \frac{4c}{\pi}, \quad b_3 = \frac{4c}{3\pi}, \quad b_5 = \frac{4c}{5\pi}, \cdots\cdots$$

$$b_2 = b_4 = b_6 = \cdots\cdots = 0$$

と求められる．以上より

$$f(x) = \frac{4c}{\pi} \left(\sin x + \frac{1}{3} \sin 3x + \frac{1}{5} \sin 5x + \cdots\cdots \right)$$

が得られる．

自習問題 8・1

$f(x) = \cos^3 x$ のフーリエ級数を求めよ．

答　$f(x) = \dfrac{3}{4} \cos x + \dfrac{1}{4} \cos 3x$：実は 3 倍角の公式が使える

8・3　フーリエ係数の複素形式

　フーリエ級数は，cos 係数と sin 係数をまとめた複素形式を導入することによって表すこともできる．そのためにはまずオイラーの公式を変形して

$$\cos nx = \frac{1}{2} (e^{inx} + e^{-inx}) \tag{8・21}$$

および

$$\sin nx = \frac{1}{2} (e^{inx} - e^{-inx}) \tag{8・22}$$

のように三角関数を複素数で表す．これらを式(8・4)に代入すれば

$$f(x) = \frac{a_0}{2} + \sum_{n=1}^{\infty} \frac{a_n}{2} (e^{inx} + e^{-inx}) + \sum_{n=1}^{\infty} \frac{b_n}{2i} (e^{inx} - e^{-inx})$$

$$= \frac{a_0}{2} + \sum_{n=1}^{\infty} \left\{ \left(\frac{a_n}{2} + \frac{b_n}{2i} \right) e^{inx} + \left(\frac{a_n}{2} - \frac{b_n}{2i} \right) e^{-inx} \right\}$$

$$= a_0 + \sum_{n=1}^{\infty} \left\{ \left(\frac{a_n}{2} - \frac{ib_n}{2} \right) e^{inx} + \left(\frac{a_n}{2} + \frac{ib_n}{2} \right) e^{-inx} \right\}$$

$$\equiv c_0 + \sum_{n=1}^{\infty} (c_n e^{inx} + d_n e^{-inx}) \tag{8・23}$$

が得られる. ここで

$$c_0 = \frac{a_0}{2} \tag{8・24}$$

$$c_n \equiv \frac{a_n}{2} - \frac{ib_n}{2} \tag{8・25}$$

$$d_n \equiv \frac{a_n}{2} + \frac{ib_n}{2} \tag{8・26}$$

と表し直して式 $(8・19)$ と $(8・20)$ を代入すると

$$c_n \equiv \frac{a_n}{2} - \frac{ib_n}{2} = \frac{1}{2\pi} \int_{-\pi}^{\pi} \{ f(x) \cos nx - if(x) \sin nx \} \, dx$$

$$= \frac{1}{2\pi} \int_{-\pi}^{\pi} f(x) e^{-inx} \, dx \tag{8・27}$$

および

$$d_n \equiv \frac{a_n}{2} + \frac{ib_n}{2} = \frac{1}{2\pi} \int_{-\pi}^{\pi} \{ f(x) \cos nx + if(x) \sin nx \} \, dx$$

$$= \frac{1}{2\pi} \int_{-\pi}^{\pi} f(x) e^{inx} \, dx \tag{8・28}$$

となる. さらに $d_n \equiv c_{-n}$ と表せば, c_0 や d_n をまとめて

$$f(x) = \sum_{n \to -\infty}^{\infty} c_n e^{inx} \tag{8・29}$$

と書くことができる. すなわち

$$c_n = \frac{1}{2\pi} \int_{-\pi}^{\pi} f(x) e^{-inx} \, dx \quad (n = 0, \pm 1, \pm 2, \pm 3, \cdots\cdots) \tag{8・30}$$

が複素フーリエ係数になる. これを用いれば定数関数, sin 関数, cos 関数をまとめて表すことができる.

8・3　フーリエ係数の複素形式　　189

例題 8・2

周期を 2π としたときの関数 $f(x)=e^x$ を，$-\pi<x<\pi$ で複素係数のフーリエ級数に展開せよ．

解　答

式 $(8・27)$ に $f(x)$ を代入すれば

$$
\begin{aligned}
c_n &= \frac{1}{2\pi}\int_{-\pi}^{\pi} f(x)\,e^{-inx}\,\mathrm{d}x = \frac{1}{2\pi}\int_{-\pi}^{\pi} e^x e^{-inx}\,\mathrm{d}x \\
&= \frac{1}{2\pi}\int_{-\pi}^{\pi} e^{(1-in)x}\,\mathrm{d}x = \frac{1}{2\pi}\frac{1}{(1-in)}e^{(1-in)x}\Big|_{-\pi}^{\pi} \\
&= \frac{1}{2\pi}\frac{1}{(1-in)}\{e^{(1-in)\pi} - e^{(1-in)(-\pi)}\} \\
&= \frac{1}{2\pi}\frac{1}{(1-in)}(e^{\pi}e^{-in\pi} - e^{-\pi}e^{in\pi}) \\
&= \frac{1}{2\pi}\frac{1}{(1-in)}\{e^{\pi}(\cos n\pi - i\sin n\pi) - e^{-\pi}(\cos n\pi + i\sin n\pi)\} \\
&= \frac{(-1)^n(e^{\pi}-e^{-\pi})}{2\pi(1-in)}
\end{aligned}
$$

が得られる．ここで n が奇数のときは $\cos n\pi = -1$，偶数のときは $\cos n\pi = 1$ を用いた．この c_n を式 $(8・29)$ に代入すると

$$
f(x) = \sum_{n=-\infty}^{\infty} c_n e^{inx} = \frac{e^{\pi}-e^{-\pi}}{2\pi}\sum_{n=-\infty}^{\infty}\frac{(-1)^n}{1-in}e^{inx} \quad (-\pi<x<\pi)
$$

が得られて，複素係数を用いるフーリエ展開ができた．

自習問題 8・2

$f(x)=\cos x$ を，$-\pi<x<\pi$ で複素係数のフーリエ級数に展開せよ．

　　　答　$f(x) = \dfrac{1}{2}(e^{ix} + e^{-ix})$：実はオイラーの公式が使える

8・4 任意周期の関数とフーリエ展開

前節までは周期 2π の関数を扱ったが，周期がぴったり 2π となる関数はむしろ珍しい．しかしそのようなときでも，以下のように変数を縮尺すればフーリエ展開を行うことができる．ここで周期 T の関数 $f(t)$ について考えてみる．変数 x の伸縮のために変数 t を導入して

$$t = \frac{T}{2\pi}x \tag{8・31}$$

のように置き換える．たとえば $T=\pi$ なら $t=\frac{1}{2}x$ となり，$T=4\pi$ なら $t=2x$ である．変域 $-\pi \leqq x \leqq \pi$ は $-\frac{T}{2} \leqq t \leqq \frac{T}{2}$ と書き直せて，f は t の関数としては周期 T をもつ．また，式(8・4)のように f を変数 x でフーリエ展開すれば

$$f(t) = f\left(\frac{T}{2\pi}x\right) = \frac{a_0}{2} + \sum_{n=1}^{\infty} a_n \cos nx + \sum_{n=1}^{\infty} b_n \sin nx \tag{8・32}$$

であり，係数に対して式(8・19)と(8・20)を用いると

$$a_n = \frac{1}{\pi}\int_{-\pi}^{\pi} f\left(\frac{T}{2\pi}x\right)\cos nx \, dx = \frac{2}{T}\int_{-\frac{T}{2}}^{\frac{T}{2}} f(t)\cos\frac{2n\pi t}{T} dt \tag{8・33}$$

$$(n = 0, 1, 2, 3, \cdots\cdots)$$

$$b_n = \frac{1}{\pi}\int_{-\pi}^{\pi} f\left(\frac{T}{2\pi}x\right)\sin nx \, dx = \frac{2}{T}\int_{-\frac{T}{2}}^{\frac{T}{2}} f(t)\sin\frac{2n\pi t}{T} dt \tag{8・34}$$

$$(n = 1, 2, 3, \cdots\cdots)$$

が得られて

$$f(t) = \frac{a_0}{2} + \sum_{n=1}^{\infty} a_n \cos\frac{2n\pi t}{T} + \sum_{n=1}^{\infty} b_n \sin\frac{2n\pi t}{T} \tag{8・35}$$

のようにフーリエ展開できる．ここで

$$dx = \frac{2\pi}{T}dt \tag{8・36}$$

を用いた．

さらに前節の式(8・27)と同様に複素形式を用いて表すことを考える．式(8・27)に式(8・33)と(8・34)を代入して整理することによって，複素フーリエ係数 c_n として

$$c_n \equiv \frac{a_n}{2} - \frac{ib_n}{2} = \frac{1}{T}\int_{-\frac{T}{2}}^{\frac{T}{2}} f(t)e^{-i\frac{2n\pi t}{T}} dt \tag{8・37}$$

が得られる．c_n は次節のフーリエ変換において重要な働きをする．

8・5 非周期関数とフーリエ変換　　191

例題8・3

次の周期関数 $f(t)$ のフーリエ級数を求めよ．周期 T は2とする．
$$f(t) = 1 - t^2 \quad (-1 < t < 1)$$

解　答

式(8・33)〜(8・35)を用いて

$$a_0 = \frac{2}{2}\int_{-1}^{1}(1-t^2)\,dt = 2 - \frac{2}{3} = \frac{4}{3}$$

$$a_n = \frac{2}{2}\int_{-1}^{1}(1-t^2)\cos n\pi t\,dt = -\frac{4}{n^2\pi^2}\cos n\pi \quad (部分積分を利用)$$

$$b_n = \frac{2}{2}\int_{-1}^{1}(1-t^2)\sin n\pi t\,dt = 0 \quad (被積分関数が奇関数であることを利用)$$

が得られるので，式(8・35)から

$$f(t) = \frac{a_0}{2} + \sum_{n=1}^{\infty}a_n\cos\frac{2n\pi t}{2} = \frac{a_0}{2} + \sum_{n=1}^{\infty}\left(-\frac{4}{n^2\pi^2}\cos n\pi\right)\cos\frac{2n\pi t}{2}$$

$$= \frac{2}{3} + \frac{4}{\pi^2}\left(\cos\pi t - \frac{1}{4}\cos 2\pi t + \frac{1}{9}\cos 3\pi t - +\cdots\cdots\right)$$

が得られる．

自習問題8・3

$f(x) = \sin^3 x$ のフーリエ級数を求めよ．

答　$f(x) = \dfrac{3}{4}\sin x - \dfrac{1}{4}\sin 3x$：実は3倍角の公式が使える

8・5　非周期関数とフーリエ変換

　　ここまで扱った関数 $f(x)$ は周期関数であり，フーリエ展開はこれを三角級数で展開するものであった．しかし，一般の関数には周期をもたないものも多い．本節ではそのような非周期関数の扱い方について考える．非周期関数についてフーリエ展開を行うには，最初に周期 T とした関数の展開を考え，次にその周期 T を∞に移行させる考え方が基本になる．このときフーリエ級数の幅を細かくして積分に変える

操作を行うが，これによって現れるのがフーリエ変換であり，これにはフーリエ級数と類似する点が多い．

以下では詳しい証明は省略するが，フーリエ変換の導出のために周期 T を無限大まで引伸ばし，これに応じて t の範囲も $-\infty$ から ∞ として式(8・33)と(8・34)のフーリエ係数を

$$a_n = \frac{1}{2}\int_{-\infty}^{\infty} f(t) \cos\frac{2n\pi t}{T} \, dt \tag{8・38}$$

$$b_n = \frac{1}{2}\int_{-\infty}^{\infty} f(t) \sin\frac{2n\pi t}{T} \, dt \tag{8・39}$$

のように置き直すことにする．式(8・37)に倣って複素フーリエ係数

$$2c_n \equiv a_n - ib_n = \int_{-\infty}^{\infty} f(t) \, e^{-i\frac{2n\pi t}{T}} \, dt \tag{8・40}$$

を考えて，次に

$$k_n \equiv \frac{2n\pi}{T} \tag{8・41}$$

と定義される変数 k_n を導入する．k_n を一般的な変数 k に読みかえて式(8・40)の左辺を $F(k)$ とすれば

$$F(k) = \int_{-\infty}^{\infty} f(t) \, e^{-ikt} \, dt \tag{8・42}$$

を得る．このように関数 $f(t)$ から $F(k)$ を求めることをフーリエ変換，あるいは $F(k)$ 自体を $f(t)$ のフーリエ変換とよぶ．

式(8・41)で導入した変数 k_n は，波動関数を構成する周期 $\frac{T}{n}$ の変動成分の区間幅 2π あたりの波の数で，**波数**とよばれるものである．図8・2にその例を示す．$n=1$

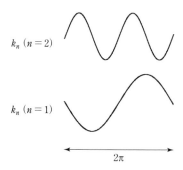

図8・2 変数 k_n と波数

であれば変動成分の周期は T であり，2π あたりの波数は1なので $k_1 = 1$ であること を意味する．また $n = 2$ であれば変動成分の周期は $\frac{T}{2}$ であり，2π あたりの波数は2 なので $k_2 = 2$ であることを意味する．つまり n が大きいほど波数は大きく，した がって k_n は大きくなる．このように波数 k_n は周波数に比例する量である．フーリ エ変換では非周期関数を多くの k_n の寄与に分けてそれぞれの係数を求められるの で，いろいろな周波数成分に分けることができる意味をもつ．

さらに式 $(8 \cdot 42)$ のいわば逆方向のフーリエ逆変換も

$$f(t) = \frac{1}{2\pi} \int_{-\infty}^{\infty} F(k)\, e^{ikt}\, dk \qquad (8 \cdot 43)$$

によって書き表すことができる．これは $F(k)$ から $f(t)$ を求めるための式である．

例題 8・4

$f(t)$ のフーリエ変換を $F(k)$ とするとき，$f(t+a)$ のフーリエ変換を求めよ．

解　答

まず $F(k) = \int_{-\infty}^{\infty} f(t)\, e^{-ikt}\, dt$ であるが，$t + a \equiv u$ とすると $f(t+a)$ のフーリエ 変換は

$$\int_{-\infty}^{\infty} f(t+a)\, e^{-ikt}\, dt = \int_{-\infty}^{\infty} f(u)\, e^{-ik(u-a)}\, du = e^{ika}\int_{-\infty}^{\infty} f(u)\, e^{-iku}\, du = e^{ika} F(k)$$

と得られる．

自習問題 8・4

例題 $8 \cdot 4$ と同じ $F(k)$ に対して $e^{iat}f(t)$ のフーリエ変換を求めよ．

答　$F(k-a)$

8・6　本章のまとめ

本章ではフーリエ解析について説明した．フーリエ解析は化学には直接関係がな いように見えるが，物理方面ではいろいろな振動運動を調和振動（単振動）に分解 できることの基礎を与えるものである．さらにフーリエ変換を用いればもとの関数 が非周期関数であるときに，その周波数成分の分析が可能となる．このことから

フーリエ変換は，音声処理，画像処理，脳波解析などいろいろな信号処理への応用に用いることができるので，実用性も高い．たとえば NMR（nuclear magnetic resonance＝核磁気共鳴）信号の解析においてもフーリエ変換はしばしば使われる技術であり，現在の NMR 分光法の基礎になっている．

 演 習 問 題

1. 周期 2π をもつ関数 $f(x) = |x|$ のフーリエ展開を求めよ．ただし，$-\pi \leq x \leq \pi$ とする．
2. 周期 2π をもつ関数 $f(x) = x^2$ のフーリエ展開を求めよ．ただし，$-\pi \leq x \leq \pi$ とする．
3. 周期 2π をもつ関数 $f(x) = x^2$ のフーリエ展開を求めよ．ただし，$0 < x < 2\pi$ とする．
4. 周期 2π をもつ以下の関数 $f(x)$ のフーリエ展開を求めよ．ただし，$-\pi \leq x \leq \pi$ とする．
$$f(x) = \begin{cases} -1 & (-\pi < x < 0) \\ 0 & (x = 0, \pm\pi) \\ 1 & (0 < x < \pi) \end{cases}$$
5. 関数 $f(t) = e^{-t^2}$ のフーリエ変換を求めよ．なお公式
$$\int_0^\infty e^{-a^2 x^2} \cos bx \, dx = \frac{\sqrt{\pi}}{2a} e^{-\frac{b^2}{4a^2}} \quad (a > 0)$$
を用いてもよい．

 解　答

1. この関数は偶関数であるから，展開には定数関数と cos 関数を用いればよい．
したがって $b_n = 0$ であり，また
$$a_0 = \frac{1}{2\pi} \int_{-\pi}^{\pi} |x| \, dx = \frac{1}{2\pi} \left\{ \int_{-\pi}^{0} (-x) \, dx + \int_0^{\pi} x \, dx \right\} = \frac{1}{\pi} \int_0^{\pi} x \, dx = \frac{1}{2\pi} x^2 \Big|_0^{\pi} = \frac{\pi}{2}$$
$$a_n = \frac{1}{\pi} \int_{-\pi}^{\pi} |x| \cos nx \, dx = \frac{2}{\pi} \int_0^{\pi} x \cos nx \, dx = \frac{2}{\pi} \left\{ \left(x \frac{\sin nx}{n} \right) \Big|_0^{\pi} - \int_0^{\pi} \frac{\sin nx}{n} \, dx \right\}$$
$$= \frac{2}{\pi} \frac{1}{n^2} \cos nx \Big|_0^{\pi}$$
$$= \frac{2}{n^2 \pi} (\cos n\pi - 1) = \begin{cases} 0 & (n \text{ は偶数}) \\ -\dfrac{4}{n^2 \pi} & (n \text{ は奇数}) \end{cases}$$

となる. 以上をまとめながら式 $(8 \cdot 4)$ に代入すると

$$f(x) = \frac{\pi}{2} - \frac{4}{\pi}\left(\cos x + \frac{\cos 3x}{3^2} + \frac{\cos 5x}{5^2} + \cdots\cdots\right)$$

となる.

2. この関数も偶関数であるから,展開には演習問題 1 と同様に定数関数と cos 関数を用いればよい. $b_n = 0$ であり,また

$$a_0 = \frac{1}{2\pi}\int_{-\pi}^{\pi} x^2\,\mathrm{d}x = \frac{1}{\pi}\int_0^{\pi} x^2\,\mathrm{d}x = \frac{1}{\pi}\frac{\pi^3}{3} = \frac{\pi^2}{3}$$

$$a_n = \frac{1}{\pi}\int_{-\pi}^{\pi} x^2\cos nx\,\mathrm{d}x = \frac{2}{\pi}\int_0^{\pi} x^2\cos nx\,\mathrm{d}x = \frac{2}{\pi}\left\{\left(x^2\frac{\sin nx}{n}\right)\Big|_0^{\pi} - \frac{2}{n}\int_0^{\pi} x\sin nx\,\mathrm{d}x\right\}$$

$$= -\frac{4}{n\pi}\int_0^{\pi} x\sin nx\,\mathrm{d}x = -\frac{4}{n\pi}\left\{-\frac{1}{n}(x\cos nx)\Big|_0^{\pi} + \frac{1}{n}\int_0^{\pi}\cos nx\,\mathrm{d}x\right\}$$

$$= -\frac{4}{n^2\pi}(\pi\cos n\pi - 0) = \frac{4}{n^2}\cos n\pi = \frac{4}{n^2}(-1)^n$$

となる. この a_0 と a_n を式 $(8 \cdot 4)$ に代入すれば

$$f(x) = \frac{\pi^2}{3} + 4\left(-\cos x + \frac{\cos 2x}{2^2} - \frac{\cos 3x}{3^2} + -\cdots\cdots\right)$$

$$= \frac{\pi^2}{3} - 4\left(\cos x - \frac{\cos 2x}{2^2} + \frac{\cos 3x}{3^2} - +\cdots\cdots\right)$$

となる.

3. この関数には奇関数と偶関数部分の両方があり,x の範囲に注意しながら計算を行う. まず定数関数と cos 関数部分については

$$a_0 = \frac{1}{2\pi}\int_0^{2\pi} x^2\,\mathrm{d}x = \frac{1}{2\pi}\frac{(2\pi)^3}{3} = \frac{4\pi^2}{3}$$

$$a_n = \frac{1}{\pi}\int_0^{2\pi} x^2\cos nx\,\mathrm{d}x = \frac{1}{\pi}\left\{\left(x^2\frac{\sin nx}{n}\right)\Big|_0^{2\pi} - \frac{2}{n}\int_0^{\pi} x\sin nx\,\mathrm{d}x\right\}$$

$$= \frac{1}{\pi}\left(-\frac{2}{n}\right)\left\{\left(-x\frac{\cos nx}{n}\right)\Big|_0^{2\pi} + \frac{1}{n}\int_0^{\pi}\cos nx\,\mathrm{d}x\right\} = \frac{4\pi}{n^2\pi} = \frac{4}{n^2}$$

となる. sin 関数部分については

$$b_n = \frac{1}{\pi}\int_0^{2\pi} x^2\sin nx\,\mathrm{d}x = \frac{1}{\pi}\left\{\left(-x^2\frac{\cos nx}{n}\right)\Big|_0^{2\pi} + \frac{2}{n}\int_0^{\pi} x\cos nx\,\mathrm{d}x\right\}$$

$$= \frac{1}{\pi}\left\{-\frac{4\pi^2}{n} + \frac{2}{n^2}x\sin nx\Big|_0^{2\pi} - \frac{2}{n^2}\int_0^{2\pi}\sin nx\,\mathrm{d}x\right\} = -\frac{4\pi}{n}$$

この a_0 と a_n, b_n を式(8・4)に代入すれば

$$f(x) = \frac{4\pi^2}{3} + 4\sum_{n=1}^{\infty}\left(\frac{1}{n^2}\cos nx - \frac{\pi}{n}\sin nx\right)$$

$$= \frac{4\pi^2}{3} + 4\left\{\left(\cos nx + \frac{\cos 2x}{2^2} + \frac{\cos 3x}{3^2} + \cdots\cdots\right) - \pi\left(\sin x + \frac{\sin 2x}{2} + \frac{\sin 3x}{3} + \cdots\cdots\right)\right\}$$

となる.

4. この関数は奇関数であるから,a_0 を含めて $a_n = 0$ である.

$$b_n = \frac{1}{\pi}\int_{-\pi}^{\pi} f(x)\sin nx\,dx = \frac{2}{\pi}\int_0^{\pi} 1\cdot\sin nx\,dx = -\frac{2}{\pi}\frac{\cos nx}{n}\Big|_0^{\pi} = \frac{2}{\pi}\frac{1-\cos n\pi}{n}$$

$$= \begin{cases} 0 & (n:\ 偶数) \\[2mm] \dfrac{4}{n\pi} & (n:\ 奇数) \end{cases}$$

と求められるので,これを式(8・4)に代入すれば

$$f(x) = \sum_{n=1}^{\infty} b_n\sin nx = \frac{4}{\pi}\left(\sin x + \frac{\sin 3x}{3} + \frac{\sin 5x}{5} + \cdots\cdots\right)$$

となる.

5.
$$F(k) = \int_{-\infty}^{\infty} e^{-t^2}e^{-ikt}\,dt = \int_{-\infty}^{\infty} e^{-t^2}(\cos kt - i\sin kt)\,dt = \int_{-\infty}^{\infty} e^{-t^2}\cos kt\,dt$$

$$= 2\int_0^{\infty} e^{-t^2}\cos kt\,dt = 2\times\frac{\sqrt{\pi}}{2}e^{-\frac{k^2}{4}} = \sqrt{\pi}\,e^{-\frac{k^2}{4}}$$

となる.

9

統 計 と 分 布

9・1 は じ め に

　大量に生産される工業製品の品質管理，生物がもつ多くの特性の観測，化学研究における各種の実験などからは，多様で膨大な記録データが現れる．これらの収集，記録，管理を行うに当たって，多くの観測データからひき出される情報の系統的整理と理解は重要な作業となる．これは，単に自然科学だけではなく社会学や経済学など種々の分野においても必須の作業である．

　多くの場合，対象となる**母集団**全体からのデータ収集を行うことは困難なために，実際はその一部（**標本集団**）についての観測値の示す性質やその現れ方の様式を統計的に解析することにより，母集団全体の性質や傾向を考察することが多い．統計的な解析で必要な概念は後述する**確率変数**や**確率密度**であり，これらは母集団あるいは標本集団から**無作為に抽出**された観測値についての数学的な理解や評価の基礎となる．このための確率と統計という概念はすでに高校の数学の教科書に現れているはずだが，特に統計は確率の陰に隠れて出てくるため，大学受験でもあまり使う機会がなかったかもしれない．

　本章では確率変数と確率密度やそれらを用いて表される分布の概念から始めて，統計解析の基礎となる事柄についての説明を行う．

9・2　確率変数と確率密度

　統計解析では実験結果や観測したデータの整理にあたって，対応する個々の確率変数や確率密度を考え，それをもとにして知見を得ることを試みる．このとき統計データのサンプリング（標本抽出）は無作為的に行うこと，すなわち不公平な手心を加えたものではない必要がある．これは確率変数や確率密度に対しては確率論を背景とする理論的分布の考え方があるためで，基本的には得られた統計データをそうした考え方に合わせながら解析を行う．以下ではこの考え方に従って説明を行う．

198　　　　　　　　　　　　**9. 統 計 と 分 布**

　まず，何らかの**事象（イベント）**の起こり方や，その起こる頻度を統計的に考える
ときには，確率変数の定義が必要である．たとえば n 回サイコロを振ったときに
どの目が出るか，ということについては出る目が確率変数 X となり，出た目の具体
的な値を x_n で表す．また，n 回の有機合成実験で合成が成功するかしないかを確率
変数とするときには，成功すれば x は 1，成功しなければ 0 であると考えて表せば
よい．

　以上のように，イベントの母集団から n 個のサンプルを標本集団としてとるとき，
得られる確率変数の値 x は離散的で $x_1, x_2, x_3, \cdots\cdots, x_n$ という値をとるとして，これ
らの値の現れる回数を確率密度とする．これを $P(x_i)$ として表せば

$$P(x_1) \geq 0, \ \ P(x_2) \geq 0, \ \ P(x_3) \geq 0, \cdots\cdots, \ \ P(x_n) \geq 0 \qquad (9 \cdot 1)$$

という関係がある．ここで $\dfrac{P(x_i)}{\sum\limits_{i=1}^{n} P(x_i)}$ とすれば，新たに

$$\sum_{i=1}^{n} P(x_i) \ = \ 1 \qquad (9 \cdot 2)$$

のように確率密度の和が 1 になって数学的には便利である．この作業を**確率密度の
規格化**とよぶが，これは量子力学での波動関数の規格化と同様である．

　式 $(9 \cdot 1)$ や $(9 \cdot 2)$ では確率変数の値 x が離散的であったが，あるクラスの生徒の
身長を確率変数とするなら x は連続的となる．このように確率変数が連続的に変化
するときには確率密度関数 $P(x)$ を考えることになり，式 $(9 \cdot 2)$ の規格化条件は積分
によって

$$\int P(x) \, \mathrm{d}x \ = \ 1 \qquad (9 \cdot 3)$$

と表せばよい．以下では統計学の用語にしたがって，確率密度関数 $P(x)$ が確率変数
の値 x に対して描く曲線のことを**確率分布**あるいは単に**分布**とよぶことにする[*1]．

9・3 平 均 と 分 散

　以上から，x_i が離散的なら

$$m \ \equiv \ \sum_{i=1}^{n} x_i P(x_i) \ = \ x_1 P(x_1) + x_2 P(x_2) + \cdots\cdots + x_n P(x_n) \qquad (9 \cdot 4)$$

[*1]　確率変数 X と確率変数のとる値 x の区別はどちらもエックスで表しているため少しわか
　　りにくいかもしれないが，これは統計学の一般的な参考書の記法に従ったためである．実
　　際にはあまり厳密に区別してもらわなくてもよい．

9・3 平 均 と 分 散　199

を計算すれば確率変数 X の平均が求められ，連続的であれば積分を用いて

$$m = \int x P(x)\, dx \qquad (9 \cdot 5)$$

によって求められる．これらは x の平均値であることを強調して

$$m = \bar{x} = \langle x \rangle \qquad (9 \cdot 6)$$

のようにバーを付けたり，あるいは山括弧で挟んで示すこともある．ここでは $\bar{x}$ の
ようにバーを付けて平均を表すことにする．この確率変数に対する平均値は，**期待
値**とよばれることもある．

次に**分散**について説明しよう．分散は σ^2 という変数で表され，離散的あるいは連
続的な確率変数に対して，それぞれ以下の式によって定義される．

$$\sigma^2 = \sum_{i=1}^{n} (x_i - m)^2 P(x_i) \qquad (9 \cdot 7)$$

$$\sigma^2 = \int (x - m)^2 P(x)\, dx \qquad (9 \cdot 8)$$

これらの式を見てわかるように，分散とは，「平均値 m からの確率変数 x の離れ方
の二乗」の平均をとったものである．したがって分散とは，平均値 m からの各デー
タ x のずれや散らばり方の尺度を与えるものである．また**標準偏差** σ (SD)[*2] は分散
の正の平方根として定義される．統計ではこの量もよく用いられる．

例題 9・1

分散 σ^2 は $\overline{x^2} - (\bar{x})^2$ によって表すこともできることを示せ．

解　答

分散の定義式 (9・7) を書いて展開と変形を行うと

$$\sigma^2 = \sum_{i=1}^{n} (x_i - m)^2 P(x_i) = \sum_{i=1}^{n} x_i^2 P(x_i) - 2m \sum_{i=1}^{n} x_i P(x_i) + m^2 \sum_{i=1}^{n} P(x_i)$$

$$= \overline{x^2} - 2m\bar{x} + m^2$$

が得られる．ここで確率密度 $P(x_i)$ の規格化の式 (9・2) を用いている．この式を
まとめ直すと

[*2]　SD は standard deviation の意味である．

$$\overline{x^2} - 2m\bar{x} + m^2 = \overline{x^2} - 2(\bar{x})^2 + (\bar{x})^2 = \overline{x^2} - (\bar{x})^2$$

と書けるので $\sigma^2 = \overline{x^2} - (\bar{x})^2$ が示された.

自習問題 9・1

分散がゼロとなる分布はどのようなものか.

答 x 軸上のある一点 x だけで $P(x)=1$ となるデルタ関数的な分布

9・4 正規分布

正規分布は**誤差論**に基づいた典型的な理論分布であり,統計データを整理するときにもしばしばこの分布が見られる.たとえば成人の身長の分布,生物のもつ多くの特性,測定誤差の分布,さらに平衡状態におけるゆらぎの分布などはだいたい正規分布に従うとされている.非常に多数の弱い相互作用によって起こる結果は正規分布を反映すると考えられ,これは従来の経験によって支持されている.これは,数理統計学における**中心極限定理**とよばれる.

正規分布の確率密度は

$$P(x) = \frac{1}{\sqrt{2\pi}\,\sigma}\mathrm{e}^{-\frac{(x-m)^2}{2\sigma^2}} \tag{9・9}$$

で表され,その形状は釣鐘形をしている.また右辺の関数の形によって**ガウス分布**ともよばれる.確率変数 x は連続的で,$(-\infty, \infty)$ の範囲にある.正規分布の詳細な形状は平均 m と分散 σ^2 によって定まるので,式(9・9)の確率密度で与えられる分布は $N(m, \sigma^2)$ という記号で書き表す(N は normal の意味).

$N(m, \sigma^2)$ で平均 m を同じとして標準偏差 σ を変化させた,いくつかの正規分布のグラフを図 9・1(a)に示す.どのグラフも直線 $x = m$ について線対称であり,標準偏差あるいは分散の値が大きくなるにつれてグラフは低くなって左右に広がることがわかる.分散が大きいということは分布が散らばって分布関数が広がるためである.特に平均 m がゼロ,分散 σ^2 が 1 である正規分布 $N(0, 1)$ を**標準正規分布**とよぶ.正規分布 $N(m, \sigma^2)$ の確率変数 x を

$$Z = \frac{x - m}{\sigma} \tag{9・10}$$

9・4 正規分布

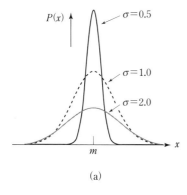
(a)

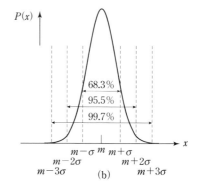
(b)

図9・1 正規分布 $N(m, \sigma^2)$ を表すグラフ　(a) m を中央に固定して σ を変化させたもの，(b) $x = m \pm \sigma$, $\pm 2\sigma$, $\pm 3\sigma$ を表す位置とともに，その区間における分布曲線の囲む面積と，分布曲線と x 軸の囲む全面積との比率を示す．見やすくするために，縦軸と横軸のスケールは合わせていない

と変換すれば，Z は $N(0,1)$ の分布に従う．この Z を標準化された確率変数という．この分布関数のグラフと x 軸で挟まれる部分の面積を与える定積分の値は

$$\frac{1}{\sqrt{2\pi}} \int_0^Z e^{-\frac{x^2}{2}} dx = \frac{Z}{\sqrt{2\pi}} \left(1 - \frac{Z^2}{3 \cdot 2 \cdot 1!} + \frac{Z^4}{5 \cdot 2^2 \cdot 2!} - \frac{Z^6}{7 \cdot 2^3 \cdot 3!} + \cdots\right) \quad (9 \cdot 11)$$

という級数によって与えられることがわかっている．標準正規分布 $N(0,1)$ のグラフの右半分の定積分，つまり式(9・11)の定積分の近似値を表9・1に示す[*3]．

表9・1の定積分値を利用すれば

$$\int_{-1}^{1} N(0,1) \, dx = 2 \times \frac{1}{\sqrt{2\pi}} \int_0^1 e^{-\frac{x^2}{2}} dx = 2 \times 0.34134 = 0.68268 \quad (9 \cdot 12)$$

$$\int_{-2}^{2} N(0,1) \, dx = 2 \times \frac{1}{\sqrt{2\pi}} \int_0^2 e^{-\frac{x^2}{2}} dx = 2 \times 0.47725 = 0.95450 \quad (9 \cdot 13)$$

$$\int_{-3}^{3} N(0,1) \, dx = 2 \times \frac{1}{\sqrt{2\pi}} \int_0^3 e^{-\frac{x^2}{2}} dx = 2 \times 0.49865 = 0.99730 \quad (9 \cdot 14)$$

が得られる．この三つの積分値はしばしば用いられる．標準正規分布では，$m = 0$ および $\sigma^2 = 1$ すなわち $\sigma = 1$ としているので，これら三つの定積分値から

[*3] 統計学の教科書や Web には，標準正規分布についてもっと詳しい定積分値の表が載っているので，それを使うこともできる．

202　　　　　　　　　　**9. 統 計 と 分 布**

表 9・1　$N(0, 1)$ についての定積分 $\dfrac{1}{\sqrt{2\pi}}\displaystyle\int_0^Z e^{-\frac{x^2}{2}}\,dx$ の近似値[†]

Z	.00	.01	.02	.03	.04	.05	.06	.07	.08	.09
0.0	.00000	.00399	.00798	.01197	.01595	.01994	.02392	.02790	.03188	.03586
0.1	.03983	.04380	.04776	.05172	.05567	.05962	.06356	.06749	.07142	.07535
0.2	.07926	.08317	.08706	.09095	.09483	.09871	.10257	.10642	.11026	.11409
0.3	.11791	.12172	.12552	.12930	.13307	.13683	.14058	.14431	.14803	.15173
0.4	.15542	.15910	.16276	.16640	.17003	.17364	.17724	.18082	.18439	.18793
0.5	.19146	.19497	.19847	.20194	.20540	.20884	.21226	.21566	.21904	.22240
0.6	.22575	.22907	.23237	.23565	.23891	.24215	.24537	.24857	.25175	.25490
0.7	.25804	.26115	.26424	.26730	.27035	.27337	.27637	.27935	.28230	.28524
0.8	.28814	.29103	.29389	.29673	.29955	.30234	.30511	.30785	.31057	.31327
0.9	.31594	.31859	.32121	.32381	.32639	.32894	.33147	.33398	.33646	.33891
1.0	.34134	.34375	.34614	.34850	.35083	.35314	.35543	.35769	.35993	.36214
1.1	.36433	.36650	.36864	.37076	.37286	.37493	.37698	.37900	.38100	.38298
1.2	.38493	.38686	.38877	.39065	.39251	.39435	.39617	.39796	.39973	.40147
1.3	.40320	.40490	.40658	.40824	.40988	.41149	.41309	.41466	.41621	.41774
1.4	.41924	.42073	.42220	.42364	.42507	.42647	.42786	.42922	.43056	.43189
1.5	.43319	.43448	.43574	.43699	.43822	.43943	.44062	.44179	.44295	.44408
1.6	.44520	.44630	.44738	.44845	.44950	.45053	.45154	.45254	.45352	.45449
1.7	.45543	.45637	.45728	.45818	.45907	.45994	.46080	.46164	.46246	.46327
1.8	.46407	.46485	.46562	.46638	.46712	.46784	.46856	.46926	.46995	.47062
1.9	.47128	.47193	.47257	.47320	.47381	.47441	.47500	.47558	.47615	.47670
2.0	.47725	.47778	.47831	.47882	.47932	.47982	.48030	.48077	.48124	.48169
2.1	.48214	.48257	.48300	.48341	.48382	.48422	.48461	.48500	.48537	.48574
2.2	.48610	.48645	.48679	.48713	.48745	.48778	.48809	.48840	.48870	.48899
2.3	.48928	.48956	.48983	.49010	.49036	.49061	.49086	.49111	.49134	.49158
2.4	.49180	.49202	.49224	.49245	.49266	.49286	.49305	.49324	.49343	.49361
2.5	.49379	.49396	.49413	.49430	.49446	.49461	.49477	.49492	.49506	.49520
2.6	.49534	.49547	.49560	.49573	.49585	.49598	.49609	.49621	.49632	.49643
2.7	.49653	.49664	.49674	.49683	.49693	.49702	.49711	.49720	.49728	.49736
2.8	.49744	.49752	.49760	.49767	.49774	.49781	.49788	.49795	.49801	.49807
2.9	.49813	.49819	.49825	.49831	.49836	.49841	.49846	.49851	.49856	.49861
3.0	.49865	.49869	.49874	.49878	.49882	.49886	.49889	.49893	.49897	.49900
3.1	.49903	.49906	.49910	.49913	.49916	.49918	.49921	.49924	.49926	.49929
3.2	.49931	.49934	.49936	.49938	.49940	.49942	.49944	.49946	.49948	.49950
3.3	.49952	.49953	.49955	.49957	.49958	.49960	.49961	.49962	.49964	.49965
3.4	.49966	.49968	.49969	.49970	.49971	.49972	.49973	.49974	.49975	.49976
3.5	.49977	.49978	.49978	.49979	.49980	.49981	.49981	.49982	.49983	.49983
3.6	.49984	.49985	.49985	.49986	.49986	.49987	.49987	.49988	.49988	.49989
3.7	.49989	.49990	.49990	.49990	.49991	.49991	.49992	.49992	.49992	.49992
3.8	.49993	.49993	.49993	.49994	.49994	.49994	.49994	.49995	.49995	.49995
3.9	.49995	.49995	.49996	.49996	.49996	.49996	.49996	.49996	.49997	.49997

†　Z の小数第 1 位までの値を左の列，小数第 2 位の値を上の行に示す

9・4 正 規 分 布 203

1 $-\sigma < x - m < \sigma$ の範囲にある確率変数すべてに対する定積分値は 0.68268 で，全体の面積 1 のほぼ 68.3% が含まれる．

2 $-2\sigma < x - m < 2\sigma$ の範囲にある確率変数すべてに対する定積分値は 0.95450 で，全体の面積 1 のほぼ 95.5% が含まれる．

3 $-3\sigma < x - m < 3\sigma$ の範囲にある確率変数すべてに対する定積分値は 0.99730 で，全体の面積 1 のほぼ 99.7% が含まれる．

となることがわかる．この状況を図 9・1(b) に示す．

例題 9・2

式 (9・9) で与えられる正規分布のグラフにおいて，変曲点となる位置を求めよ．

解 答

$P(x)$ の変曲点を求めるために 2 次微分を計算すると，

$$\frac{dP(x)}{dx} = \frac{1}{\sqrt{2\pi}\,\sigma}\left(-\frac{x-m}{\sigma^2}\right)e^{-\frac{(x-m)^2}{2\sigma^2}} = -\frac{x-m}{\sqrt{2\pi}\,\sigma^3}\,e^{-\frac{(x-m)^2}{2\sigma^2}}$$

$$\frac{d^2P(x)}{dx^2} = -\frac{1}{\sqrt{2\pi}\,\sigma^5}\{\sigma^2 - (x-m)^2\}\,e^{-\frac{(x-m)^2}{2\sigma^2}}$$

$$= \frac{1}{\sqrt{2\pi}\,\sigma^5}(x-m-\sigma)(x-m+\sigma)^{-\frac{(x-m)^2}{2\sigma^2}}$$

が得られる．この 2 次微分の値がゼロになるのは $x = m \pm \sigma$ である．したがって正規分布の変曲点は，平均値の左右の標準偏差 σ となるところにある（図 9・1(b) も参照のこと）．

自習問題 9・2

正規分布 $N(60, 5)$ を標準正規分布として表すにはどのようにすればよいか．

答 $Z = \dfrac{x-60}{\sqrt{5}}$ として確率変数 x を変数変換すればよい

正規分布以外の離散的な理論分布には，次節や 9・6 節で紹介する，**二項分布**や

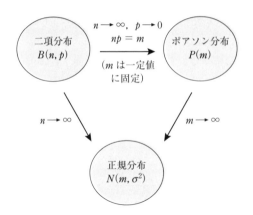

図9・2 3種類の分布の関連

ポアソン (Poisson) 分布がある．これらは数学的に見ればすべて関連している．その状況を図9・2に示しておく．

9・5 二項分布

あるイベントが確率 p で起こるとき，**独立試行**を n 回行うときに，そのイベントが x 回起こる確率 $P(x)$ は

$$P(x) = {}_nC_x p^x (1-p)^{n-x} \quad (x=0,1,2,\cdots\cdots,n) \tag{9・15}$$

によって表される．この分布を二項分布とよぶ．たとえば1個のサイコロを10回投げるとき，6の目が出る回数 x の確率は二項分布に従うはずである．このときの n は10，p は1/6である．

一般に二項分布は n と p によって定まるから，$B(n, p)$ という記号で書き表す（B は binomial の意味）．p の値を一定としたとき，いくつかの n に対する二項分布を x に対してプロットしたものを図9・3に示す．

このグラフを見るといくつかの特徴がある．まず，n の値が小さいときにはグラフは左側に寄っていて非対称的であるが，n の値が大きくなるにつれてグラフは低く対称的になり，グラフのピークは x の大きい側にずれていく．どのグラフのピークの位置も平均 m の値（$=np$）にだいたい一致していて，このことは n の値が大きいほど顕著になる．つまり，n の値が大きくなるとグラフの形は9・4節で説明した正規分布型に移行していく傾向がある．これは中心極限定理の例の一つである．

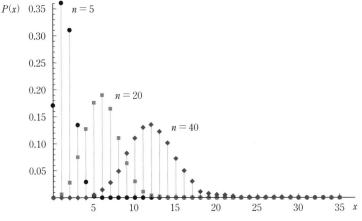

図 9・3 二項分布 $B(n,p)$ を表すグラフ $p=0.3$ に固定して，$n=5, 20, 40$ としたもの

例題 9・3

二項分布 $B(n,p)$ の平均 m を求めよ．

解 答

平均 m を求めるには，式 (9・4) を少し書き直して用いればよい．これによって

$$m = \sum_{x=0}^{n} xP(x) = \sum_{x=0}^{n} {}_nC_x\, x\, p^x(1-p)^{n-x} = \sum_{x=0}^{n} {}_nC_x\, x\, p^x q^{n-x} \quad \text{Ⓐ}$$

であることを見ておく．最右辺に進むために $q \equiv 1-p$ とおいている．二項分布は

$$(p+q)^n = \sum_{x=0}^{n} {}_nC_x\, p^x q^{n-x} \quad \text{Ⓑ}$$

とも書ける．ただし $p+q=1$ であるから，Ⓑは二項分布の規格化を保証するものでもある．

ここでⒷを p で微分すると

$$n(p+q)^{n-1} = \sum_{x=0}^{n} {}_nC_x\, x\, p^{x-1} q^{n-x}$$

となるが，この両辺に p を掛けると

$$np(p+q)^{n-1} = np = \sum_{x=0}^{n} {}_nC_x\, x\, p^x q^{n-x} = m$$

が得られる。ここで，再度 $p+q=1$ であることと⒜を用いた。したがって二項分布における平均 m は $m=np$ によって与えられる。

自習問題9・3

二項分布のグラフが左右対称形になるときの確率 p の値はいくらか。

答 0.5

二項分布の分散 σ^2 は

$$\sigma^2 = npq = np(1-p) \tag{9・16}$$

によって与えられるが，その導出は章末の演習問題にまわす。

9・6 ポアソン分布

この分布の名前はあまり聞き慣れないかもしれないが，統計学にとっては基本的な分布の一つである。ポアソン分布 [*4] は二項分布 $B(n, p)$ において

$$\left.\begin{array}{l} n \longrightarrow \infty \\ p \longrightarrow 0 \\ np = m \quad （一定値に保つ） \end{array}\right\} \tag{9・17}$$

という条件によって現れる。二項分布で平均 m の値を比較的小さく保ったままで，独立試行 n の回数を非常に大きくするときの分布がポアソン分布である。一方，起こるイベント回数 x はあまり大きくない。

ランダムに発生する現象が一定の時間や面積内で起こる回数はポアソン分布に従うとされる。例としては，大都市の定められた地域における交通事故数，プロ野球チームの年間試合あたりのエラー回数，半導体をつくるクリーンルームの小さな空間体積中におけるホコリの数などがある。

ポアソン分布の式は

$$P(x) = \frac{m^x}{x!}e^{-m} \quad (x = 0, 1, 2, \cdots\cdots, n であるが，n はあまり大きくない) \tag{9・18}$$

と書かれる。この式は少し変わったかたちに見えるかもしれない。なぜこのような

[*4] ポアソン（S. D. Poisson, 1781〜1840）は，研究者の名前である。

9・6 ポアソン分布　　207

かたちになるかについては，以下の例題 9・4 で調べる．ポアソン分布は平均 m だけによって決まるので，$P(m)$ という記号で書き表す．

例題 9・4

二項分布 $B(n, p)$ に対して式(9・17)の条件を入れると，ポアソン分布 $P(m)$ となることを示せ．

解答

二項分布の式(9・15) $P(x) = {}_nC_x \, p^x (1-p)^{n-x}$ のうち，まず ${}_nC_x$ から考える．条件式(9・17)によって n が圧倒的に大きく，また x がそれほど大きくないときには，${}_nC_x$ を分数で書いたときの分子の因数はすべて n とおけるから

$$
{}_nC_x = \frac{n(n-1)(n-2)(n-3)\cdots\cdots(n-x+1)}{1\cdot2\cdot3\cdot\cdots\cdots\cdot x} \simeq \frac{n^x}{x!} \qquad\text{Ⓐ}
$$

と近似してよい．次に，残りの部分 $p^x(1-p)^{n-x}$ についても

$$
p^x(1-p)^{n-x} \simeq p^x(1-p)^n = p^x \left\{ (1-p)^{-\frac{1}{p}} \right\}^{(-np)}
$$

とおける．

ここで最右辺の中括弧の部分の $p \longrightarrow 0$ における極限値はちょうど e（自然対数の底）になることに注意すると

$$
p^x(1-p)^{n-x} \simeq p^x \mathrm{e}^{-np} \qquad\text{Ⓑ}
$$

と書ける．ⒶとⒷを掛け合わせたところに，式(9・17)の 3 番目の条件を入れると

$$
{}_nC_x \, p^x(1-p)^{n-x} \simeq \frac{n^x}{x!} p^x \mathrm{e}^{-np} = \frac{(np)^x}{x!} \mathrm{e}^{-np} = \frac{m^x}{x!} \mathrm{e}^{-m} = P(m)
$$

となり，ポアソン分布 $P(m)$ が得られる．

自習問題 9・4

二項分布 $B(n, p)$ で $n = 10000$，$p = \dfrac{1}{5000}$ であるとき，これをポアソン分布で近似すれば $P(1)$ の値はどのようになるか．　　　　**答**　0.271

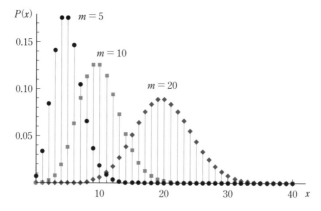

図 9・4　ポアソン分布 $P(m)$ を表すグラフ　$m = 5, 10, 20$ としたもの

ポアソン分布の「下敷き」は二項分布であるため，平均 m が np であることは当然である．分散 σ^2 も同様に式 (9・16) から npq のはずだが，

$$\sigma^2 = m \tag{9・19}$$

ということで，平均と同じ値をとる．繰返しになるが，このためポアソン分布は平均の値 m だけでその形状が決まるため，$P(m)$ と書かれる．

図 9・4 にいくつかの m に対するポアソン分布を示す．このグラフで m の値が小さいときにはグラフは左側に寄っていて非対称的である．一方 m の値が大きくなるにつれてグラフは低く対称的になり，ピーク位置は x の大きい側にずれていく．どのグラフのピークの位置も平均 m の値にだいたい一致している．これらの傾向は二項分布に似ている．m の値が大きくなるとポアソン分布のグラフの形は正規分布型に移行する．式 (9・18) からすると，ポアソン分布の確率変数 x は形式的に ∞ まで至ってもよいが，実際には比較的小さな x で $P(x)$ はゼロに収束する．

9・7　母集団と標本集団

実際に統計的な作業をする場合，調査対象とする集団の要素の数（N 個とする）が非常に大きいことがある．たとえばテレビの視聴率調査や，収穫したコメの品質調査などはこれに当たるだろう．大きい N をもつ母集団の各要素すべての調査（全数調査）をすることが困難であれば，何個かの要素（n 個とする：$n \ll N$）を標本として取出して調査を行い，母集団の傾向を推測することが行われる．

9・7 母集団と標本集団

母集団の平均 m_x と分散 σ_x^2 は，それぞれ**母平均**および**母分散**とよばれる[*5]．多くの場合，大きい N をもつ集団の性質は正規分布で表されるので，この母集団は正規分布 $N(m_x, \sigma_x^2)$ をなすと考えることにする．母集団から要素数 n の標本を取出す場合には，9・2 節で述べたように無作為に不公平なく取出す（無作為抽出）必要がある．このとき取出した要素を母集団に戻さないときを**非復元標本**（その操作を非復元抽出），いちいち戻す操作をとるときを**復元標本**（その操作を復元抽出）ということにする．$N \gg n$ であれば，非復元標本と復元標本の示す統計量はほぼ同じになると考えられる．

母平均 m_x，母分散 σ_x^2 と標本平均 $\bar{x}$ の平均値 $m_{\bar{x}}$，標本平均 $\bar{x}$ の分散 $\sigma_{\bar{x}}^2$ の間には以下の関係があることが知られている[*6]．

$$m_x = m_{\bar{x}} \qquad (9 \cdot 20)$$

$$\sigma_{\bar{x}}^2 = \frac{\sigma_x^2}{n} \qquad (9 \cdot 21)$$

ここでは式(9・20)と(9・21)の証明は行わず，章末の演習問題にまわす．以下では実際の例についてあたってみよう．

例題 9・5

以下の表のように 4 種類の数字の書いたカードが合計 10 枚あるとする．これを母集団とし，ここから 2 枚のカードを標本として復元抽出を行うとき，以下の問いに答えよ．

カードの数字	枚　数	枚数の相対度数
13	1	0.1
12	2	0.2
11	3	0.3
10	4	0.4
合　計	10	1

[*5] m_x と σ_x^2 に下付き添え字 x を付けるのは 1 変数であることを強調するためであり，付けないこともある．

[*6] 標本平均の平均値とは言葉が少しややこしいが，これはそれぞれ n 個の要素をもつ複数の標本から求まる標本平均 $\bar{x}$ のさらに平均値を考えるためである．

(1) 母平均と母分散を求めよ.

(2) 取出した順も含めた標本集団を考える. このとき, 標本に書かれている数字の組合わせを書き出し, それらの平均 (標本平均) と**相対度数**を表にまとめよ.

(3) 標本平均の平均値と標本の分散を求めよ. さらに母平均・母分散と比較せよ.

> **解 答**

(1) 母平均は $m_x = (13 \times 0.1) + (12 \times 0.2) + (11 \times 0.3) + (10 \times 0.4) = 1.3 + 2.4 + 3.3 + 4 = 11$ となり, 母分散は $\sigma_x^2 = (13-11)^2 \times 0.1 + (12-11)^2 \times 0.2 + (11-11)^2 \times 0.3 + (10-11)^2 \times 0.4 = 0.4 + 0.2 + 0 + 0.4 = 1.0$ と得られる.

(2) 取出し順も考えた復元抽出のときには, $n=2$ である標本のつくり方は重複順列の考えを使って $4^2 = 16$ 通りある. これらについてまとめて表にすると, 以下のようになる.

標本における カードの数字	左を平均 した数字 (標本平均 $\bar{x}$)	相 対 度 数
(13, 13)	13	$0.1^2 = 0.01$
(13, 12) (12, 13)	12.5	$(0.1 \times 0.2) \times 2 = 0.04$
(13, 11) (12, 12) (11, 13)	12	$(0.1 \times 0.3) \times 2 + 0.2^2 = 0.1$
(13, 10) (12, 11) (11, 12) (10, 13)	11.5	$(0.1 \times 0.4) \times 2 + (0.2 \times 0.3) \times 2 = 0.2$
(12, 10) (11, 11) (10, 12)	11	$(0.2 \times 0.4) \times 2 + 0.3^2 = 0.25$
(11, 10) (10, 11)	10.5	$(0.3 \times 0.4) \times 2 = 0.24$
(10, 10)	10	$0.4^2 = 0.16$

(3) 標本平均 $\bar{x}$ の平均値は $m_{\bar{x}} = (13 \times 0.01) + (12.5 \times 0.04) + (12 \times 0.1) + (11.5 \times 0.2) + (11 \times 0.25) + (10.5 \times 0.24) + (10 \times 0.16) = 11$ となり, 標本平均 $\bar{x}$ の分散は $\sigma_{\bar{x}}^2 = (13-11)^2 \times 0.01 + (12.5-11)^2 \times 0.04 + (12-11)^2 \times 0.1 + (11.5-11)^2 \times 0.2 + (11-11)^2 \times 0.25 + (10.5-11)^2 \times 0.24 + (10-11)^2 \times 0.16 = 0.5$ となる. したがって標本平均の平均値 $m_{\bar{x}}$ は母平均 m_x と等しく, 標本平均の分散 $\sigma_{\bar{x}}^2$ は母分散 σ_x^2 を標本数の 2 で割ったものに等しくなっている.

9・8　母平均の推定　　　　　211

自習問題 9・5

　正規分布 $N(m, \sigma^2)$ に従う x の母集団から大きさ n の標本集団をとったとき，その標本平均 $\bar{x}$ の分布は $N\left(m, \dfrac{\sigma^2}{n}\right)$ に従う．確率変数をどのように変換すれば $\bar{x}$ の分布は標準正規分布 $N(0, 1)$ に従うか．

　　　　　　　答　$Z = \dfrac{(\bar{x} - m)\sqrt{n}}{\sigma}$ とすればよい

　標本をとったときに重要となるのは，標本平均の平均値 $m_{\bar{x}}$，標本平均の分散 $\sigma_{\bar{x}}^2$ の誤差の見積もりと信頼度のチェックであろう．これらについては次節で述べる．

9・8　母平均の推定

　標本から得られるデータを用いて，母集団の統計量についての推定を行うことができる．このときには，その信頼度を予測することも重要となる．まず，標本平均 $\bar{x}$ そのものを考察するところから始める．たとえば母平均 m_x が 100，母分散 σ_x^2 が 40 である要素数の非常に大きい母集団から，要素数 n が 10 の標本の無作為抽出を行うとする．このときの標本平均 $\bar{x}$ が 104 より大きくなる確率を求めてみよう．

　標本平均の分散は 40/10 ＝ 4 であり，標本平均 $\bar{x}$ は正規分布 $N(100, 4)$ に従うと考える．ここで式 (9・10) と同様に標準化した確率変数 Z

$$Z = \frac{\bar{x} - 100}{\sqrt{4}} \tag{9・22}$$

を用いる．このようにおくと $\bar{x} = 104$ のときに $Z = 2$ となる．Z は標準化されているので $N(0, 1)$ に従うはずである．したがって $\bar{x} > 104$ になる確率は $Z > 2$ のそれを求めることになるので，表 9・1 の正規分布表を用いて

$$p(Z > 2) = 0.5 - 0.47725 = 0.02275 \tag{9・23}$$

と得られる．つまり標本平均が 104 よりも大きくなる確率は 2.275% である．

　次に母集団から無作為抽出をした大きさ n の標本を考える．そしてこの標本平均 $\bar{x}$ から母平均 m_x を推定することを考えてみよう．ここで母標準偏差 σ_x の値はわかっているが，母平均 m_x の具体的な値が未知であるとする．標本数 n が大きいときには，$\bar{x}$ の分布は正規分布 $N\left(m_x, \dfrac{\sigma_x^2}{n}\right)$ に従うと考えられる．ここで少し天下り的であるが

$$P\left(m_x - \frac{k\sigma_x}{\sqrt{n}} \leq \bar{x} \leq m_x + \frac{k\sigma_x}{\sqrt{n}}\right) = 0.95 \qquad (9\cdot24)$$

が満たされる k の値を求めてみる．上記の括弧の中から m_x を引けば，式(9・24)の意味は

$$P\left(-\frac{k\sigma_x}{\sqrt{n}} \leq \bar{x} - m_x \leq \frac{k\sigma_x}{\sqrt{n}}\right) = 0.95 \qquad (9\cdot25)$$

を満たす k の値を求めることと同じである．ここで標準化した確率変数

$$Z = \frac{\bar{x} - m_x}{\dfrac{\sigma_x}{\sqrt{n}}} \qquad (9\cdot26)$$

を持ち込めば，式(9・25)の括弧の中の不等式は

$$-k \leq Z \leq k \qquad (9\cdot27)$$

と書けるので，結局，式(9・24)を満たす k を探すことは

$$P(-k \leq Z \leq k) = 0.95 \qquad (9\cdot28)$$

を満たす k を探すことと同じである．表9・1の正規分布表を用いると

$$k = 1.96 \qquad (9\cdot29)$$

であるとわかる．これは標本平均の $\bar{x}$ が閉区間

$$\left[m_x - \frac{1.96\sigma_x}{\sqrt{n}}, \quad m_x + \frac{1.96\sigma_x}{\sqrt{n}}\right]$$

に入る確率が95%であることを示している．見方を変えると，これは母平均 m_x が閉区間

$$\left[\bar{x} - \frac{1.96\sigma_x}{\sqrt{n}}, \quad \bar{x} + \frac{1.96\sigma_x}{\sqrt{n}}\right]$$

に入る確率が95%であることを示している．この閉区間を**信頼区間**，区間に入る確率を**信頼度**とよぶ．

以上の議論と同様にして

$$P(-k \leq Z \leq k) = 0.99 \qquad (9\cdot30)$$

を満たす k は

$$k = 2.58 \qquad (9\cdot31)$$

9・8 母平均の推定　213

と得られる．つまり信頼度 99% の区間は

$$\left[\bar{x} - \frac{2.58\,\sigma_x}{\sqrt{n}}, \quad \bar{x} + \frac{2.58\,\sigma_x}{\sqrt{n}}\right]$$

となる．実際の標本調査では，母集団の標準偏差 σ_x がわからないことが多い．標本の n が大きいときは，σ_x の代わりに標本標準偏差 $\sigma_{\bar{x}}$ で代用してもよいことがわかっている．

例題 9・6

　ある工業製品から標本 100 個を復元抽出してその長さを測定したところ，標本平均は 5.35 mm でその標本標準偏差は 0.03 mm であった．
　(1) 信頼度 95% で製品の真の長さの信頼区間を求めよ．
　(2) 信頼度 99% で製品の真の長さの信頼区間を求めよ．

解　答

　(1) 真の長さの信頼区間は，母平均 m_x の値の幅を求めれば得られる．本文では

$$\left[\bar{x} - \frac{1.96\,\sigma_x}{\sqrt{n}}, \quad \bar{x} + \frac{1.96\,\sigma_x}{\sqrt{n}}\right]$$

に入る確率が 95% であったが，ここでは σ_x の代わりに $\sigma_{\bar{x}} = 0.03$ を用いることにする．$\bar{x} = 5.35$, $n = 100$ を用いて計算すると

$$5.35 - \frac{1.96 \times 0.03}{\sqrt{100}} \leq m_x \leq 5.35 + \frac{1.96 \times 0.03}{\sqrt{100}}$$

であることから，信頼区間として

$$5.344\ \text{mm} \leq m_x \leq 5.356\ \text{mm}$$

が得られる．
　(2) 信頼度 99% であるため，式(9・31)から 2.58 を用いて

$$5.35 - \frac{2.58 \times 0.03}{\sqrt{100}} \leq m_x \leq 5.35 + \frac{2.58 \times 0.03}{\sqrt{100}}$$

を計算すると，信頼区間として

$$5.342\ \text{mm} \leq m_x \leq 5.358\ \text{mm}$$

が得られる．

> **自習問題 9・6**
>
> 母平均 m_x の値の幅を推定するために n 個からなる標本集団の平均値 $\bar{x}$ と標本標準偏差 $\sigma_{\bar{x}}$ を用いるとする．m_x を 95% の信頼度で得たい場合には信頼区間 $\left[\bar{x}-\dfrac{1.96\sigma_{\bar{x}}}{\sqrt{n}},\bar{x}+\dfrac{1.96\sigma_{\bar{x}}}{\sqrt{n}}\right]$ よりも $\left[\bar{x}-\dfrac{2\sigma_{\bar{x}}}{\sqrt{n}},\bar{x}+\dfrac{2\sigma_{\bar{x}}}{\sqrt{n}}\right]$ を考える方がよいとされる．これはなぜか．
>
> **答** 標本標準偏差を用いるための誤差が考えられるため信頼区間の幅を大きめにとっている

本節で述べたように，母平均や母分散などの母集団の統計量を標本から推定することは統計のなかでも重要な作業である．本節で述べた推定法のほかにも**仮説検定**という方法があり，これはあらかじめ母集団の統計量についての仮定を立てて，その仮定が正しいかについて実験・調査データから検証する方法である．

9・9 本章のまとめ

本章では統計について，復習を兼ねながらその基礎的な説明を行った．省略したトピックスもあるが，統計は多くの分野で重要なテーマであることを知っておいてほしい．化学では特に物理化学，分析化学，生物化学などにおけるデータ処理やその解釈にとって重要な基礎となる．

参 考 文 献

9・1 田島一郎 著，『統計』，第 6 章 2 節，至文堂 (1964).
9・2 奥川光太郎 著，『数理統計学概説』，学術図書出版社 (1970).

 演 習 問 題

1. 確率関数 $f(0) = 0.195$, $f(1) = 0.354$, $f(2) = 0.284$ となる離散確率変数の平均と分散を求めよ．
2. 二項分布の分散を表す式 (式 (9・16)) を導け．
3. ポアソン分布の分散を表す式を求めよ．

4. 式(9・20)と(9・21)が成り立つことを示せ.
5. 正規分布$(m_x, 4)$に従う母集団から取出した標本の値が$-2, 3, 4.5, -1.2, 6.4$であるとき,母平均m_xの値が99%となる信頼区間を求めよ.

 解　答

1. 平均 $m = (0 \times 0.195) + (1 \times 0.354) + (2 \times 0.284) = 0.922$
   分散 $\sigma^2 = (0-0.922)^2 \times 0.195 + (1-0.922)^2 \times 0.354 + (2-0.922)^2 \times 0.284$
   $= 0.498$

2. まず, $\sigma^2 = \sum_{x=0}^{n}(x-m)^2 P(x) = \sum_{x=0}^{n} x^2 P(x) - 2m\sum_{x=0}^{n} xP(x) + m^2 \sum_{x=0}^{n} P(x)$
   $= \sum_{x=0}^{n} x^2 P(x) - 2m^2 + m^2 = \sum_{x=0}^{n} x^2 P(x) - m^2 = \sum_{x=0}^{n} x^2 P(x) - n^2 p^2$　Ⓐ

となる.ここで二項定理を使った次式

$$(q+pt)^n = \sum_{x=0}^{n} {}_nC_x q^{n-x} p^x t^x$$

を考える.この両辺をtで微分すれば

$$n(q+pt)^{n-1} p = \sum_{x=0}^{n} {}_nC_x x q^{n-x} p^x t^{x-1}$$

となり,さらにもう一度tで微分すれば

$$n(n-1)(q+pt)^{n-2} p^2 = \sum_{x=0}^{n} {}_nC_x x(x-1) q^{n-x} p^x t^{x-2}$$

となる.この式で$t=1$とおけば

$n(n-1)(q+p)^{n-2} p^2 = n(n-1)p^2 = \sum_{x=0}^{n} {}_nC_x x(x-1) q^{n-x} p^x = \sum_{x=0}^{n} x(x-1) {}_nC_x p^x q^{n-x}$
$= \sum_{x=0}^{n} x(x-1) P(x) = \sum_{x=0}^{n} x^2 P(x) - m = \sum_{x=0}^{n} x^2 P(x) - np$

であるので, $n(n-1)p^2 = \sum_{x=0}^{n} x^2 P(x) - np$ となり,

$$\sum_{x=0}^{n} x^2 P(x) = n(n-1)p^2 + np \qquad Ⓑ$$

が得られる.ⒷをⒶに代入すれば,

216　　　　　　　　　　　9.　統 計 と 分 布

$$\sum_{x=0}^{n} x(x-1)P(x) = \sum_{x=0}^{n} x(x-1)\,_nC_x\,p^x q^{n-x} = n(n-1)p^2 + np$$

$$\sigma^2 = n(n-1)p^2 + np - n^2p^2 = -np^2 + np = np(1-p) = npq$$

が導けた.

3.　通常の分散を求める式

$$\sigma^2 = \sum_{x=0}^{n}(x-m)^2 P(x) = \sum_{x=0}^{n} x^2 P(x) - 2m\sum_{x=0}^{n} xP(x) + m^2 \sum_{x=0}^{n} P(x)$$

$$= \sum_{x=0}^{n} x^2 P(x) - 2m^2 + m^2 = \sum_{x=0}^{n} x^2 P(x) - m^2$$

を用いる. 最右辺の第 1 項は

$$\sum_{x=0}^{n} x^2 P(x) = \sum_{x=0}^{n} \{x(x-1)P(x) + xP(x)\} = \sum_{x=0}^{n} x(x-1)P(x) + m$$

となり, $P(x)$ がポアソン分布であることから

$$\sum_{x=0}^{n} x(x-1)P(x) = \sum_{x=0}^{n} x(x-1)\mathrm{e}^{-m}\frac{m^x}{x!} = m^2 \mathrm{e}^{-m} \sum_{x=2}^{n} \frac{m^{x-2}}{(x-2)!}$$

$$= m^2 \mathrm{e}^{-m}\left(1 + \frac{m}{1} + \frac{m^2}{2!} + \frac{m^3}{3!} + \cdots \cdots\right) = m^2 \mathrm{e}^{-m}\mathrm{e}^m = m^2$$

が得られる $\left(\text{途中で } \dfrac{m^x}{x!} = \dfrac{m^{x-2}\,m^2}{x(x-1)\{(x-2)!\}} \text{ としている}\right)$. ここから, $\displaystyle\sum_{x=0}^{n} x^2 P(x) = m^2 + m$ となるので

$$\sigma^2 = \sum_{x=0}^{n} x^2 P(x) - m^2 = (m^2 + m) - m^2 = m$$

が得られた.

4.　式 (9・20) について: 母平均を m_x とする. 母集団から n 個の標本を取出して, 標本平均 $\bar{x}$ を求めることを何回も繰返したときの $\bar{x}$ の平均値 $m_{\bar{x}}$ を $E[\bar{x}]$ と表すことにする. この $E[\bar{x}]$ については

$$E[\bar{x}] = E\left[\frac{x_1 + x_2 + x_3 + \cdots\cdots + x_n}{n}\right] = \frac{1}{n} E[x_1 + x_2 + x_3 + \cdots\cdots + x_n]$$

$$= \frac{1}{n}\{E[x_1] + E[x_2] + E[x_3] + \cdots\cdots + E[x_n]\} = \frac{nm_x}{n} = m_x$$

が成立する. これは母集団から無作為に抽出した 1 個の標本の平均は母集団の平均 m_x に等しいと考えられるためである. $E[\bar{x}]$ を $m_{\bar{x}}$ に戻せば, 式 (9・20) $m_{\bar{x}} = m_x$ が成立していることがわかる. 以上では, 変数 x, y を含む何らかの平均値について $E[ax+by] = aE[x] + bE[y]$ の関係が成り立つことを用いた.

演 習 問 題　　　　　217

式 $(9 \cdot 21)$ について: 母分散を σ_x^2 とする. 母集団から n 個の標本を取出して, 標本平均 $\bar{x}$ を求めることを何回も繰返したときの $\bar{x}$ の分散 $\sigma_{\bar{x}}^2$ を $E[(\bar{x}-m_x)^2]$ と表すことにする. まず

$$(\bar{x}-m_x)^2 = \left[\frac{1}{n}\{(x_1-m_x) + (x_2-m_x) + (x_3-m_x) + \cdots\cdots + (x_n-m_x)\}\right]^2$$

と書けるので,

$$E[(\bar{x}-m_x)^2] = \frac{1}{n^2}\{E[(x_1-m_x)^2] + E[(x_2-m_x)^2] + E[(x_3-m_x)^2] + \cdots\cdots E[(x_n-m_x)^2]\}$$

$$= \frac{n\sigma_x^2}{n^2} = \frac{\sigma_x^2}{n}$$

が成立する. 上記の大括弧の二乗を展開するとき $x_1, x_2, x_3, \cdots\cdots, x_n$ は互いに独立であるために, $E[(x_1-m_x)(x_2-m_x)]$ などの交叉項は現れないことを使っている. $E[(\bar{x}-m_x)^2]$ を $\sigma_{\bar{x}}^2$ に戻せば, 式 $(9 \cdot 21)$ $\sigma_{\bar{x}}^2 = \dfrac{\sigma_x^2}{n}$ が成立していることがわかる.

5.　標本平均 $\bar{x} = \dfrac{-2+3+4.5-1.2+6.4}{5} = 2.14$ および信頼度 99％の区間が $\bar{x} \pm \dfrac{2.58 \times 2}{\sqrt{5}} = 2.14 \pm 2.31 = 4.45, -0.17$ であることより, $[-0.17, 4.45]$ と得られる.

column　　　　　　　　　　　　　　　　　　　ベイズ統計

　従来のほとんどの統計学は,「頻度主義」に基づくといわれる.たとえば数学的に予測される確率は不変であり,試行の結果得られたデータにバラツキはあっても,無限回の試行を行えばデータは予測される確率の値に近づくものと「考える態度」をとる.たとえばコインを投げたときに裏表の出る事象の確率は本来(いかさまコインでなければ) 0.5 であって,100 回試行を行ったときに裏表の出た平均確率は 0.45 であり,1000 回試行のときのそれは 0.48 になる,などがその典型例である.この頻度主義に基づく統計学はフィッシャー(R. A. Fisher),ネイマン(J. Neyman),ピアソン(K. Pearson)らによって 19 世紀末から 20 世紀初頭に確立された.

　一方,それより以前(18 世紀)にベイズ(T. Bayes)によって開始された統計学では,試行を行った結果のデータそのものが重要と考え,それから遡って原因である事象を考えるという立場をとる.コイン投げの例であれば,試行を行った平均確率が 0.5 にはならないので,もともと考えた原因事象の確率は 0.5 ではなくて修正してもよいのでは,という考えにつながる.このようなベイズ流の考え方は長らく統計学のなかでは中心とはならず,頻度主義に基づく考えが採用されてきた.これが学校で学ぶ統計学の基本にもなっている.

　ところが近年になって計算機の発展により機械学習や深層学習が取入れられると,得られたデータをもとにその原因を考察・追及する必要が出てきた.これにはベイズ統計学の考え方が相性がよいということがわかってきたため注目されている.

　数学的にいえば,ベイズ統計学の基本となるベイズの定理は,通常の「条件つき確率」に基づいていて特に変わったものではないが,確率というものの根本的な捉え方における「態度の違い」にはなかなか興味深いものがある.

10

次元解析とデータ処理

10・1　はじめに

　本章では物理量の次元解析にふれたあと，第9章の統計解析に関連して実際の観測データを整理する方法について説明を行う．その意味で，化学における実験データ処理の基礎ともいえる．本章の話は，数学的というよりは実戦的な「算術」の面がある．しかし，これも異なった角度からの「化学への数学」ということになるだろう．

10・2　次元解析

　実験結果として得られる物理量のデータは，数値×単位のかたちをしている．これをグラフに表すときには数値だけを表すので，物理量／単位のように**無次元化**して書く必要がある．たとえば温度 /K とか，質量 /g などがそれにあたる．しかし，米国の学術雑誌などではグラフの軸変数の表し方としては温度 (K) や時間 (h) という表記をしていることが多いように思う．正直言って筆者にとっては，わかればどちらでもよいと思えるが，昨今の大学では物理量／単位とする書き方を教えているはずなので，それに従うべきとも思っている．また対数表記のときは，たとえば反応速度 k に対しては $\ln(k/\mathrm{s}^{-1})$ のように**真数**[*1] を無次元化して書かねば混乱をきたすので，この表記はわかりやすいと思える．

　物理量の単位は簡単にいえば時間の次元 [T]，長さの次元 [L]，質量の次元 [M]，電流の次元 [I] などの累乗積の組合わせに分解できる．たとえばエネルギーは質量×速度の二乗であるので，その次元は $[\mathrm{M}][\mathrm{L}]^2[\mathrm{T}]^{-2}$ となる．物理量が含まれた数式の両辺の各項の次元は等しくなっている必要があり，またそのように配慮しておかねばならない．このことを**次元解析**とよぶが，これは問題を解くときや解答を確認するときに役に立つ．

[*1]　常用対数 $\log A$ や自然対数 $\ln A$ の A を真数とよぶ．

10. 次元解析とデータ処理

例題 10・1

(1) 量子論における粒子回転のエネルギー E を表す式は

$$E = \frac{J_z^2}{2I}$$

と表される．ここで J_z は回転の角運動量の z 軸方向成分であり，I は慣性モーメントである．この式に対する次元解析に基づいて，慣性モーメントの次元を求めよ．

(2) 2 次の化学反応速度論における反応速度式は

$$\frac{\mathrm{d}[A]}{\mathrm{d}t} = -k[A]^2$$

と表される．ここで $[A]$ は化学種 A のモル濃度，t は時間，k は 2 次の反応速度定数である．この式に対する次元解析に基づいて，反応速度定数の次元を求めよ．

解　答

(1) エネルギーの次元は上記のように $[M][L]^2[T]^{-2}$ である．角運動量の次元は，運動量と半径の積の次元に等しいので $[M][L][T]^{-1}[L] = [M][L]^2[T]^{-1}$ となり，J_z^2 の次元は $[M]^2[L]^4[T]^{-2}$ である．以上をもとに次元解析を行うと，慣性モーメント I の次元は $[M][L]^2$ であるべきことがわかる．実際，半径 r の円周上を回転する質量 m の粒子の慣性モーメントは mr^2 と与えられるので，その次元は $[M][L]^2$ である．

(2) モルの次元は物質量 $[N]$ であるので，モル濃度の次元は $[N][L]^{-3}$ である．こうすれば左辺の次元は $[N][L]^{-3}[T]^{-1}$ になる．これが右辺の次元と等しいとすれば，k の次元は $[N]^{-1}[L]^3[T]^{-1}$ であるべきとなる．実際に 2 次の反応速度定数の単位は $\mathrm{mol}^{-1}\,\mathrm{dm}^3\,\mathrm{s}^{-1}$ であるから，求められた次元が正しいことがわかる．

自習問題 10・1

プランク定数 (h) の次元は何か．

答　$[M][L]^2[T]^{-1}$

10・3 相 関 分 析

2変数（たとえば x, y）のデータ列があるとき，その関連性を可視的に示すのがデータの**散布図**である．これは，それぞれのデータの値を2次元平面上に点として打込んで，点全体の形状を見るものである．しかし，これだけではややぼんやりとしているので，以下のように相関係数を計算してその値によってデータの関連性を見ることが多い．ただしここでは，2変数の現れる原因と結果の区別は想定しない．

相関係数（ピアソンの積率相関係数） r は

$$r \equiv \frac{S_{xy}}{\sqrt{S_{xx}S_{yy}}} \tag{10・1}$$

によって定義される．相関係数のなかでは x, y の**偏差平方和**[*2]

$$S_{xx} \equiv \sum_{i=1}^{n}(x_i - \bar{x})^2$$
$$S_{yy} \equiv \sum_{i=1}^{n}(y_i - \bar{y})^2 \tag{10・2}$$

と，x, y をともに含む**共分散** S_{xy}

$$S_{xy} \equiv \sum_{i=1}^{n}(x_i - \bar{x})(y_i - \bar{y}) \tag{10・3}$$

が用いられている．また $\bar{x}, \bar{y}$ は，それぞれの変数の平均を表す．データ変数はたとえば試験の点数や体重などで，何らかの次元や単位をもっていることが多いが，相関係数 r ではそれらがキャンセルして無次元数になっていることに注意してほしい．

相関係数は特には原因と結果の区別は想定せずに，2種類の変数データの直線的な関連性を示すものである．r の値は -1 から 1 の範囲にあり，その値によってだいたい以下のような2変数の相関の強さの分類を行う．

(1) $0.6 \leq r$ のとき2変数は強い正の相関をもつ

(2) $0.4 \leq r < 0.6$ のとき2変数は中程度の正の相関をもつ

(3) $0.2 \leq r < 0.4$ のとき2変数は弱い正の相関をもつ

(4) $-0.2 < r < 0.2$ のとき相関なし

(5) $-0.4 < r \leq -0.2$ のとき2変数は弱い負の相関をもつ

(6) $-0.6 < r \leq -0.4$ のとき2変数は中程度の負の相関をもつ

(7) $r \leq -0.6$ のとき2変数は強い負の相関をもつ

[*2] 偏差平方和のことを分散とよぶこともあるが，これは第9章で定義した統計上の分散 σ^2 とは少し違うので注意してほしい．

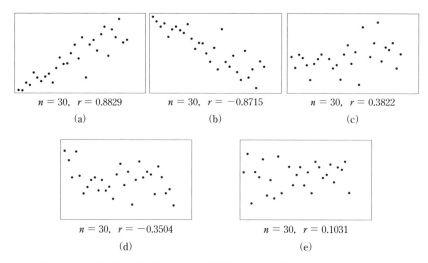

図 10・1 散布図の例 (a) 正の強い相関, (b) 負の強い相関, (c) 正の弱い相関, (d) 負の弱い相関, (e) 相関なし. 図中に示した n はサンプル数で, r は相関係数

いくつかの散布図の例を図 10・1 に示しておく. 散布図そのものがやや漠然としているときもあり, たとえば図 10・1(c) と (e) のように, 相関係数の違いと散布図の見た目の違いがわかりにくいこともある. これは, 相関係数の差異はデータの数値上の問題であり, 変数間の実際の関係の強さを表すとは限らないこともあるためである. しかし通常は, 変数の関連性については散布図があれば視覚的な情報が得やすい.

相関についての以上のような解析は, 実験データ吟味のための検量線の作成や, 工場製品の品質管理における予測と管理といった局面において, それなりに有用である.

例題 10・2

以下の表は, あるクラスのグループでの物理化学と有機化学のテストにおける得点である. 物理化学の点数を x, 有機化学の点数を y としたときに, (1) これらの得点の散布図を描き, (2) 相関係数を求めよ.

学生番号 i	物理化学の点数 x_i	有機化学の点数 y_i	学生番号 i	物理化学の点数 x_i	有機化学の点数 y_i
1	73	82	6	65	80
2	83	76	7	92	84
3	85	94	8	45	52
4	76	64	9	71	64
5	50	35	10	60	72

解 答

(1) x と y の各値を座標としてもつ点を 2 次元平面上にとって散布図を描けばよい.

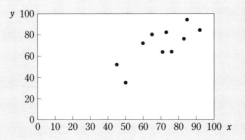

(2) 相関係数を求めるために,まず式(10・2)の偏差平方和と式(10・3)の共分散を計算するための整理表をつくると以下のようになる.

i	x_i	y_i	$(x_i-\bar{x})^2$	$(y_i-\bar{y})^2$	$(x_i-\bar{x})(y_i-\bar{y})$
1	73	82	9	136.89	35.1
2	83	76	169	32.49	74.1
3	85	94	225	561.69	355.5
4	76	64	36	39.69	−37.8
5	50	35	400	1246.09	706
6	65	80	25	94.09	−48.5
7	92	84	484	187.69	301.4
8	45	52	625	334.89	457.5
9	71	64	1	39.69	−6.3
10	60	72	100	2.89	−17
	$\bar{x}=70$	$\bar{y}=70.3$	$S_{xx}=2074$	$S_{yy}=2676.1$	$S_{xy}=1820$

相関係数は式(10・1)を用いて

$$r = \frac{S_{xy}}{\sqrt{S_{xx}S_{yy}}} = \frac{1820}{\sqrt{2074} \times \sqrt{2676.1}} = \frac{1820}{2355.9} = 0.7725$$

として得られる．この値は散布図における右上がりの傾向，すなわち上記の r の値による分類では強い正の相関を表す．

なお散布図は，Excel ソフトへの x と y のデータの取込みによっても描ける．また，相関係数の値は Excel ソフトの CORREL 関数によって算出できる．

自習問題 10・2

例題 10・2 のクラスの点数の相関性にずれが現れるとすれば，どのような場合がありうるか．

答 たとえば，物理化学の試験問題が熱力学中心か量子力学中心かによって相関性の違いがありうる[3]

10・4 回 帰 分 析

2 変数の関連を示すもう一つのデータ処理法として**回帰分析**がある．このうちよく用いられるのが**直線回帰**であり，そのためには**最小二乗法**が用いられる．この方法では積極的に 2 変数のデータ変化の直線性を調べる．原理は単純で，変化させる変数 x_i と観測される変数 y_i との間に近似的な直線関係 $y = ax + b$ が成り立つとして，その傾き a と切片 b を求めることになる．a と b を決める基準としては，図 10・2 のようにこの直線とデータを表す各点 (x_i, y_i) との縦方向の差，すなわち $ax_i + b$ との差を小さくするような a と b を求める．そのために

$$\Delta = \sum_{i=1}^{n} \{y_i - (ax_i + b)\}^2 \tag{10・4}$$

という量を考えて，その最小化手続きをとればよい．ここで n はデータ数である．中括弧の中身は正負いずれかの値をとるので，その二乗の和を最小化することになる．式(10・4)の右辺を展開すると，a, b についてのそれぞれ 2 次関数

---

*3 このように「試験方法」や「定量方法」の違いによる相関の整合性の検討をクロスバリデーション(cross validation)とよび，分析化学や臨床化学では重要なテーマとなる．

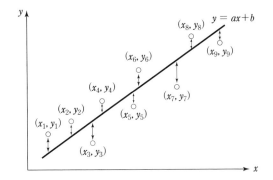

図10・2 最小二乗法のイメージ 仮定した回帰直線(太い直線)とデータ点(白丸)の距離の二乗和が最小になるように直線を決める

$$\Delta_a = \sum_{i=1}^{n} \{x_i^2 a^2 + 2x_i(b-y_i)a + (b-y_i)^2\} \tag{10・5}$$

$$\Delta_b = \sum_{i=1}^{n} \{b^2 + 2(ax_i - y_i)b + (a^2 x_i^2 - 2ax_i y_i + y_i^2)\} \tag{10・6}$$

が得られる.この2次関数はともに上開きなので,必ず最小値をもつ.ということで,微分によってΔ_aとΔ_bを最小化するa, bを求めれば,式(10・4)のΔを最小化できることになる.

例題 10・3

式(10・5)のΔ_aと式(10・6)のΔ_bについて,これらを最小化するa, bを求め,式(10・4)のΔを最小化せよ.

解 答

まずΔ_aについてaで微分して0とおけば

$$\frac{\partial \Delta_a}{\partial a} = 2a \sum_{i=1}^{n} x_i^2 + 2b \sum_{i=1}^{n} x_i - 2 \sum_{i=1}^{n} x_i y_i = 0 \quad Ⓐ$$

であり,Δ_bについてbで微分して0とおけば

$$\frac{\partial \Delta_b}{\partial b} = 2nb + 2a \sum_{i=1}^{n} x_i - 2 \sum_{i=1}^{n} y_i = 0 \quad Ⓑ$$

となる.この連立方程式を解いてa, bを求める.まず式Ⓑを変形すると

$$b = -a \frac{\sum_{i=1}^{n} x_i}{n} + \frac{\sum_{i=1}^{n} y_i}{n} = -a\bar{x} + \bar{y}$$

となり，この b を@に代入して a を求めれば

$$a = \frac{\overline{xy} - (\bar{x})(\bar{y})}{\overline{x^2} - \bar{x}^2}$$

が得られる．ここで $\bar{x}$，$\bar{y}$ および $\overline{xy}$ はそれぞれ x_i，y_i および $x_i y_i$ の平均である．

結局，求める回帰直線は

$$y = \frac{\overline{xy} - (\bar{x})(\bar{y})}{\overline{x^2} - \bar{x}^2} x + \left(\bar{y} - \frac{\overline{xy} - (\bar{x})(\bar{y})}{\overline{x^2} - \bar{x}^2} \bar{x} \right)$$

となる．

自習問題 10・3

最小二乗法で得た直線にありうる誤差は何が原因と考えられるか．

> **答** たとえば y 方向の誤差のみを最小化
> するように直線を引いているため

上記の例題 10・3 によって傾きと切片を求めて回帰直線が描けるようになる．そのなかで得られた傾き a を**回帰係数**，また切片 b を**回帰定数**とよぶこともある．一般に回帰の考え方の背景には，変化させる変数 x_i が原因で，観測される変数 y_i が結果であるというイメージがある．なお最小二乗法による回帰直線の決定はマニュアル（手作業）計算であれば結構面倒であるが，Excel ソフトにある LINEST 関数を用いれば簡単にできる．例題 10・1 で与えられた x_i と y_i のデータについて LINEST 関数を用いれば，最小二乗法による傾きと y 切片はそれぞれ 0.8775 および 8.8728 と求められる．また直線回帰のほかに，2 次関数や指数関数の形状にフィットさせる**非直線回帰**（非線形回帰）も必要に応じて用いられる．

10・5 データの平滑化

離散的に得られたデータをわかりやすく示すため，あるいはデータとデータの間の未取得の数値を類推するために必要となるのが，とびとびのデータ点を滑らかに

結ぶ曲線の探索である.この作業を**データの平滑化**ともいう.現在のように計算機やPCが使用できない時代には,自在定規を用いて紙のうえで実際に離散点を結ぶ作図によって**平滑化曲線**を得た.この自在定規のことをスプライン (spline) とよび,以下の**スプライン補間**というよび方はその名残である.

平滑化によってデータ点どうしの隙間を埋めることを,**補間**あるいは**内挿**という.補間を行うには以下のように何通りかのやり方がある.基本的には多項式を用いて離散点を結ぶ曲線を得る作業 (**多項式補間**) を行うことになる.

(1) ラグランジュ補間
(2) ニュートンの差分法に基づく補間
(3) スプライン補間
(4) シグモイド補間

上記の**ラグランジュ補間**では,n個のデータ点を通る平滑化曲線は$(n-1)$次の多項式で表せるということ,すなわち$(n-1)$次関数で表せることが基本になっている.このためにはxの各次数の係数 (定数項も含めて) を求める必要があるが,マニュアルで多項式を求めるには4次か5次程度の多項式が限界で,より高次の場合には計算ソフトに頼ることになろう.昨今では最初から計算ソフトを用いることが多いと思う.ただし,データ点間が横軸上で等間隔の場合,全領域の両端付近では平滑化曲線が振動したりして不安定になるので,注意が必要である.ニュートンの差分法に基づく補間はラグランジュ補間に近いものであるが,ここでは省略する.

スプライン補間では隣り合う2点のデータについて3次多項式を用いて点間を結ぶ曲線を求め,次の2点間についてはまた新しい3次多項式を適用するという考え方を採用する.たとえば図10・3で区間$[x_j, x_{j+1}]$を結ぶ3次関数$f_j(x)$を得ることを考えてみる.このためにはx座標がx_jとx_{j+1}である2点を通る3次関数

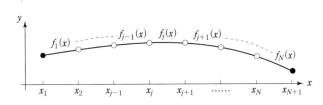

図10・3 スプライン補間を行うための説明図 各2点を結ぶそれぞれの3次関数$f_j(x)$を求める

228   **10. 次元解析とデータ処理**

$$f_j(x) = a_j x^3 + b_j x^2 + c_j x + d_j \qquad (10 \cdot 7)$$

の係数 a_j, b_j, c_j と定数 d_j の四つの未知数を求めることが必要である．全区間でスプライン補間を行うために求めたい 3 次関数は $f_1(x)$ から $f_N(x)$ の N 個あるので，合計 $4N$ 本の条件式を立てる必要がある．

その内訳としては，まず式 $(10 \cdot 7)$ の $f_j(x)$ は x 座標が x_j と x_{j+1} である 2 点を通るので，これを満たすための 2 本の条件式が出る．補間を行いたい全区間 $[x_1, x_{N+1}]$ においては N 個の 3 次関数があるので，合計 $2N$ 本の条件式が出てくる．次にそれぞれの 3 次関数ができるだけ滑らかにつながるように，x 座標が x_j や x_{j+1} で左右の 3 次関数の 1 次微分係数と 2 次微分係数が同じ値をもつように決める．つまり

$$\left. \begin{array}{l} f_{j-1}{}'(x_j) = f_j{}'(x_j), \quad f_j{}'(x_{j+1}) = f_{j+1}{}'(x_{j+1}) \quad (j=2, \cdots\cdots, N) \\ f_{j-1}{}''(x_j) = f_j{}''(x_j), \quad f_j{}''(x_{j+1}) = f_{j+1}{}''(x_{j+1}) \quad (j=2, \cdots\cdots, N) \end{array} \right\} (10 \cdot 8)$$

などが満たされるようにする．このときの x_j や x_{j+1} を表す点は図 10・3 で白い丸印で表され，その数は $(N-1)$ 個あることに注意すれば，式 $(10 \cdot 8)$ の意味することからは合計 $2(N-1)$ 本の条件式が出てくる．ここまでで条件式は $\{2N+2(N-1)\}$ の $(4N-2)$ 本が出てきたが，必要な $4N$ 本にはまだ 2 本不足している．そこで通常は，さらに図 10・3 で黒い丸印で表される全区間の両端における 2 次微分係数をともにゼロとおく．すなわち

$$\left. \begin{array}{l} f_1{}''(x_1) = 0 \\ f_N{}''(x_{N+1}) = 0 \end{array} \right\} \qquad (10 \cdot 9)$$

とし，この 2 本の条件式を追加することによって総数で $4N$ 本の条件式が現れる．これらを解くことにより，結局，領域全体での平滑曲線が得られることになる．このスプライン補間もデータ点数が多いと計算が面倒になるので，やはり計算ソフトが必要となる．

ちなみに，ラグランジュ補間と同様に多項式に基礎をおく補間法として**ベジェ(Bézier)曲線**を用いるものがある[*4]．実際には 3 次式が用いられることが多いので，その意味ではスプライン補間とも似ている．これはコンピュータグラフィクスなどで平滑化した曲線を描くために広く用いられるものであり，商業ソフトで多用されている．実は Excel ソフトで平滑曲線を描く方法はブラックボックス化されて

[*4]　ベジェ (P. Bézier, 1910～1999) はこの方式の考案者．

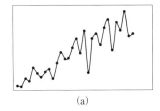 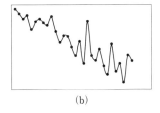

(a)　　　　　　　　　　(b)

図10・4　離散データを連結した平滑曲線の例　(a) 図10・1 (a) の正の強い相関を示すデータ，(b) 図10・1 (b) の負の強い相関を示すデータについての補間

いるのだが，ベジェ曲線あるいはベジェ曲線とスプライン補間のハイブリッドが使われているという推測がなされている．図10・1の散布図のデータのいくつかについてExcelソフトを用いて平滑化曲線を描いたものが図10・4である．

最後にシグモイド補間は，ラングミュア（**Langmuir**）の**吸着等温式**や酵素反応におけるミカエリス-メンテン（**Michaelis-Menten**）の式などで触媒関連現象を解析するときに現れる，S字形曲線を描くようなデータを平滑化するときに用いられる．この曲線はある部分で急峻な変化を示す性質があり，このようなときには非直線回帰として指数関数を用いてフィットさせることが適しており，シグモイド関数

$$y = \frac{1}{1+e^{-ax}} \tag{10・10}$$

あるいはその変形版である

$$y = \frac{1-e^{-ax}}{1+e^{-ax}} k \quad (k \text{はデータに合わせた定数}) \tag{10・11}$$

のような指数関数を用いることが多い．この式(10・11)で $a=2$ とすれば $y=k \times \tanh x$ の形（ハイパボリックタンジェント＝**双曲線正接関数**）と同じになる．図10・5は式(10・10)を用いたシグモイド曲線の例である．

補間に加えて，データ点の存在する外側の領域にある点へ平滑曲線を延長することを**補外**あるいは**外挿**ともよぶが，このときには外側の点で満たすべき条件の有無[*5]に気をつけねばならない．余談ながら，補間に比べて補外は一般に困難である．たとえば時間を横軸，株価を縦軸にした変動曲線の未来への補外がうまくできれば経済政策にとって有利であるが，これが困難であることは周知のとおりである．

[*5]　たとえばその点で傾きがゼロになったり，変曲点になっていることなどがある．

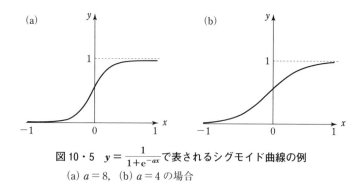

図 10・5 $y = \dfrac{1}{1+e^{-ax}}$ で表されるシグモイド曲線の例
(a) $a = 8$,(b) $a = 4$ の場合

ここまで述べた計算では Excel ソフト組込みの関数を用いたが,そこにはない関数を用いる計算を行うときには,Microsoft Office に搭載された VBA(Visual Basic for Applications)言語を用いたプログラミングが必要となる.また VBA でなくてもプログラミング言語 Python を用いてもよいし,あるいはネット上の統計分析用のフリーソフトである R(アール)を用いることもできる(たとえば文献 10・1 など).

10・6 本章のまとめ

現代の実験データの数値的処理は,ほぼすべて計算機のソフトが行ってくれることが普通となっている.しかし,何らかの理由でマニュアル計算によるデータ処理が必要となったり,またソフトによる処理の背景や自前ソフトの作成のための基礎知識を必要とすることもありうるので,本章で述べたことも知っておくのが有利になろう.

参考文献

10・1 C. D. ラローズ,D. T. ラローズ著,阿部真人,西村晃治 訳,『Python, R で学ぶデータサイエンス』,東京化学同人(2020).

 演習問題

1. 以下の量の次元を求めよ.
  (1) 力,(2) 万有引力定数,(3) バネ定数,(4) 角速度,(5) 運動量

演 習 問 題

2. 以下の問いに答えよ．
   (1) 単振子の周期 T は，おもりの質量，糸の長さ，重力加速度の組合わせで表される．次元解析により T を表す式のかたちを求めよ．
   (2) 気体中の音速 v は気体の圧力と密度の組合わせで表される．(1)と同様に v を表す式のかたちを求めよ．
3. 相関係数 r は常に $-1 \leq r \leq 1$ となることを示せ．
4. 次のデータに基づいて，最小二乗法による直線の式をマニュアル計算で求めよ．
$$(x, y) = (1, 1), (2, 2.3), (3, 3)$$
5. 式(10・10)のシグモイド関数 $y = \dfrac{1}{1+e^{-ax}}$ で，$a \longrightarrow \infty$ としたときの関数の形状を論じよ．

解　答

1. (1) 力は質量×加速度であることから
   $[M][L][T]^{-2}$
   (2) 万有引力定数は力×距離^2÷質量^{2}であることから
   $[M][L][T]^{-2}[L]^2[M]^{-2} = [M]^{-1}[L]^3[T]^{-2}$
   (3) バネ定数は力÷距離であることから
   $[M][L][T]^{-2}[L]^{-1} = [M][T]^{-2}$
   (4) 角速度は角度が無次元数であることから
   $[T]^{-1}$
   (5) 運動量は質量×速度であることから
   $[M][L][T]^{-1}$
2. (1) 振子の周期 T の次元 $[T]$ を表す式を仮に $[T] = [M]^a[L]^b[g]^c$ とおく．おもりの質量 m の次元 $[M]$，糸の長さ l の次元 $[L]$ とともに重力加速度 g の次元 $[L]^1[T]^{-2}$ を結びつける式を書くと
$$[T] = [M]^a[L]^b[L]^c[T]^{-2c} = [M]^a[L]^{b+c}[T]^{-2c}$$
となり，ここから $a = 0$, $b+c = 0$, $-2c = 1$ が得られる．これらより $a = 0$, $b = \dfrac{1}{2}$, $c = -\dfrac{1}{2}$ であるので，$T \propto \sqrt{\dfrac{l}{g}}$ から $T = K\sqrt{\dfrac{l}{g}}$ と表される（K は比例定数）．

   (2) 音速 v の次元は $[L][T]^{-1}$ であり，圧力 p は力÷面積で表されるのでその次元は $[M][L][T]^{-2}[L]^{-2} = [M][L]^{-1}[T]^{-2}$ となる．また密度 ρ は質量÷体積で，その

232　　　　**10. 次元解析とデータ処理**

次元は $[M][L]^{-3}$ である．音速 v の次元 $[L][T]^{-1}$ と，圧力 p と密度 ρ の次元を表す式を結びつけると

$$[L][T]^{-1} = [p]^a[\rho]^b = [M]^a[L]^{-a}[T]^{-2a}[M]^b[L]^{-3b} = [M]^{a+b}[L]^{-a-3b}[T]^{-2a}$$

となり，$a+b=0$，$-a-3b=1$，$-2a=-1$ が得られる．これらより $a=\frac{1}{2}$ と $b=-\frac{1}{2}$ であると考えられるので，$v \propto \sqrt{\dfrac{p}{\rho}}$ から $v = K\sqrt{\dfrac{p}{\rho}}$ と表される（K は比例定数）．

3.　$F(t) = \displaystyle\sum_{i=1}^{n}\{t(x_i-\bar{x})^2-(y_i-\bar{y})^2\}^2$ なる関数 $F(t)$ を考える．右辺を展開して t について整理すれば，

$$F(t) = t^2\sum_{i=1}^{n}(x_i-\bar{x})^2 - 2t\sum_{i=1}^{n}(x_i-\bar{x})(y_i-\bar{y}) + \sum_{i=1}^{n}(y_i-\bar{y})^2$$

が得られる．これは式(10・2)と(10・3)の記法を用いれば，

$$F(t) = t^2 S_{xx} - 2t S_{xy} + S_{yy}$$

と書ける．$F(t)$ はその定義から正かゼロの値をとるので，この t の2次関数も正かゼロになる．したがって t の2次関数の判別式 D は負かゼロになり，$D = S_{xy}^2 - S_{xx}S_{yy} \leq 0$ が成り立つ．よって $S_{xy}^2 \leq S_{xx}S_{yy}$ となり，さらに $\dfrac{S_{xy}^2}{S_{xx}S_{yy}} \leq 1$ となる．この左辺は式(10・1)からすれば相関係数 r の二乗である．これから $r^2 \leq 1$ となり，常に $-1 \leq r \leq 1$ であることが導かれた．

4.　データより

$$\bar{x} = \frac{1+2+3}{3} = 2 \quad \text{と} \quad \bar{y} = \frac{1+2.3+3}{3} = 2.1$$

がまず得られる．さらに $\overline{xy} = \dfrac{1\times1+2\times2.3+3\times3}{3} = 4.87$ であり，$\overline{x^2} = \dfrac{1+4+9}{3} = 4.67$ となる．例題10・3のなかで得られた回帰係数 a と回帰定数 b を表す式を用いると

$$a = \frac{\overline{xy}-(\bar{x})(\bar{y})}{\overline{x^2}-\bar{x}^2} = \frac{4.87-2\times2.1}{4.67-4} = \frac{0.67}{0.67} = 1$$

$$b = -a\bar{x}+\bar{y} = -1\times2+2.1 = 0.1$$

したがって，最小二乗法で得られる直線は $y = x+0.1$ である．

5.　$x>0$ のとき $a \longrightarrow \infty$ にすれば

$$y = \frac{1}{1+e^{-ax}} \longrightarrow \frac{1}{1+0} = 1$$

となり，$x<0$ のとき $a \longrightarrow \infty$ にすれば

$$y = \frac{1}{1+\infty} \longrightarrow 0$$

となる．$x=0$ のとき y は不定である．この関数のグラフは下図のように **階段関数** (ヘビサイド関数) となる．

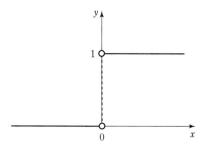

column　　　　　　　　　　　　　　　　乱　数　発　生

　統計的なデータを採集・処理するとき，標本を母集団からランダムに抽出する無作為抽出は重要な作業となる．そのランダムさを担保するときに，乱数を用いて背番号を付けたデータを抽出しておくことになる．このために用いる規則性のない「適当な」数字の並びを決めるのは乱数であり，その数字は乱数表に載っている．乱数表に並んでいる数字は，縦に並べても，横に並べても，斜めに並べても完全にランダムな数字列であることが要求される．乱数は統計の無作為抽出性の保証のほかにも，プログラミングの分野やパスワードの自動生成，さらに「やぶられない」暗号の作成には重要となる．

　高校で「統計」を学ぶ数学の教科書の巻末には乱数表があり，教科書会社によってその乱数表に現れる数字の並びは異なっている．これは当然であり，同じ並びであれば乱数ではないことになる．このようなこともあって，乱数を発生させるのにはそれなりに注意しなければならない．つまり，何らかのソフトを用いて人為的に乱数を発生させることができるのは，そういうアルゴリズムが存在して乱数とされる数字の並びの「決定論的な」作成が可能であることになり，それ自身が「矛盾」であることをはらむ．この意味で，人為的に発生させられる乱数は，「それらしい」という意味の疑似乱数にならざるをえない．そして非常に長い周期のあとに，再度その乱数列が現れるという特徴もある．もちろんその周期が極端に長いときには，「使える」乱数列になる可能性もある．

　一方，物理的な乱数発生も可能である．たとえばいろいろな意味での自然現象におけるノイズがある．最近ではあまり機会がないかもしれないが，ラジオで放送電波を外した電波領域を受信して聞けば，ザーザーという不規則な音が聞こえる．これは空電現象におけるランダムノイズであり，それを取込めば乱数列が取得できる．

有 用 な 数 学 公 式

知っていれば便利な数学公式や関係式を以下にまとめておく.

1. 三角関数の加法定理，倍角の式，積 ⟶ 和の式

(1) $\sin(x \pm y) = \sin x \cos y \pm \cos x \sin y$

$\cos(x \pm y) = \cos x \cos y \mp \sin x \sin y$

$\tan(x \pm y) = \dfrac{\tan x \pm \tan y}{1 \mp \tan x \tan y}$

(2) $\sin 2x = 2 \sin x \cos x$

$\cos 2x = \cos^2 x - \sin^2 x = 2 \cos^2 x - 1 = 1 - 2 \sin^2 x$

$\tan 2x = \dfrac{2 \tan x}{1 - \tan^2 x}$

(3) $\sin 3x = -4 \sin^3 x + 3 \sin x$

$\cos 3x = 4 \cos^3 x - 3 \cos x$

$\tan 3x = \dfrac{3 \tan x - \tan^3 x}{1 - 3 \tan^2 x}$

(4) $2 \sin x \sin y = \cos(x - y) - \cos(x + y)$

$2 \cos x \cos y = \cos(x + y) + \cos(x - y)$

$2 \sin x \cos y = \sin(xy) + \sin(x - y)$

$2 \cos x \sin y = \sin(x + y) - \sin(x - y)$

(5) $\sin A + \sin B = 2 \sin \dfrac{A + B}{2} \cos \dfrac{A - B}{2}$

$\sin A - \sin B = 2 \cos \dfrac{A + B}{2} \sin \dfrac{A - B}{2}$

$\cos A + \cos B = 2 \cos \dfrac{A + B}{2} \cos \dfrac{A - B}{2}$

$\cos A - \cos B = -2 \sin \dfrac{A + B}{2} \sin \dfrac{A - B}{2}$

2. 三角関数の複素形式

(1) $e^{ix} = \cos x + i \sin x$　オイラーの公式

(2) $(\cos x + i \sin x)^n = \cos nx + i \sin nx$　ド・モアブルの定理

3. 関数の級数展開

(1) $e^x = 1 + x + \dfrac{x^2}{2!} + \dfrac{x^3}{3!} + \dfrac{x^4}{4!} + \cdots\cdots$

(2) $\cos x = 1 - \dfrac{x^2}{2!} + \dfrac{x^4}{4!} - \dfrac{x^6}{6!} + \cdots\cdots$

(3) $\sin x = x - \dfrac{x^3}{3!} + \dfrac{x^5}{5!} - \dfrac{x^7}{7!} + \cdots\cdots$

4. 無限級数の収束半径

$y = C_0 + C_1 x + C_2 x^2 + C_3 x^3 + \cdots\cdots = \displaystyle\sum_{n=0}^{\infty} C_n x^n$ の収束半径を R とすると

$$\frac{1}{R} = \lim_{m \to \infty} \left| \frac{C_{m+1}}{C_m} \right| \quad あるいは \quad \frac{1}{R} = \lim_{m \to \infty} \sqrt[m]{|C_m|}$$

ただし，上の両式右辺の極限値は存在するものとする．

5. 常用対数と自然対数の関係

(1) $\log_{10} x = \dfrac{\log_e x}{\log_e 10} \equiv \dfrac{\ln x}{\ln 10} \simeq \dfrac{\ln x}{2.303} \quad (x > 0)$

(2) $\log_e x \equiv \ln x \simeq 2.303 \log_{10} x \quad (x > 0)$

自然対数を表す $\ln$ はエルエヌと読む

6. スターリングの公式

(1) $\ln N! \simeq N \ln N - N \quad (N \gg 1)$

(2) $\displaystyle\lim_{x \to \infty} \dfrac{x! \, e^x}{x^x \sqrt{x}} = \sqrt{2\pi}$

7. 関数の微分

(1) $\{f(x) \pm g(x)\}' = f'(x) \pm g'(x)$

(2) $\{f(x) g(x)\}' = f'(x) g(x) + f(x) g'(x)$

(3) $\left\{ \dfrac{f(x)}{g(x)} \right\}' = \dfrac{f'(x) g(x) - f(x) g'(x)}{\{g(x)\}^2}$

(4) $\dfrac{dy}{dx} = \dfrac{dy}{dt} \dfrac{dt}{dx}$

(5) $(\sin x)' = \cos x \quad (\cos x)' = -\sin x \quad (\tan x)' = \dfrac{1}{\cos^2 x} \quad \left(\dfrac{1}{\tan x}\right)' = -\dfrac{1}{\sin^2 x}$

$(e^x)' = e^x \quad (a^x)' = a^x \ln a \quad (\ln x)' = \dfrac{1}{x} \quad d\ln x = \dfrac{dx}{x}$

8. 関数の積分

(1) $\displaystyle\int kf(x)\,dx = k\int f(x)\,dx \quad (k\ \text{は定数})$

(2) $\displaystyle\int \{f(x) \pm g(x)\}\,dx = \int f(x)\,dx \pm \int g(x)\,dx$

(3) $\displaystyle\int f(x)g'(x)\,dx = f(x)g(x) - \int f'(x)g(x)\,dx$

(4) $\displaystyle\int \sin x\,dx = -\cos x + C \quad \int \cos x\,dx = \sin x + C \quad \int \tan x\,dx = -\ln|\cos x| + C$

$\displaystyle\int \ln x\,dx = x\ln x - x + C$ 　　　　　　　　　(C はすべて積分定数)

9. 指数関数を含む定積分

(1) $\displaystyle\int_0^\infty x^n e^{-ax}\,dx = \dfrac{n!}{a^{n+1}} \quad$ (n は 0 または自然数, $a>0$)

(2) $\displaystyle\int_0^\infty e^{-ax^2}\,dx = \dfrac{1}{2}\sqrt{\dfrac{\pi}{a}} \quad (a>0)$

(3) $\displaystyle\int_0^\infty x^{2n} e^{-ax^2}\,dx = \dfrac{(2n-1)(2n-3)\cdots 3\cdot 1}{2^{n+1}}\sqrt{\dfrac{\pi}{a^{2n+1}}} \quad$ (n は自然数, $a>0$)

(4) $\displaystyle\int_0^\infty x^{2n+1} e^{-ax^2}\,dx = \dfrac{n!}{2a^{n+1}} \quad$ (n は 0 または自然数, $a>0$)

10. 直交座標系から球面極座標系への変数変換

(1) $\left.\begin{array}{l} x = r\sin\theta\cos\varphi \\ y = r\sin\theta\sin\varphi \\ z = r\cos\theta \end{array}\right\}$ $(0\le r<\infty,\ 0\le\theta\le\pi,\ 0\le\varphi<2\pi)$

(2) 球面極座標から直交座標へ変換するには

$r^2 = x^2 + y^2 + z^2$

$\tan\theta = \dfrac{\sqrt{x^2+y^2}}{z}$

$\tan\varphi = \dfrac{y}{x}$ を用いる.

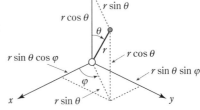

11. 上記変換に伴うヤコビアン

$$J = \frac{\partial(x, y, z)}{\partial(r, \theta, \varphi)} = \begin{vmatrix} \dfrac{\partial x}{\partial r} & \dfrac{\partial x}{\partial \theta} & \dfrac{\partial x}{\partial \varphi} \\[2mm] \dfrac{\partial y}{\partial r} & \dfrac{\partial y}{\partial \theta} & \dfrac{\partial y}{\partial \varphi} \\[2mm] \dfrac{\partial z}{\partial r} & \dfrac{\partial z}{\partial \theta} & \dfrac{\partial z}{\partial \varphi} \end{vmatrix} = \begin{vmatrix} \sin\theta\cos\varphi & r\cos\theta\cos\varphi & -r\sin\theta\sin\varphi \\ \sin\theta\sin\varphi & r\cos\theta\sin\varphi & r\sin\theta\cos\varphi \\ \cos\theta & -r\sin\theta & 0 \end{vmatrix}$$

$$= r^2 \sin\theta$$

よって両座標における微小体積は，$dx\,dy\,dz \equiv d\tau = r^2 \sin\theta\, dr d\theta d\varphi$

12. 直交座標と球面極座標におけるナブラの二乗 ∇^2（ラプラシアン Δ ともいう）

$$\nabla^2 = \Delta = \frac{\partial^2}{\partial x^2} + \frac{\partial^2}{\partial y^2} + \frac{\partial^2}{\partial z^2}$$

$$= \frac{1}{r^2}\frac{\partial}{\partial r}\left(r^2 \frac{\partial}{\partial r}\right) + \frac{1}{r^2 \sin\theta}\frac{\partial}{\partial \theta}\left(\sin\theta \frac{\partial}{\partial \theta}\right) + \frac{1}{r^2 \sin^2\theta}\frac{\partial^2}{\partial \varphi^2}$$

13. 行列 A の (i, j) 要素を a_{ij} と書くとき

(1) A の転置行列 ${}^t\!A$ の (i, j) 要素は a_{ji}

(2) ${}^t\!A = A$ が成立する A は対称行列（$a_{ij} = a_{ji}$ が成立する）

(3) A の共役転置行列 $A^* = {}^t\overline{A}$ の (i, j) 要素は a_{ji}^*（＊は複素共役を表す）

(4) $A^* = A$ が成立すれば A はエルミート行列（$a_{ij} = a_{ji}^*$ が成立する）

(5) $A^* = A^{-1}$ が成立すれば A はユニタリー行列（A^{-1} は A の逆行列を表す）

14. 回転変換の公式

xy 面上で原点を中心として，座標 (x, y) の点を角度 θ だけ反時計まわりに回転させて得られる点の座標 (X, Y) は

$$\begin{pmatrix} X \\ Y \end{pmatrix} = \begin{pmatrix} \cos\theta & -\sin\theta \\ \sin\theta & \cos\theta \end{pmatrix}\begin{pmatrix} x \\ y \end{pmatrix}$$

15. フーリエ級数の展開係数

周期 2π の周期関数を $f(x) = \dfrac{a_0}{2} + \displaystyle\sum_{n=1}^{\infty} a_n \cos nx + \sum_{n=1}^{\infty} b_n \sin nx$ と表すとき

$$a_n = \frac{1}{\pi}\int_{-\pi}^{\pi} f(x)\cos nx\, dx \quad (n = 0, 1, 2, 3, \cdots\cdots)$$

$$b_n = \frac{1}{\pi}\int_{-\pi}^{\pi} f(x)\sin nx\, dx \quad (n = 1, 2, 3, \cdots\cdots)$$

有用な数学公式　　　　　239

16.　フーリエ変換と逆変換

任意の非周期関数 $f(t)$ についてのフーリエ変換は

$$F(k) = \int_{-\infty}^{\infty} f(t)\, e^{-ikt}\, dt$$

また逆の変換（フーリエ逆変換）は

$$f(t) = \frac{1}{2\pi} \int_{-\infty}^{\infty} F(k)\, e^{ikt}\, dk$$

17.　平均，分散，標準偏差

x_i を確率変数，$P(x_i)$ を確率密度，n をサンプル数とすれば

$$\text{平　均}\quad m \equiv \sum_{i=1}^{n} x_i P(x_i) = x_1 P(x_1) + x_2 P(x_2) + \cdots\cdots + x_n P(x_n)$$

$$\text{分　散}\quad \sigma^2 = \sum_{i=1}^{n} (x_i - m)^2 P(x_i)$$

標準偏差 σ は分散の正の平方根

18.　正規分布（標準正規分布）

$$P(x) = \frac{1}{\sqrt{2\pi}\,\sigma} e^{-\frac{(x-m)^2}{2\sigma^2}}$$

索　引

あ　行

位　数　135
1次元の箱の中の電子　36,170
1次元並進運動　161
1次反応　27
1電子ハミルトニアン　111
一般解　26
イベント　198

運動エネルギー　11
運動量演算子　16

永年行列式　114
永年方程式　109,114,119
AO　18,110,143
s軌道　83
SD　199
HF法　176
NMR　194
エネルギー準位　174
f軌道　83
MO　18,110,143
　——法　18
LCAO　18,143
エルミート　47
　——行列　119
　——多項式　47
演算子　12,40,105
エンタルピー　5

オイラーの公式　177

オービタル　173
オペレーター　105

か　行

回映軸　125
回映操作　125
解関数　36
回帰係数　226
回帰定数　226
回帰分析　224
階　数　82
外　挿　229
階段関数　233
回転軸　124
回転操作　119,124
回転変換　120
　——の公式　238
ガウス関数　96
ガウス分布　200
化学反応速度論　27
角運動量の二乗の演算子　60
核磁気共鳴　194
確率速さ　163
確率微分方程式　88
確率分布　104,198
　——関数　104,105
確率変数　104,197,198
確率密度　197,200
　——の規格化　198
重なり積分　112,150
仮説検定　214
カーテシアン座標　12

可約表現行列　130
換算質量　59
関　数
　——行列式　92
　——の級数展開　236
　——の積分　237
　——の微分　236
完全微分　7,102

規格化　102,103
　——条件　20
　——定数　37,65
規格直交性　145
期待値　91,199
気体定数　1
気体分子運動論　159
基　底　138
基底関数　138
軌　道　83,173
　——角運動量量子数　71
　——近似　173
ギブズエネルギー　5
ギブズ–ヘルムホルツの式　9
逆関数　14
逆行列　121
逆　元　135
既約表現　130,141,143
　——行列　130
　——の直和　150
逆向きの反応　34
級数解法　42
球面極座標　12,60
球面調和関数　73,76
鏡映操作　124
境界条件　36,45

索　引

共分散　221
共鳴積分　19, 20, 112
鏡　面　124
共役転置行列　122
行　列　109, 238
行列式　109, 115
許容遷移　150
禁制遷移　150

空間群　136, 156
区分求積法　99
組合わせ　99
クラウジウス-クラペイロンの式
　　　　　　　　　　25
クラメルの公式　114
クロスバリデーション　224
クロネッカーのデルタ　103
クーロン積分　19, 20, 112
クーロンポテンシャル　58
群　135
群　論　135

計算化学　176
結合法則　135
元　135
原子軌道　83, 110
　——の線形結合　18
原子単位　59

高次偏導関数　4, 5
恒等操作　126
勾　配　12
誤差論　200
固有関数　40
固有値　40, 118
固有ベクトル　118
固有方程式　11, 40, 118
混成軌道　166

さ　行

最確速さ　163
最小二乗法　224, 225
三角関数
　——の加法定理　235
　——の積 → 和の式　235
　——の倍角の式　235
　——の複素形式　236

3次元の箱の中にある電子　53
3次反応　31
散布図　221, 222

シェヒトマン　156
磁気量子数　64
シグモイド曲線　230
シグモイド補間　229
次元解析　219
事　象　198
次　数　82
指数関数を含む定積分　237
自然な変数　6, 10
指　標　130, 145
　——表　131
周　期　183
　——関数　64, 183
重積分　91
収　束　42
　——半径　42, 70
自由電子　40, 172
縮　重　58
縮　退　58, 158
　——度　158
主　軸　124
主量子数　81, 82
ジュール-トムソン係数　21
シュレーディンガー方程式
　　　　　　11, 36, 53, 88
準結晶　156
状態関数　6, 101
状態量　6, 101
蒸発エンタルピー　25
蒸発熱　25
常微分　2
　——方程式　25
常用対数と自然対数の関係
　　　　　　　　　　236
初期位相　44
初期条件　26
初濃度　28
真空中の誘電率　59
真　数　219
振動数　44
振動の量子数　47
振　幅　44
信頼区間　212
信頼度　212

水素型原子　173

スターリングの公式　99, 236
スツルム-リウビル型　40
スピン関数　88
スピン量子数　88
スプライン補間　227
スレーター行列式　132, 175

正　規　103
　——直交関数系　103
　——直交系　102, 103
正規分布　96, 200, 201, 204, 239
跡　130
関　孝和　182
積　分　91, 150
　——の経路　101
ゼロ点エネルギー　47
遷移双極子モーメント　150
全エネルギー　11
漸化式　45
全対称的　151
全対称表現　132
全微分　6

相関係数　221
双曲線正接関数　229
相似な表現　130
相似変換　129
相対度数　157, 210
速度式　28
速度定数　28
速度平衡の状態　35
束　縛　78
素反応　32

た　行

対称行列　119
対称性　119, 126, 135, 151
対称操作　119, 124, 126, 135
対称要素　124
対　数　24
多項式補間　227
たすき掛け　110
多変数関数　1
単位行列　119
単位元　135
単純指標　130

索　引　　　243

置換積分　91
逐次反応　32
中間生成物　32
中心極限定理　200
調和振動子　43
直線回帰　224
直交行列　127
直交座標　12
　　――系から球面極座標系への
　　　　　　変数変換　237
　　――と球面極座標における
　　　　　　ナブラの二乗　238
直交性　102, 169
直交変換　127

定圧熱容量　10
d 軌道　83
定積熱容量　10
定積分　94
定容熱容量　8, 10
テイラー級数展開　157, 176
テイラー展開　176
データ処理　219
データの平滑化　227
展開の中心　176
電気素量　59, 150
点　群　135
天元術　182
電磁放射演算子　150
電子密度　106
転置行列　122
天頂角　13, 59, 65
伝導電子　173

等温圧縮率　3, 10
動　径　13, 59, 77
同値な表現　130
同値変換　129
等長変換　127
特殊解　26
特殊相対論　88
独立試行　204

な 行

内　積　102
内　挿　227

内部エネルギー　5
ナビエ-ストークス　88
ナブラ　12, 238
　　――の二乗　12, 238

二項分布　203, 204
2 次反応　29
二乗積分　37
　　――可能条件　166
ニュートン　182
任意周期の関数　190

ネイマン　218
熱力学　1
ネービア　24

ノルム　103

は 行

ハイパボリックタンジェント
　　　　　　229
陪ラゲール方程式　79
陪ルジャンドル方程式　67
パウリの排他原理　173
波　数　192
発微算法　182
波動関数　11, 157, 165
　　――の規格化　37, 167
　　――の線形結合　166
　　――の直交性　167, 170
　　――の密度　106
ハートリー-フォック法　176
ハミルトニアン　12, 40
ハミルトン演算子　12
半減期　29
反交換関係　174
反対称化全波動関数　175
反対称性　174
反転操作　125
反転中心　125

ピアソン　218
　　――の積率相関係数　221
p 軌道　83
非周期関数　191
非線形回帰　226
非束縛状態　78

非直線回帰　226
非復元抽出　209
非復元標本　209
微　分　1
微分方程式　25
ヒュッケル近似法　18, 110
表現行列　127
標準化された確率変数　201
標準正規分布　200, 201, 239
標準偏差　199, 239
標本集団　197, 208
標本平均　209

ファンデルワールスの
　　　　　　状態方程式　4
フィッシャー　218
フェルミ粒子　174
不完全微分　7, 102
復元抽出　209
復元標本　209
復元力　43
複合操作　125
　　――表　136
複素形式　187
複素フーリエ係数　188, 190
フックの法則　43
部分積分　91
部分分数　30
ブラウン運動　88
プランク定数　11, 220
フーリエ解析　183
フーリエ逆変換　193
フーリエ級数　104, 183
　　――の展開係数　238
フーリエ係数　184
フーリエ展開　183, 190
フーリエ変換　183, 191, 192
　　――と逆変換　238
ブロック対角化　129, 146
分　散　198, 199, 221, 239
分子軌道　110
　　――法　18
分配関数　157, 158
分　布　105, 198
　　――関数　105, 157

平滑化曲線　227
平　均　198, 239
平均値　91
並進対称性　156

索　引

ベイズ　218
　——統計　218
べき級数展開　42
ベジェ曲線　228
ヘビサイド関数　233
ベルヌーイ　182
ヘルムホルツエネルギー　5, 10
変化率　25
偏差平方和　221
変数分離法　25, 54
変数変換　91
　——の公式　17
偏導関数　2
偏微分　1
　——演算子　12, 16
　——方程式　25, 53
ペンローズ　156

ポアソン　206
　——分布　204, 206
ボーア半径　83
方位角　13, 59, 62
方位量子数　71, 75
膨張率　10
補　外　229
補　間　227
母集団　197, 208
ポテンシャルエネルギー　11
母分散　209
母平均　209, 211
ボルツマン因子　158
ボルツマン分布　157
　——関数　157, 160
ボルン　165
　——の解釈　165, 166

ま　行

マクスウェルの関係式　8
マクスウェルの速度分布関数
　　　　　　　　　　　161
マクスウェルの分布則　163
マクスウェル−ボルツマンの
　　　　　　　　　分布則　163
マクローリン展開　176

ミカエリス−メンテンの式　229
未定乗数　157

無限級数　42
　——の収束半径　236
無作為抽出　209
無作為に抽出　197
無次元化　219

や　行

ヤコビアン　72, 91, 92, 238
ヤコビ行列式　72

有限級数　47
ユニタリー行列　127
ユニタリー変換　85, 127

余因子　115
　——展開　115

余因数　115

ら〜わ

ライプニッツ　182
ラグランジュの未定乗数法　99
ラグランジュ補間　227
ラゲール　79
　——の陪多項式　82
　——方程式　79
ラプラシアン　12, 238
ラングミュアの吸着等温式　229
乱　数　234

離散的　104
理想気体　159
　——の状態方程式　1
量子化　38
量子数　38
量子力学　10, 35, 105, 165

類　131
ルジャンドル　67
　——の陪多項式　72
　——方程式　67

励起エネルギー　58
連続反応　32

ローブ　86

和　算　182

<ruby>田<rt>た</rt></ruby> <ruby>中<rt>なか</rt></ruby> <ruby>一<rt>かず</rt></ruby> <ruby>義<rt>よし</rt></ruby>

1950 年 京都府に生まれる
1973 年 京都大学工学部石油化学科 卒
1978 年 京都大学大学院工学研究科博士課程 修了
京都大学名誉教授
専門 物理化学
工学博士

第 1 版 第 1 刷 2025 年 3 月 4 日 発行

化学への数学 基本の 10 章

© 2025

著　者　　田　中　一　義
発　行　者　　石　田　勝　彦

発　　行　　株式会社 東京化学同人
東京都文京区千石 3 丁目 36-7 (〒112-0011)
電話 03-3946-5311 ・ FAX 03-3946-5317
URL: https://www.tkd-pbl.com/

印　刷　　中央印刷株式会社
製　本　　株式会社 松岳社

ISBN978-4-8079-2062-4
Printed in Japan
無断転載および複製物 (コピー・電子デー
タなど) の無断配布, 配信を禁じます.

世界で最も読まれている微積の教科書

スチュワート
微 分 積 分 学
全 3 巻
James Stewart 著

Ⅰ. 微積分の基礎

伊藤雄二・秋山 仁 訳

B5 判　カラー　504 ページ　定価 4290 円（本体 3900 円＋税）

【主要目次】関数と極限／導関数／微分の応用／積分／積分の応用／付録（数, 不等式, 絶対値／座標幾何学と直線／2 次方程式のグラフ／3 角法／和の記号 Σ／定理の証明）／公式集／解答

Ⅱ. 微積分の応用

伊藤雄二・秋山 仁　訳

B5 判　カラー　536 ページ　定価 4290 円（本体 3900 円＋税）

【主要目次】逆関数：指数関数，対数関数，逆 3 角関数／不定積分の諸解法／積分のさらなる応用／微分方程式／媒介変数表示と極座標／無限数列と無限級数／付録（2 次方程式のグラフ／3 角法／複素数／定理の証明）／公式集／解答

Ⅲ. 多変数関数の微積分

伊藤雄二・秋山 仁　訳

B5 判　カラー　456 ページ　定価 4290 円（本体 3900 円＋税）

【主要目次】ベクトルと空間の幾何学／ベクトル関数／偏微分／重積分／ベクトル解析／2 階の微分方程式／付録（複素数／定理の証明）／公式集／解答

2025 年 2 月現在（定価は 10 ％税込）